Katja Träumner

Einmischprozesse am Oberrand der konvektiven atmosphärischen Grenzschicht

Wissenschaftliche Berichte des Instituts für Meteorologie und Klimaforschung des Karlsruher Instituts für Technologie
Band 51

Herausgeber: Prof. Dr. Ch. Kottmeier
Institut für Meteorologie und Klimaforschung
am Karlsruher Institut für Technologie
Kaiserstr. 12, 76128 Karlsruhe

Eine Übersicht über alle bisher in dieser Schriftenreihe erschienenen Bände finden Sie am Ende des Buchs.

Einmischprozesse am Oberrand der konvektiven atmosphärischen Grenzschicht

von
Katja Träumner

KIT Scientific Publishing

Dissertation, Karlsruher Institut für Technologie
Fakultät für Elektrotechnik und Informationstechnik
Tag der mündlichen Prüfung: 12. Februar 2010
Referenten: Prof. Dr. Christoph Kottmeier, Prof. Dr. Johannes Orphal

Impressum

Karlsruher Institut für Technologie (KIT)
KIT Scientific Publishing
Straße am Forum 2
D-76131 Karlsruhe
www.ksp.kit.edu

KIT – Universität des Landes Baden-Württemberg und nationales
Forschungszentrum in der Helmholtz-Gemeinschaft

KIT Scientific Publishing 2012
Print on Demand

ISSN 0179-5619
ISBN 978-3-86644-771-4

Einmischprozesse am Oberrand der konvektiven atmosphärischen Grenzschicht

Zur Erlangung des akademischen Grades eines
DOKTORS DER NATURWISSENSCHAFTEN
der Fakultät für Physik
des Karlsruher Instituts für Technologie (KIT)

genehmigte

DISSERTATION

von

Dipl.-Phys. Katja Träumner
aus Karl-Marx-Stadt

Tag der mündlichen Prüfung:	12. Februar 2010
Referent:	Prof. Dr. Christoph Kottmeier
Korreferent:	Prof. Dr. Johannes Orphal

Zusammenfassung

Der Prozess des Einmischens von Luft aus der freien Atmosphäre in die konvektive atmosphärische Grenzschicht wird mit Hilfe eines Doppler Lidars und konzeptioneller Ansätze untersucht. Dazu wird in dieser Arbeit ein neuer methodischer Ansatz verfolgt, der den Einmischprozess sowohl auf der Ebene der kleinskaligen Einzelprozesse, als auch auf der Wirkungsebene, welche die mittlere Auswirkung der Einzelprozesse über mehrere Stunden und somit die Änderung der Grenzschichthöhe beschreibt, betrachtet. Durch die detaillierte Untersuchung der Vorgänge am Übergang zwischen turbulenter Mischungsschicht und nicht-turbulenter freier Atmosphäre kann eine von der Stabilität der freien Atmosphäre abhängige Prozessabfolge aufgezeigt werden. Mit zunehmender Stabilität verändern sich die dominierenden Einmischprozesse vom großskaligen Einschließen und Aufreißen der Grenzschicht über das Brechen von kleinen Wellen, die durch Scherinstabilitäten erzeugt werden können, bis hin zur Deformation des Oberrandes der Grenzschicht durch auftreffende Wirbel. Verbunden mit diesen Regimen ist eine abnehmende Breite der Randzone zwischen Mischungsschicht und freier Atmosphäre und eine verringerte Einmischgeschwindigkeit. Mit Hilfe der Messungen des Doppler Lidars in Verbindung mit in-situ Messungen am Boden können verschiedene Längen- und Geschwindigkeitsskalen in der Grenzschicht bestimmt werden. Diese bilden die Grundlage, um in Verbindung mit der Breite der Randzone und der Einmischgeschwindigkeit, als den beiden zentralen Kenngrößen des Einmischprozesses, dimensionslose Gruppen zu erzeugen, die zur Parametrisierung des Einmischprozesses geeignet sind. Verschiedene darauf aufbauende konzeptionelle Ansätze werden vorgestellt. Dabei können bestehende Zusammenhänge basierend auf den Skalen Grenzschichthöhe und konvektive Geschwindigkeit bestätigt werden. Im Zusammenhang mit Stabilitätsparametern, die auf dem Temperaturgradienten der freien Atmosphäre aufbauen, kann zudem gezeigt werden, dass bei der Verwendung der integralen Längenskala und der Varianz des Vertikalwindes in der Grenzschicht, Steigerungen des Korrelationskoeffizienten zwischen den beschreibenden Größen des Einmischprozesses bis zum Faktor 1.8 möglich sind.

Abstract

Atmospheric convective boundary layer entrainment is one of the most challenging problems in boundary layer research. A new methodological approach using a Doppler lidar was applied to study the process from two perspectives: on the one hand, individual small-scale processes were observed at the interface between the turbulent boundary layer and the free atmosphere. On the other hand, the overall effect of entrainment on the turbulent boundary layer resulting in a growth of this layer was analyzed. A detailed investigation of the mechanisms at the interface between the boundary layer and free atmosphere revealed different entrainment regimes depending on the stratification of the free atmosphere above. With increasing stability of the free atmosphere, a break-up of the interface and large-scale engulfment were observed, followed by the breaking of small waves probably generated by shear instabilities and the impingement and associated deformation of the interface by large eddies. The different mechanisms in this sequence were correlated with less deep entrainment zones and smaller entrainment velocities. Using the Doppler lidar and by additional in-situ measurements on ground level, different length and velocity scales were examined. Based on these data and the entrainment zone depth and entrainment velocity as the two integral parameters of the entrainment process, non-dimensional parameter groups were determined to describe the entrainment process. Studying different conceptual approaches, well-established relations using the scales boundary layer height and convective velocity are confirmed. Furthermore, it was shown that the correlation coefficient between the two important entrainment parameters and stability parameters based on the stratification of the free atmosphere can be increased by a factor of up to 1.8 when using the integral length scale and the variance of the vertical wind velocity instead of the scales used so far.

Inhaltsverzeichnis

1. Einleitung

Die atmosphärische Grenzschicht ist der Bereich der Atmosphäre, der sich vom Erdboden bis größenordnungsmäßig 1 km in die Höhe erstreckt und in dem sich im Wesentlichen das Leben an Land auf der Erde abspielt. Durch diese Relevanz hat sich ein eigenes Feld in der Meteorologie [griech. meteorologia = die Lehre von den Himmelserscheinungen] entwickelt, das sich mit Prozessen in diesem Bereich beschäftigt. Die Grenzschicht ist geprägt durch Turbulenz, was deren Erforschung schwierig, aber interessant macht. Turbulenz ist ein Strömungszustand, bei dem, im Gegensatz zur laminaren Strömung, dem Grundstrom unregelmäßige Wirbel überlagert sind, die bis in die kleinsten Skalen reichen (Bergmann und Schäfer, 1990). Die Bewegungen in turbulenten Regimen sind stochastisch und im Detail nicht vorhersagbar, aber auch abhängig von äußeren Einflüssen. Grundlegend zur Beschreibung der Bewegung im turbulenten Strömungszustand ist die von C.L. Navier (1785-1836) und G.G. Stokes (1819-1903) entwickelte Bewegungsgleichung

$$\frac{d\vec{v}}{dt} = \frac{\partial \vec{v}}{\partial t} + (\vec{v} \cdot \nabla)\vec{v} = -\frac{1}{\rho}\nabla p + \vec{g} - 2\vec{\Omega} \times \vec{v} + \nu_k \nabla^2 \vec{v} \qquad [1]$$

Die einzelnen Terme beschreiben die lokale Änderung von Impuls und dessen Advektion mit dem mittleren Wind, die Wirkung von durch Druckgradienten verursachten Kräften, den Einfluss der Gravitation und der Erdrotation (Corioliskraft), sowie die Effekte der Viskosität (ν_k ist die kinematische Viskosität). Turbulenz kann klassifiziert werden nach ihrer Ursache. Die in dieser Arbeit betrachtete konvektive Grenzschicht ist geprägt durch konvektiv erzeugte Turbulenz. Diese entsteht durch Auftriebskräfte, welche durch Fluktuationen der Dichte, im Bereich der atmosphärischen Grenzschicht typischerweise durch Temperaturschwankungen generiert werden (Hunt, 1998). Trotz des in-stationären Charakters der Turbulenz zeigen sich in Messungen beständige mittlere Eigenschaften der Grenzschicht. In den letzten Jahrzehnten wurde in zahlreichen Feldversuchen (z.B. Kaimal et al., 1976; Caughey und Palmer,

1979; Lenschow und Stankov, 1986; Wyngaard, 1986) die turbulente Struktur der Grenzschicht vermessen und es konnten im Rahmen der Ähnlichkeitstheorie (Stull, 1988) empirische Zusammenhänge zwischen verschiedenen Kenngrößen entwickelt werden.

Die atmosphärische Grenzschicht wird nach oben häufig durch eine Inversion begrenzt. Dies ist eine stabile Schicht, die das Vordringen der aufsteigenden Luft unterdrückt. Der Übergangsbereich zwischen gut durchmischter turbulenter Schicht und reibungsfreier Atmosphäre darüber wird als Randzone bezeichnet. In dieser Randzone können Einmischprozesse (engl. entrainment) stattfinden, die den Transport von Luft und ihrer Eigenschaften (wie Temperatur, Impuls und Wasserdampfgehalt) aus der reibungsfreien Atmosphäre in die turbulente Grenzschicht bewirken. Diese Einmischprozesse führen tendenziell zu einem Anwachsen der Grenzschicht und stehen im Mittelpunkt dieser Arbeit.

Warum ist eine Verbesserung des Verständnisses der Einmischvorgänge notwendig? Trotz zahlreicher Modellansätze (z.B. Ball, 1960; Lilly, 1968; Tennekes, 1973; Driedonks und Tennekes, 1984; Gryning und Batchvarova, 1994; Fedorovich und Mironov, 1995); ausführlicher Studien im Labor (z.B. Linden, 1973; Deardorff et al., 1980; McGrath et al., 1997) und neuer aufwendiger numerischer Simulation (z.B. Sullivan et al., 1998; Van Zanten et al., 1999; Kim et al., 2003; Conzemius und Fedorovich, 2006a) bleibt die Frage nach den vorherrschenden physikalischen Mechanismen, die das Einmischen bewirken (Moeng et al., 1999) und auch nach den Relationen zwischen den wesentlichen Parametern des Prozesses, wie der Breite der Randzone, der Einmischrate und der Stabilität der freien Atmosphäre (Fedorovich et al., 2004), nur unbefriedigend beantwortet. Einen Schwachpunkt auf dem Gebiet der Erforschung des Einmischprozesses stellt die relativ schwache Datenlage von hinreichend guten und umfassenden Messungen in der atmosphärischen Grenzschicht dar. Die Anforderungen in Bezug auf die Erfassung des Einmischens sind hoch. Es werden räumlich und zeitlich sehr hochauflösende Messungen der Grenzschichthöhe über einen längeren Zeitraum (mindestens 4 besser 12 h) benötigt. Darüber hinaus werden Informationen zur Charakterisierung der Turbulenz in der Grenzschicht und am Boden sowie Messungen zur Stabilität am Übergang zwischen Grenzschicht und freier Atmosphäre und in der freien Atmosphäre selbst benötigt.

Verbesserungen im Prozessverständnis gehen oft mit einer Verbesserung der Messtechnik einher. Eine solche Erwartung besteht heute hinsichtlich der Nutzung neuer Lidar-Verfahren in der aktiven Fernerkundung der Atmosphäre. Lidar ist ein Akronym für LIght Detection And Ranging und arbeitet mit elektromagnetischen Wellen mit Wellenlängen im Bereich weniger hundert Nano- bis ca. 10 Mikrometer. Das Potential von Lidarsystemen zur Erforschung der Randzone und des Einmischprozesses wurde bereits in den späten 70er und frühen 80er Jahren erkannt (z.B. Kunkel et al., 1977; Melfi et al., 1985; Boers und Eloranta, 1986). Seit Ende der 90er Jahre ist die Anwendung automatisierter Methoden zur hoch-aufgelösten objektiven Bestimmung der Grenzschichthöhe auf Basis des Aerosolrückstreuverhältnisses möglich (Steyn et al., 1999; Davis et al., 2000; Brooks, 2003, Lammert und Bösenberg, 2006). Heute können vollautomatisierte Messsysteme im Zusammenhang mit den Verarbeitungsmöglichkeiten großer Datenmengen den Anspruch von langen Messzeiträumen erfüllen. Speziell konstruierte Doppler Lidar Systeme (z.B. Schwiesow und Spowart, 1997; Pearson und Collier, 1999; Bozier et al., 2004) sind in der Lage, Windgeschwindigkeiten in der Atmosphäre mit hoher räumlicher (ca. 50 m) und zeitlicher Auflösung (typischerweise 1 Hz) zu messen. Sie können so einen wertvollen Beitrag zur Erforschung der turbulenten Struktur liefern (z.B. Frehlich et al., 1998; Smalikho et al., 2005; Lothon et al., 2006).

Trotz dieser günstigen Voraussetzungen ist die Anzahl der Studien, die speziell zur Erforschung der Randzone durchgeführt wurden, nach wie vor klein (Flamant et al., 1997; Davis et al., 1997; Haegeli et al., 2000; Mok und Rudowicz, 2004), noch geringer ist die Anzahl der atmosphärischen Studien zu Zusammenhängen zwischen der Randzone und der Einmischgeschwindigkeit (Nelson et al., 1989; Beyrich und Gryning, 1998). In keiner dieser Studien über Einmischprozesse wurde bisher ein Doppler Lidar verwendet, obwohl die Möglichkeiten dieses Instruments viel versprechend sind. Einerseits ist der Prozess durch das Aerosolrückstreuverhältnis gut graphisch veranschaulichbar. Dabei können zwei Betrachtungsebenen unterschiedenen werden: die Ebene der kleinskaligen Einzelprozesse und der Verlauf des Tagesgangs der Grenzschicht, hier als Wirkungsebene des Einmischens bezeichnet. Andererseits ist es möglich gleichzeitig die Turbulenz in der Grenzschicht durch die Windmessungen zu charakterisieren, wofür Längen- und Geschwindigkeitsskalen, typische Größenordnungen der vorherrschenden Prozesse, verwendet werden

können. Der sich aus diesem Zusammenspiel zwischen Prozessvisualisierung und Charakterisierung der Turbulenz ergebende neue methodische Ansatz hat das Potential, zu einer Verbesserung des Prozessverständnisses beizutragen und neue Parametrisierungen (s.u.) zu entwickeln.
Welchen Vorteil können neuen Parametrisierungen bringen? In der Meteorologie dienen Feldmessungen und daraus abgeleitete Zusammenhänge dem Ziel der Evaluierung und Verbesserung von numerischen Modellen und damit letztlich der wirklichkeitsnäheren Prognose atmosphärischer Abläufe. Die Erhöhung der Zuverlässigkeit von Wettervorhersagemodellen aber auch von Modellen zur Ausbreitung von Spurengasen und Gefahrstoffen, stellt eine fortwährende Herausforderung dar. Ein Schwachpunkt der Modelle sind ungeeignete Parametrisierungen von Prozesse, wie auch dem des Einmischens. Parametrisierungen werden notwendig, wenn Prozesse in und unterhalb der Größenordnung des Modellgitters ablaufen und somit nicht mehr direkt berechnet werden können. Der Einfluss dieser Prozesse auf die meteorologischen Größen wird dabei durch numerische Zusammenhänge beschrieben.
Die Problematik des Einmischens in die turbulente Grenzschicht ist keine komplett neue Fragestellung. Deshalb sollen explizit drei derzeit noch offene Fragen formuliert werden, die diese Arbeit von den bisherigen Studien abgrenzen:

1. Welche Einzelprozesse, die Einmischen bewirken, können am Oberrand der atmosphärischen Grenzschicht beobachtet werden? Stehen diese Einzelprozesse in einem Zusammenhang zur Stabilität der Schichtung in der freien Atmosphäre?

2. Für Parametrisierungen des Einmischprozesses in der atmosphärischen Grenzschicht ohne Scherung werden vorrangig die Grenzschichthöhe und die konvektive Geschwindigkeit, die eine Funktion des turbulenten Wärmeflusses am Boden darstellt, verwendet. Grundlage für diese Parametrisierungen sind Annahmen von Relationen zwischen den vorherrschenden Längenskalen und Geschwindigkeitsskalen. Sind diese Relationen konsistent mit den Ergebnissen neuer hoch aufgelöster Messungen?

3. Im Bereich der Fluiddynamik werden mit der integrale Längenskala und der Varianz der Geschwindigkeit zwei Skalen, die die Turbulenz direkter beschreiben, verwendet. Kann eine Verbesserung der Parametrisierung

des Einmischprozesses in der atmosphärischen Grenzschicht durch die Verwendung dieser "turbulenten" Skalen erzielt werden?

Eine Beantwortung der ersten Fragestellung ist möglich durch die Eigenschaft des Lidars, räumlich und zeitlich sehr hoch aufgelöste Messungen des Aerosolrückstreuverhältnisses und somit des Aerosolgehalts in der Atmosphäre zu liefern. Bisherige Beobachtungen mit dieser Technik konnten zwar deutlich Fluktuationen der Grenzschichthöhe nachweisen, aber es erfolgte bisher noch keine Systematisierung, wie sie im Rahmen von Laborstudien und numerischen Simulationen erfolgt ist. Diese Lücke soll in dieser Arbeit geschlossen werden. Die zweite Fragestellung ist in Richtung der bisherigen Modelle und daraus hervorgehender Parametrisierungen gerichtet. Die nun vorhandenen Verfahren der messtechnischen Erfassung verschiedener Längen- und Geschwindigkeitsskalen in der Grenzschicht, ermöglichen die Überprüfung bisher verwendeter funktionaler Zusammenhänge. Mit der dritten Fragestellung sollen bewährte Ansätze aus der Fluiddynamik in die atmosphärische Grenzschicht übertragen werden. Trotz gleicher Fragestellungen werden Resultate aus diesem Gebiet nur sehr eingeschränkt in der Grenzschichtmeteorologie verwendet, was nicht zuletzt durch bisher fehlende messtechnische Möglichkeiten begründbar ist. Durch die Verwendung von neuen Skalen wird versucht, funktionale Zusammenhänge zwischen der Breite der Randzone und der Einmischgeschwindigkeit klarer herauszuarbeiten und die Parametrisierung zu verbessern.

Die Arbeit untergliedert sich in sieben Kapitel. In Kapitel 2 erfolgt ein Einblick in den derzeitigen Wissensstand zum Einmischen am Oberrand der atmosphärischen Grenzschicht. Dabei werden die in Laborexperimenten und numerischen Studien ermittelten Einzelprozesse, die Einmischen bewirken können, vorgestellt und es wird ein Überblick über bestehende Modellansätze gegeben. Die Vielzahl der in der Literatur verwendeten Skalen gibt eine Motivation zur Fragestellung 3. Der neue methodische Ansatz und die dabei eingesetzten Messsysteme werden in Kapitel 3 beschrieben. In diesem Zusammenhang wird auch die verwendete Datenbasis vorgestellt, die konvektive Grenzschichten sowohl in inhomogenem Terrain ohne hohe Vegetation, mit hoher Vegetation und in orographisch strukturiertem Terrain umfasst.

In Kapitel 4 wird die konvektive Turbulenz anhand von Messdaten durch die Betrachtung geeigneter Längen- und Geschwindigkeitsskalen charakterisiert. Korrelationstests zwischen diesen Skalen helfen zur Beantwortung der zweiten Fragestellung. Der zweite Teilaspekt im methodischen Vorgehen, die Prozessvisualisierung, wird in Kapitel 5 betrachtet. Ein qualitativer Vergleich zwischen visualisierten Einzelprozessen in der atmosphärischen Grenzschicht mit Hilfe der Daten des Doppler Lidars und identifizierten Einzelprozessen aus Laborexperimenten und Grobstruktursimulationen gibt Aufschluss über die Abläufe in der Prozessebene und damit Antworten zur Fragestellung 1. Basierend auf den hochaufgelösten Grenzschichthöhen kann eine Breite der Randzone aus kleinskaligen Änderungen sowie eine Einmischrate aus den großskaligen Tagesgängen abgeschätzt werden. Am Ende von Kapitel 5 werden erste Zusammenhänge zwischen der Stabilität der freien Atmosphäre und den Einmischprozessen aufgezeigt.
Die konkrete Zusammenführung des Einmischprozesses und der Charakterisierung der Turbulenz (und der Stabilität) erfolgt schließlich in Kapitel 6. Bestehende Parametrisierungen werden überprüft, die Variation der verwendeten Skalen führt zur Beantwortung der Fragestellung 3 dieser Arbeit.
Im letzten Kapitel findet sich neben einer Zusammenfassung der wesentlichen Ergebnisse, ein Resümee über den Nutzen der neu eingesetzten Technik, sowie ein Ausblick auf offene Fragestellungen und mögliche Lösungsansätze.

2. Der Prozess des Einmischens in die turbulente Grenzschicht

Das Einmischen im Übergangsbereich zwischen einem turbulenzarmen Umgebungsfluid und einem turbulenten Fluid stellt einen komplexen Prozess dar. In diesem Kapitel werden die Definitionen und Grundlagen für die Betrachtung dieses Prozesses im Bereich der atmosphärischen Grenzschicht zusammengefasst. Der Eintrag des Umgebungsfluids, hier speziell der Luft aus der freien Atmosphäre, erfolgt abhängig von den Randbedingungen durch verschiedene Einzelprozesse, die in Abschnitt 2 vorgestellt werden. Die Randbedingungen im Fluid werden dabei über Längen- und Geschwindigkeitsskalen sowie über die Stabilität beschrieben. Eine Literaturrecherche zum Einmischen verdeutlicht Unterschiede in den verwendeten Skalen, insbesondere zwischen der atmosphärischen Grenzschichtmeteorologie und den Studien in der Fluiddynamik. Zum Schluss dieser Einführung werden bestehende Modellansätze vorgestellt. Dabei wird verdeutlicht, dass bereits eine Vielzahl von Modellen existiert, so dass es nicht sinnvoll erscheint ein neues Modell zu entwickeln. Vielmehr ist das Ziel, bestehende Modelle nach ihrer Güte und Anwendbarkeit in Bezug auf die atmosphärische Grenzschicht zu beurteilen.

2.1. Atmosphärische Grenzschicht

Grenzschichten werden in der Strömungslehre als der Bereich betrachtet, in dem das Fluid durch eine Berandung und die damit verbundenen Reibungseffekten beeinflusst wird (Prandtl et al., 1993). Die atmosphärische Grenzschicht wird ganz allgemein als der Teil der Troposphäre definiert, der direkt auf Antriebe der Erdoberfläche reagiert. Typischerweise werden dabei Reaktionszeiten von weniger als einer Stunde (Stull, 1988) bis zu einem Tag (Garratt, 1994) angesetzt. Es ist der Bereich der Atmosphäre, in dem sich der größte Teil des menschlichen Lebens abspielt, in den Luftverschmutzungen emittiert werden und dessen Eigenschaften das tägliche Wettergeschehen wesentlich mitbestimmen. Die atmosphärische Grenzschicht ist das Bindeglied zwischen der Erdoberfläche und der reibungsfreien Atmosphäre. Im Folgenden wird die reibungsfreie Atmosphäre oberhalb der Grenzschicht als freie Atmosphäre bezeichnet werden.

In Hochdruckgebieten vollzieht die Grenzschicht einen gut bekannten Tagesgang, wobei verschiedene Schichten und Stadien unterschieden werden können (Abb. 1). Im Verlaufe des Tages bildet sich unter einer Inversion die Mischungsschicht aus. Diese wird bestimmt durch Turbulenz und weist im Idealfall nahezu höhenunabhängige Verläufe von potentieller Temperatur, Feuchte und Aerosolgehalt auf. Die Restschicht entwickelt sich aus der Mischungsschicht nach Abklingen der Turbulenz, während sich die stabile nächtliche Grenzschicht nach Sonnenuntergang vom Boden her aufbaut und durch schwache sporadische Turbulenz gekennzeichnet ist. Zusätzlich werden eine Bodenschicht, die sich ungefähr über die unteren 5% bis 10% der Grenzschichthöhe erstreckt und die Randzone, die den Übergang zwischen Mischungsschicht und freier Atmosphäre beschreibt, definiert. In Tiefdruckgebieten kann die Grenzschicht schwer identifiziert werden. Ursache dafür ist eine Auflösung der notwendigen abschließenden Inversion durch großräumige Labilisierung der Atmosphäre in Folge der für ein Tiefdruckgebiet typischen Hebung. Oft dient die Wolkenuntergrenze als Oberkante. Abhängig von der geografischen Lage werden maritime und kontinentale Grenzschichten unterschieden.

In der Grenzschicht wird Energie durch Turbulenz umverteilt. Es können vier Entstehungsmechanismen von Turbulenz unterschieden werden (z.B. Deardorff, 1983): (i) die Windscherung nahe der Erdoberfläche, (ii) die Windscherung am Übergang von der Grenzschicht zur freien Atmosphäre, (iii) Konvektion und (iv) interne Quellen von turbulenter kinetischer Energie, wie beispielsweise Kondensationsprozesse in Wolken. Prozesse, die zur Kategorie (iv) gehören, sollen bei allen weiteren Betrachtungen ausgeschlossen werden, d.h. es wird nur die trockene Grenzschicht betrachtet. In Verbindung mit den Entstehungsmechanismen (i) und (ii) wird von mechanisch oder dynamisch erzeugter Turbulenz gesprochen, im Fall des Mechanismus (iii) von thermisch oder konvektiv erzeugter Turbulenz.

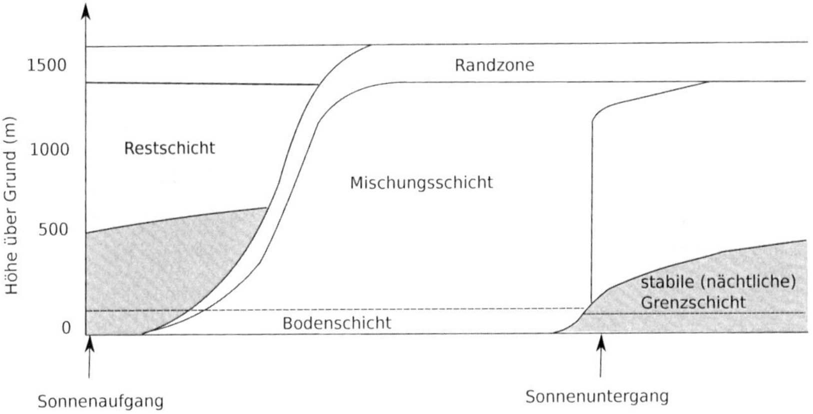

Abb. 1.: Typischer Verlauf der Stadien der atmosphärischen Grenzschicht nach Stull (1988).

Ein Maß für die Intensität der Turbulenz ist die turbulente kinetische Energie (TKE), die über die Geschwindigkeitsvariationen definiert wird:

$$\overline{e} = \frac{1}{2}\left(\overline{u'^2} + \overline{v'^2} + \overline{w'^2}\right) \qquad [2]$$

Ausgehend von den prognostischen Gleichungen der Varianzen (Stull, 1988) kann eine Budgetgleichung der TKE formuliert werden:

$$S = M + A + T + P + D \qquad [3]$$

$$\frac{d\overline{e}}{dt} = -\overline{u_i'u_j'}\frac{\partial U_i}{\partial x_j} + \delta_{i3}\frac{g}{\theta}\overline{u_i'\theta'} - \frac{\partial \overline{u_j'e}}{\partial x_j} - \frac{1}{\overline{\rho}}\frac{\partial \overline{u_i'p'}}{\partial x_i} - \varepsilon. \qquad [4]$$

Die einzelnen Terme beschreiben die Speicherung und Advektion der TKE (S), die mechanische Produktion von TKE (M), die konvektive erzeugte Turbulenz (A), den turbulenten Transport von TKE (T), den Druckkorrelationsterm (verbunden mit Schwerewellen) (P) und die Dissipation (D). Unter der Annahme horizontaler Homogenität und unter Vernachlässigung von großräumigem Heben und Absinken vereinfacht sich die Budgetgleichung zu

$$\frac{d\overline{e}}{dt} = -\left[\overline{u'w'}\frac{\partial U}{\partial z} + \overline{v'w'}\frac{\partial V}{\partial z}\right] + \frac{g}{\theta}\overline{w'\theta'} - \frac{\partial \overline{w'e}}{\partial z} - \frac{1}{\overline{\rho}}\frac{\partial \overline{w'p'}}{\partial z} - \varepsilon. \qquad [5]$$

Die Grenzschichthöhe h gilt als einer der fundamentalen Parameter in Grenzschichtstudien und Grenzschichtmodellen. Abhängig vom Verfahren zur Be-

stimmung von h, bzw. den zur Verfügung stehenden atmosphärischen Messgrößen, aber auch von der beabsichtigten Anwendung selbst, wird die Grenzschichthöhe in der Literatur verschieden abgeleitet. Im Folgenden soll gelten, dass h_0 die Höhe der Mischungsschicht ist, welche am Unterrand der Randzone endet. h_2 ist die Höhe, in der die freie Atmosphäre beginnt und bildet somit den Oberrand der Randzone. Als h wird eine dazwischen liegende, oft als eigentliche Höhe der Grenzschicht bezeichnete, Höhe definiert. Alle drei Höhen h, h_0 und h_2 beziehen sich auf den Boden als Ausgangshöhe. Es muss zwingend gelten, dass $h_0 \leq h \leq h_2$, und nicht, dass $h = \frac{h_2+h_0}{2}$.
Um einen Eindruck über die Bandbreite verschiedener Ableitungen der eben definierten Höhenangaben zu geben, sollen hier die häufigsten Definitionen angegeben werden:

1. h ist die Höhenstufe mit dem höchsten negativen turbulentem Wärmefluss $\overline{w'\theta'_V}$, z.B. Stull (1988); Deardorff et al. (1980); Fedorovich et al. (2004);

2. h ist die Unterseite der tiefsten Inversion, z.B. Kaimal et al. (1976); Kalthoff et al. (1998);

3. h ist die Höhe, die ein aufsteigendes Luftpaket erreicht, bis es auftriebsneutral ist, z.B. Hennemuth und Lammert (2006);

4. h_0 ist der Punkt, an dem der turbulente Wärmefluss verschwindet, h_2 der Punkt, über dem der Wärmefluss vernachlässigbar klein ist, z.B. Kim et al. (2003); Conzemius und Fedorovich (2006a);

5. h_0 ist die Höhe, in der der Anteil der Luft, der charakteristische Eigenschaften (Temperatur, Feuchte, Aerosolgehalt) der Mischungsschicht aufweist, bei 90 bis 95% liegt (Stull, 1988), h_2 die höchste Höhe, in die sehr kleine Mengen an Mischungsschichtfluid vordringen können; sowohl h_0 als auch h_2 stimmen mit der vorhergehenden Definition 4 nach den Studien von Deardorff et al. (1980) überein;

6. h ist die maximale Höhe der heftigsten Aufwinde, nach Stull (1988);

7. h ist die Höhe, in der 50% der Luft Charakteristika der freien Atmosphäre aufweisen, z.B. Deardorff et al. (1980) ;

8. h ist die Mitte der Randzone, es gilt in diesem Fall also explizit $h = \frac{h_2+h_0}{2}$, z.B. Cohn und Angevine (2000), Steyn et al. (1999).

Für die Bestimmung der Grenzschichthöhe aus Messdaten müssen eindeutig definierte Größen, wie Aerosolgehalt oder potentielle Temperatur, Verwendung finden. Die meisten Ansätze gehen von steilen Gradienten dieser Größen im Bereich der Grenzschichthöhe aus. Eine sehr ausführliche Übersicht über gängige Verfahren geben Seibert et al. (2000). Die Problematik der Messung der Grenzschichthöhe, insbesondere eine zuverlässige operationelle Bestimmung, ist nach wie vor ein Forschungsthema. Dies zeigen gegenwärtige Veröffentlichungen, beispielsweise Nielsen-Gammon et al. (2008) oder Hennemuth und Kirtzel (2008). Die in dieser Arbeit verwendete messtechnisch praktikable Definition der Grenzschichthöhe und damit verbundene Ermittlungsverfahren werden in Abschnitt 4.1 vorgestellt.

2.2. Einmischprozesse

Das Anwachsen der Höhe der turbulenten Grenzschicht in den Bereich der freien Atmosphäre in den Morgen- und Mittagsstunden ist ein gut dokumentierter Prozess (Stull, 1988). Ursache ist die Zunahme der solaren Einstrahlung am Erdboden. Detaillierter wird das Wachstum durch das Zusammenspiel von vertikalem turbulentem Wärmefluss und Impulsfluss, der Stabilität der freien Atmosphäre oberhalb der Grenzschicht, großskaligen vertikalen Bewegungen sowie Einmischprozessen von Luft aus der freien Atmosphäre in den turbulenten Bereich bestimmt (Cohn und Angevine, 2000; Deardorff, 1983; Driedonks und Tennekes, 1984). Die Anfangsbedingungen gegeben durch die Grenzschichtstruktur vom Vortag und deren Entwicklung über Nacht (Fochesatto et al., 2001) sowie das Vorhandensein von Wolken (Moeng et al., 1999) verändern den Prozess. Auch horizontale Advektion (de Wekker et al., 2004) und orographisch induzierte Effekte, wie Sekundärzirkulationen (Kalthoff et al., 1998) können eine Rolle spielen. Entscheidend für die Beschreibung des Grenzschichtwachstums ist die Kenntnis der antreibenden Einflüsse und der hemmenden Prozesse.

Basierend auf dem Wachstum der Grenzschichthöhe $\frac{dh}{dt}$, kann eine Einmischgeschwindigkeit oder Einmischrate w_e definiert werden:

$$w_e = \frac{dh}{dt} - w_L = \frac{\partial h}{\partial t} + \vec{v} \cdot \nabla h - w_L \qquad [6]$$

wobei w_L den Term beschreibt, der das Auftreten von großräumigem Heben und Absinken wiedergibt. Im Fall von schwachem Wind oder horizontaler Homogenität der Grenzschicht kann der Advektionsterm $\vec{v} \cdot \nabla h$ vernachlässigt werden. Üblicherweise ist w_e nur in Bereichen definiert, in denen $w_e \geq 0$ gilt .
Das Einmischen in die atmosphärische Grenzschicht ist ein allgemeines Problem aus der Fluiddynamik. Hier beschreibt der Begriff des Einmischens einen Prozess der Einbeziehung von Teilen eines laminaren Fluids aus der Umgebung in ein angrenzendes turbulentes Fluid derart, dass das Umgebungsfluid Teil des turbulenten Fluids wird. Das Einmischen tritt dabei nur in Richtung nicht-turbulentes Fluid in turbulentes Fluid auf. Speziell fällt das Einmischen in die atmosphärische Grenzschicht in den Bereich der geschichteten Fluide. Es konnten in Laborstudien[1] verschiedene Einzelprozesse, die das Einmischen bei geschichteten Fluiden bewirken, unterschieden werden. Abb. 2 nach Carruthers und Hunt (1986) skizziert die vier wesentlichen Prozesse:
(i) Großräumiges Umschließen von Umgebungsfluid durch das turbulente Fluid mit anschließendem Einmischen des eingeschlossenen Fluids durch Turbulenz bis auf die molekulare Ebene stellt den anschaulichsten Prozess dar. Screenivas und Prasad (2000) unterscheiden hierbei zusätzlich zwischen dem rein materiellen Einschließen und dem Mitbewegen des nicht-turbulenten Fluids durch eine induzierte Geschwindigkeit. Eine damit verknüpfte Vorstellung ist das Einschließen von großen Luftpaketen zwischen den einzelnen Wirbeln bzw. Aufwindschläuchen, beschrieben z.B. von Boers und Eloranta (1986) oder Gryning und Batchvarova (1994).
(ii) Durch Scherung im Bereich der Grenzfläche zwischen den beiden Fluiden können Scherungsinstabilitäten erzeugt werden (Fernando, 1991). Kim et al.

[1] Typischerweise werden für Studien dieser Art Wassertanks verwendet (die Abmessung bei McGrath et al. (1997) z.B. beträgt 25 x 25 x 60 cm), in denen Turbulenz durch oszillierende Gitter oder durch die Verwendung von Heizplatten verursacht wird. Schichtungen werden in diesen Tanks oft durch die Verwendung von salzigen Lösungen erzeugt.

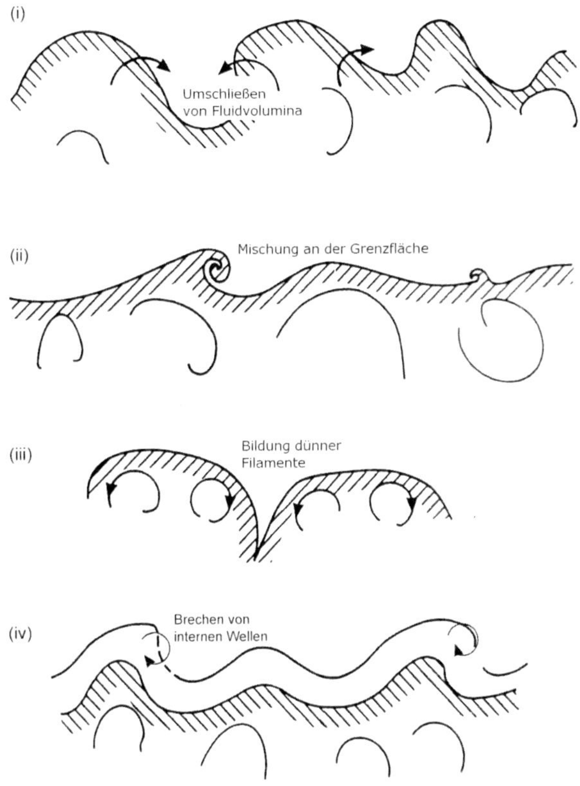

Abb. 2.: Veranschaulichung von Einmischprozessen nach Carruthers und Hunt (1986): (i) großräumiges Einschließen, (ii) Kelvin-Helmholtz-Instabilitäten, (iii) Grenzschichtdeformation und (iv) interne Wellen.

(2003) beschreiben großskalige instabile Kelvin-Helmholtz Wellen im Zusammenhang mit konvektiven Rollen. Strang und Fernando (2001) beobachten zusätzlich zum Regime der Kelvin-Helmholtz Instabilitäten ein weiteres Regime in Form von anwachsenden Hölmböe Wellen. Scherungsinstabilitäten können auch durch sich parallel zur Inversionsschicht laufende Wirbel verursacht werden (Hunt, 1998). Alle Scherungsinstabilitäten können über brechende Wellen Mischung auf molekularer Ebene hervorrufen.
(iii) Auftreffende konvektive Wirbel (Linden, 1973) oder Aufwindschläuche (Baines, 1975) können die Grenzschicht so stark deformieren, dass dünne Filamente in die turbulente Region gezogen und dort untergemischt werden. Dafür sind signifikante Vertikalgeschwindigkeiten notwendig, da die Grenzschicht sonst durch das Turbulenzelement effektiv nicht verformt werden kann (Hunt, 1998; Fernando und Hunt, 1997). Sullivan et al. (1998) beschreiben einen Prozess bei dem kleine Pakete warmer Luft an den Seiten der Deformationen nach unten gezogen werden. McGrath et al. (1997) erwähnen im Zusammenhang mit auftreffenden Turbulenzelementen und größerer Stabilität einen Prozess des Störens der Grenzfläche, verbunden mit einem Abscheren von größeren Fluidpaketen durch Wirbel, die nur teilweise in die Grenzfläche vordringen.
(iv) Auftreffende konvektive Wirbel können die Grenzfläche auch stören und interne Wellen in einem großen Frequenzbereich erzeugen (Dohan und Sutherland, 2003; Fernando und Hunt, 1997). Resonante Moden können sich dabei derart verstärken, dass es zum Brechen einzelner Wellen kommt, welches ein Aufbrechen der Grenzfläche und ein Eindringen von Fluid bewirkt (Carruthers und Moeng, 1987, Hannoun und List, 1988).
Einzelne Autoren, wie beispielsweise Crum et al. (1987), beschreiben ein laterales Einmischen in die Aufwindschläuche nach dem Eindringen in die freie Atmosphäre. Da dieser Prozess aber nur über kurze Zeiträume aktiv möglich ist, kann sein Beitrag zum Anwachsen der Grenzschicht vernachlässigt werden. Fernando (1991) erwähnt zusätzlich ein Regime bei sehr großer Stabilität, in dem das Einmischen rein durch molekulare Diffusion stattfindet.
Die einzelnen Prozesse (i) bis (iv) können teilweise auch gleichzeitig auftreten. Welcher Einmischungsprozess dominant ist, hängt stark von den Bedingungen im Fluid und am Übergang zwischen turbulenter und nicht-turbulenter Region

ab. Insbesondere werden in der Literatur geschichtete Fluide mit und ohne Scherung unterschieden. Für die Beschreibung dieser Bedingungen wird oft die Richardsonzahl Ri verwendet, die allgemein ein Verhältnis zwischen Turbulenz dämpfenden und Turbulenz generierenden Einflüssen angibt. Für Einmischprozesse wird eine Schicht-Richardsonzahl definiert zu

$$Ri = \Delta b \frac{L}{V^2} \qquad [7]$$

mit dem Unterschied im Auftrieb beim Übergang vom turbulenten in das nichtturbulente Fluid $\Delta b = g\frac{\Delta\rho}{\rho} = g\frac{\Delta\theta_V}{\theta_V}$, einer typischen Längenskala L sowie einer typischen Geschwindigkeitsskala V für den Prozess. Der Spezialfall der Skalenkombination $(L,V) = (h,w_*)$, mit der Grenzschichthöhe h und der konvektiven Geschwindigkeit nach Deardorff (1970) $w_* = \left[\frac{gh\overline{w'\theta'_V}_0}{\overline{\theta_V}}\right]^{1/3}$, wird als konvektive Richardsonzahl Ri_* bezeichnet. Tab. 1 und 2 geben eine Auswahl von in der Literatur verwendeten Längen- bzw. Geschwindigkeitsskalen wieder. Alle zitierten Veröffentlichungen beschäftigen sich dabei mit dem Prozess des Einmischens, bzw. des Anwachsens einer turbulenten Schicht.

Tab. 1.: Verwendete Längenskalen L

Veröffentlichung	Zusammenhang	verwendete Größe
Deardorff et al. (1980)	LV konvektive Turbulenz	h
Turner (1986), Strang und Fernando (2001)	LV mechanische Mischung durch Scherung	h
Turner (1986)	LV oszillierendes Gitter	l_u in der Nähe der Grenzschicht
Turner (1986)	LV Mischung durch Auftriebskräfte	h
Hunt (1998)	konvektive Turbulenz	h
Linden (1973)	Modell und LV auf Basis auftreffender Wirbel	Durchmesser Wirbelring
Baines (1975)	LV Auftriebsfahnen	Durchmesser Auftriebsfahne
Fernando und Hunt (1997) und McGrath et al. (1997)	Modell und LV (interne Wellen, oszillierendes Gitter)	l_u im Bereich Randzone
Boers und Eloranta (1986), Davis et al. (1997), Melfi et al. (1985), Beyrich und Gryning (1998), Nelson et al. (1989)	atmosphärische Messungen, konvektive Grenzschicht	h
Boers (1989), Gryning und Batchvarova (1994), Batchvarova und Gryning (1994), Stull (1973), Van Zanten et al. (1999), Artaz und Andre (1980), Deardorff (1979), Fedorovich und Mironov (1995)	Theoretische Modelle zum Anwachsen der atmosphärischen Grenzschicht (keine Einschränkung der turbulenzerzeugenden Mechanismen)	h
Deardorff (1983)	Modell zum Anwachsen der atmosphärischen Grenzschicht (keine Einschränkung der turbulenzerzeugenden Mechanismen)	Δh, wobei angenommen wird, dass $\Delta h \propto l$
Sullivan et al. (1998), Fedorovich et al. (2004), Conzemius und Fedorovich (2006b)	LES von Grenzschichten mit und ohne Scherung	h
Dohan und Sutherland (2003)	LV interne Wellen	l
Hannoun und List (1988)	LV	l_u im Bereich Randzone
Hannoun und List (1988)	LV	$l_w = \tau\sigma_u$ im Bereich Randzone
Strang und Fernando (2001)	LV scherungsfreie Grenzschicht	l
Fernando (1991)	LV Grenzschichten mit Scherung	h
Fernando und Hunt (1996)	Zusammenfassende Betrachtung Grenzschichten mit und ohne Scherung	l_u

LV = Laborversuch, LES= Grobstruktursimulation
$l_{u,v,w}$ integrale Längenskalen für die drei Windkomponenten (u,v,w), h Höhe der turbulenten Schicht, Δh Breite der Randzone zwischen turbulenter Schicht und nicht-turbulenter Schicht, σ_u Standardabweichung der horizontalen Windgeschwindigkeit, τ Fläche unter Autokorrelationskurve der vertikalen Geschwindigkeit

Tab. 2.: Verwendete Geschwindigkeitsskalen V

Veröffentlichung	Zusammenhang	verwendete Größe
Deardorff et al. (1980)	LV Turbulenz durch Konvektion	w_*
Turner (1986)	LV mechanische Mischung	$u_{*,0}$
Turner (1986), Strang und Fernando (2001)	LV mechanische Mischung	ΔV
Turner (1986)	LV oszillierendes Gitter	σ_u im Bereich Randzone
Turner (1986)	LV konvektive Mischung	w_*
Hunt (1998)	theoretische Überlegungen zu konvektiver Turbulenz	w_*
Linden (1973)	Modell und LV auf Basis einschlagender Wirbel	Geschwindigkeit Wirbelring
Baines (1975)	LV mit Auftriebsfahnen	Zentral-Liniengeschwindigkeit der Auftriebsfahne
Fernando und Hunt (1997) und McGrath et al. (1997)	Modell und LVe (interne Wellen, oszillierendes Gitter)	σ_u im Bereich Randzone
Boers und Eloranta (1986), Davis et al. (1997), Melf. et al. (1985), Beyrich und Gryning (1998), Nelson et al. (1989)	experimentelle atmosphärische Studien, konvektive Grenzschicht	w_*
Beyrich und Gryning (1998)	Atmosphärische Studie	w_e, ΔV, σ_w^2
Batchvarova und Gryning (1994), Gryning und Batchvarova (1994)	Modell Einmischungsprozess (keine Einschränkung der turbulenzerzeugenden Mechanismen)	w_e
Gryning und Batchvarova (1994), Driedonks (1982), Boers et al. (1984)	Modell Einmischungsprozess (keine Einschränkung der turbulenzerzeugenden Mechanismen)	W_*
Deardorff (1983)	Modell Einmischungsprozess (keine Einschränkung der turbulenzerzeugenden Mechanismen)	q
Boers (1989), Stull (1973), Artaz und Andre (1980), Deardorff (1979), Fedorovich und Mironov (1995)	theoretische Modelle	w_*

Tab. 3.: Verwendete Geschwindigkeitsskalen V, Fortsetzung Tab. 2

Veröffentlichung	Zusammenhang	verwendete Größe
Tennekes (1973)	theoretisches Modell (keine Einschränkung der turbulenzerzeugenden Mechanismen)	σ_w in der Grenzschicht (Höhenniveau wird nicht festgelegt)
Tennekes und Driedonks (1981)	Modell	Kombinierte Skala aus w_* und $u_{*,0}$
Moeng und Sullivan (1994)	LES (keine Einschränkung der turbulenzerzeugenden Mechanismen)	Kombinierte Skala aus w_* und $u_{*,0}$
Van Zanten et al. (1999)	Modell und LES, bei Scherungsantrieb bei konvektiver Turbulenz	$u_{*,0}$ w_*
Sullivan et al. (1998), Fedorovich et al. (2004)	LES	w_*
Conzemius und Fedorovich (2006b)	LES	w_*, $u_{*,0}$, ΔV und kombinierte Skala aus w_* und $u_{*,0}$
Dohan und Sutherland (2003)	LV interne Wellen	σ_u
Hannoun und List (1988)	LV	σ_u im Bereich Randzone
Strang und Fernando (2001)	LV Grenzschicht ohne Scherung	σ_u
Fernando und Hunt (1996)	Zusammenfassende Betrachtung von Grenzschichten ohne Scherung	σ_u

LV = Laborversuch, LES= Grobstruktursimulation

$w_* = \left[\frac{g h \overline{w'\theta'_{V0}}}{\overline{\theta_V}}\right]^{1/3}$ konvektive Geschwindigkeit, $u_{*,0}$ Schubspannungsgeschwindigkeit, $W_* = \left[\frac{g h \overline{w'\theta'_{Vh}}}{\overline{\theta_V}}\right]^{1/3}$ Top-Down Geschwindigkeit, σ_x mit $x = u, v, w$ Standardabweichung der entsprechenden Komponente der Windgeschwindigkeit, ΔV Geschwindigkeitssprung zwischen turbulenter Schicht und nicht-turbulenter Schicht, $q^2 = u'^2 + v'^2 + w'^2$ Turbulenzgeschwindigkeit

Auf den ersten Blick wird deutlich, dass insbesondere für die Geschwindigkeitsskala unterschiedliche Größen in der Literatur verwendet werden. Einerseits werden Skalen, die ausschließlich auf Bodengrößen basieren, genutzt, wie z.B. die Schubspannungsgeschwindigkeit $u_{*,0}$, andererseits werden Skalen in Höhe der Randzone angesetzt, wie z.B. die sogenannte Top-Down Geschwindigkeit W_*. Nur wenige Skalen basieren auf Abmessungen konvektiver Turbulenzelemente, wie die von Linden (1973). Eine Ordnung ergibt sich bezüglich der Turbulenzursache: Im Fall einer rein konvektiven Grenzschicht wird oft w_* verwendet. Dagegen wird $u_{*,0}$ angesetzt, wenn mechanische Turbulenzproduktion am Boden dominiert. Mit einer kombinierten Skala aus diesen beiden Größen werden beide Effekte berücksichtigt. Im Fall von starker Scherung am Übergang einer turbulenten zu einer nicht-turbulenten Schicht wird üblicherweise der Geschwindigkeitssprung über den Rand ΔV benutzt.
Bei näherer Betrachtung wird eine weitere Systematik in der Nutzung der Skalen deutlich. In Verbindung mit der atmosphärischen Grenzschicht wird überwiegend eine kombinierte Skala aus w_* und $u_{*,0}$ für die Geschwindigkeitsskala und h für die Längenskala angesetzt, während im Bereich der Fluiddynamik die Standardabweichung der Geschwindigkeit σ_u und die integrale Längenskala l (vgl. Abschnitt 4.1.2) als Skalen genutzt werden. Eine einfache Erklärung für diesen Unterschied kann in den messtechnischen Möglichkeiten begründet liegen, die bisher bei atmosphärischen Studien eine Verwendung der einfach zu ermittelnden Bodengrößen, Messungen in der Grenzschicht oder gar am oberen Rand der Grenzschicht vorzogen. Viele Autoren argumentieren in diesem Zusammenhang mit direkten Proportionalitäten der Bodengrößen zu den Skalen der Turbulenz, welche aber i. A. nicht nachgewiesen werden. Andererseits erscheint die direkte Verwendung von Skalen, die die Turbulenz als die eigentliche Ursache des Einmischprozesses beschreiben, geeigneter.
Durch die unterschiedlichen Skalierungen lassen sich konkrete Zahlenwerte für Ri, die im Zusammenhang mit Studien zu dominierenden Einmischprozessen gefunden wurden, nur bedingt vergleichen. Trotzdem sollen an dieser Stelle einige Beziehungen kurz dargelegt werden. Fernando und Hunt (1997) beschreiben die Prozesse (ii) bis (iv) als die vorherrschenden Prozesse für das Einmischen in Grenzflächen ohne Scherung für $Ri \geq 1$. Für $Ri > 35$, sprich unter

stabilen Bedingungen, ist Prozess (iv) der alleinige Mischungsprozess. Hunt (1998) beschreibt in seinen Ausführungen zur konvektiv erzeugten Turbulenz die Erzeugung von lokalen Instabilitäten durch sich parallel zur Grenzfläche bewegende Wirbel als Mechanismus für $Ri \leq 1$, die Bildung dünner Filamente im Zusammenhang mit der Deformationen der Grenzfläche durch auftreffende Wirbel für $Ri \simeq 1$ und das Überschlagen von internen Wellen als den vorherrschenden Mischungsprozess für $Ri \geq 1$. Ähnlich ist auch die Reihenfolge bei McGrath et al. (1997): Einschließungsprozesse bei kleinen Ri, gefolgt von Deformation und Aufbrechen der Grenzfläche durch auftreffende Wirbel ($Ri < 15$), anschließend ein Prozess des Störens der Grenzfläche durch Wirbel, die nicht mehr in den Bereich der stabilen Schicht eindringen können ($15\ leqRi \leq 40$) und schließlich die Erzeugung von internen Wellen und deren Brechen ($Ri \geq 40$). Turner (1986) stellt die Prozesse (iii) und (iv) als zwei unterschiedliche Beschreibungen des selben Prozesses dar, was eventuell durch das gleichzeitige Auftreten begründet werden kann. Kelvin-Helmholtz-Instabilitäten können nach Turner (1986) nur wenig vertikale Mischung verursachen, auch wenn große Scherung vorliegt. Für Materialtransport über eine Grenzfläche müsse ein zusätzlicher turbulenzerzeugender Vorgang aktiv sein. Fernando und Hunt (1997) verweisen ebenfalls darauf, dass der Mechanismus (ii) nur auf kleinen Skalen von Bedeutung ist. Studien an Grenzflächen mit starker Scherung (Strang und Fernando, 2001, Kim et al., 2003, Conzemius und Fedorovich, 2006b) zeigen hingegen, dass der Mechanismus (ii) durchaus von entscheidender Bedeutung sein kann. Sullivan et al. (1998) beschreiben die Prozessabfolge als großräumiges Einschließen bei kleinen Ri, abgelöst von Einmischungsprozessen an den Seiten von Wirbeln bei größeren Ri und schließlich molekulare Diffussion bei sehr großen Ri. Wellenbrechen kann in den Simulationen nicht beobachtet werden. Analoge qualitative Studien zu Einzelprozessen für die atmosphärische Grenzschicht liegen nicht vor.

2.3. Randzone

Die Randzone ist der Bereich zwischen turbulentem und nicht-turbulentem Fluid. Sie tritt immer in Verbindung mit dem Einmischprozess auf und ist durch

die stattfindenden Prozesse geprägt. Im englischen Sprachraum wird dieser Bereich als *entrainment zone* in Anlehnung zu *entrainment*, frei übersetzt "Mitreißen" oder "Einmischen", bezeichnet. Dieser Bereich ist selbst nicht mehr gut durchmischt, da Teile des nicht-turbulenten Fluids zwar eingezogen, aber noch nicht vollständig untergemischt bzw. eingebaut wurde (Deardorff et al., 1980).
Eine Randzone existiert auch für die turbulente atmosphärische Grenzschicht und ist als ihr fester Bestandteil anzusehen. Sie verbindet die Mischungsschicht mit der darüberliegenden turbulenzarmen freien Atmosphäre. Sie ist eine stabile Schicht, die ähnlich einem Deckel die von der Erdoberfläche aufsteigende warme Luft bremst und ihre turbulente kinetische Energie reduziert. Die atmosphärische Randzone zeigt große Gradienten von mittlerer relativer Feuchte und Aerosolgehalt (Flamant et al., 1997) sowie einem stabilen Temperaturgradienten, der signifikant stärker als der der freien Atmosphäre ist (Beyrich und Gryning, 1998). Deardorff et al. (1980) geben die Ausdehnung der Randzone zwischen 20 und 40%, typischerweise 25%, des gut durchmischten Bereichs an. Stull (1988) verweist auf durchschnittlich 40%. Gryning und Batchvarova (1994) erwähnen, dass die Randzone eine Breite in der Größenordnung der Ausdehnung der Mischungsschicht erreichen kann, wohingegen Beyrich (1994) darauf verweist, dass die Mächtigkeit der Mischungsschicht sogar übertroffen werden kann. Eine äquivalente Aussage findet sich auch in Sun et al. (2005): Die Ausdehnung der Randzone macht typischerweise 30% der Mischungsschichtbreite aus, sie kann aber bis zu einer Ausdehnung vergleichbar mit der Mischungsschichthöhe anwachsen.
Im Folgenden soll die Ausdehnung der Randzone mit Δh bezeichnet werden. Mit den Definitionen aus Abschnitt 2.1 gilt dabei $\Delta h = h_2 - h_0$. Es sei an dieser Stelle auf die ebenfalls gebräuchliche Definition $\delta h = h_2 - h$ verwiesen, die aber hier nicht weiter betrachtet werden soll.
Zur Bestimmung der Breite der Randzone Δh werden in der Literatur zwei verschiedene Ansätze verfolgt. Einerseits wird diese Zone als ein horizontales räumliches Mittel oder zeitliches Mittel definiert, welches aus der Verteilung einzelner hochaufgelöster Grenzschichthöhen bestimmt wird (z.B. Deardorff et al., 1980; Flamant et al., 1997). Definitionen dieser Art sollen hier als "statistische Definition" bezeichnet werden. Andererseits wird die Übergangszone

zwischen Mischungsschicht und freier Atmosphäre innerhalb eines einzigen Profils einer in der Mischungsschicht als konstant betrachteten Größe, wie z.B. des Aerosolgehalts oder der potentiellen Temperatur, als Abschätzung für Δh verwendet (Davis et al., 1997; Haegeli et al., 2000). Folgende Zusammenstellung verschiedener Definitionen für die Randzone verdeutlicht die Problematik eines fehlenden einheitlichen Ansatzes:

1. Δh ist der Bereich, in dem die Luft in einem horizontalen Gebiet oder über einen bestimmten Zeitraum zu mehr als 5% und zu weniger als 100% (Stull, 1988) bzw. 95% (Steyn et al., 1999), bzw. 90 bis 95% (Beyrich und Gryning, 1998) Charakteristika der Luft der freien Atmosphäre aufweist.

2. Δh ist die Region, in der mittlere Profile von virtueller potentieller Temperatur, Feuchte und/oder Aerosolkonzentration einen starken, signifikanten Gradienten aufweisen, z.B. Cohn und Angevine (2000).

3. Δh ist die Region, in der der turbulente Wärmefluss $\overline{w'\theta_V'}$ negativ ist, z.B. Stull (1988) .

4. h_2 und h_0 können aus Fluktuationen von h über einen bestimmten zeitlichen oder räumlichen Bereich durch Definition von Perzentilen abgeschätzt werden: in Cohn und Angevine (2000) 15tes und 85tes Perzentil über 1h; Melfi et al. (1985) und Davis et al. (1997) viertes und 98tes Perzentil über einen Bereich von 15.5 km oder Flamant et al. (1997) 4tes bis 8tes Perzentil für die untere Grenze der Grenzschicht h_0.

5. Δh ist die Standardabweichung von h, z.B. Davis et al. (1997) .

2.4. Modellvorstellungen zum Grenzschichtwachstum

Um Einmischungsprozesse zu beschreiben, wurden in den letzten 60 Jahren Parametrisierungen und Modelle entwickelt. Ansätze für Parametrisierungen können aus Ergebnissen von Laborstudien und atmosphärischen Messungen gewonnen werden. Entsprechende Relationen werden in Kapitel 6 wiedergegeben. Für die Entwicklung von Modellen können zwei Ansätze unterschieden werden: einerseits Modelle auf Basis der beobachteten Einzelprozesse, andererseits die Verwendung von Sprungmodellen.

2.4.1. Theoretische Modelle auf Basis von Sprungmodellen

Die Grundidee hinter diesen Modellen ist, dass die Energie, die für Einmischprozesse aufgewendet wird, ein Teil der turbulenten kinetischen Energie (TKE, vgl. Abschnitt 2.1) in der Grenzschicht ist. Die Einmischrate kann demnach durch Betrachtung von Quellen, Transport und Senken (Dissipation) der TKE ermittelt werden. Im Modell wird TKE mit den drei bereits eingeführten Mechanismen verbunden: konvektiv erzeugte Turbulenz durch eine erwärmte Oberfläche und bodennah instabile Schichtung, mechanisch erzeugte Turbulenz durch Reibung an der Erdoberfläche und durch Windscherung am Übergang zwischen der Grenzschicht und der freien Atmosphäre.

Sprungmodelle nullter Ordnung

Anhand der gemessenen Profile von potentieller Temperatur, Feuchte, Wind und Aerosolgehalt in der Mischungsschicht (Stull, 1988), kann ein Sprungmodell nullter Ordnung motiviert werden. Dabei ist der vertikale Verlauf dieser Größen in der Mischungsschicht unabhängig von der Höhe und ein Sprung in Höhe h stellt den Übergang zur freien Atmosphäre dar. Die turbulenten Flüsse folgen einem linearen Verlauf. Die Oberflächenschicht und die Randzone werden vernachlässigt, bzw. als unendlich dünn betrachtet. Im Folgenden soll der Einfluss der Feuchte vernachlässigt und lediglich die potentielle Temperatur θ betrachtet werden. Abb. 3 zeigt den schematischen Verlauf der potentiellen Temperatur θ und des turbulenten Wärmeflusses $\overline{w'\theta'}$.

Erste Modelle, die auf diesen Ideen basieren, wurden von Ball (1960) und Lilly (1968) beschrieben. Das erste Modell, das nicht nur die Entwicklung der Grenzschichthöhe, sondern auch den zeitlichen Verlauf der Inversionsstärke

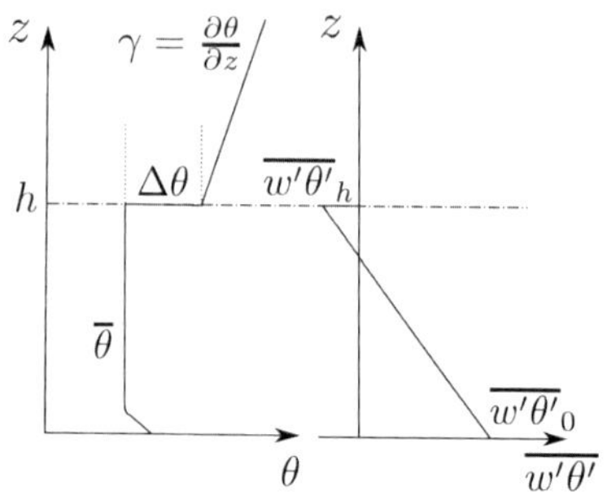

Abb. 3.: Sprungmodell nullter Ordnung nach Deardorff (1979)

$\Delta\theta$ berücksichtigt, stammt von Tennekes (1973). Auf den dort dargestellten Grundgleichungen bauen alle nachfolgenden Modelle auf:

$$\frac{\partial\theta}{\partial t} = \frac{1}{h}(\overline{w'\theta'}_0 - \overline{w'\theta'}_h), \quad [8]$$

$$-\overline{w'\theta'}_h = \Delta\theta\frac{dh}{dt}, \quad [9]$$

$$\frac{\partial\Delta\theta}{\partial t} = \gamma\frac{dh}{dt} - \frac{\partial\theta}{\partial t} \quad [10]$$

mit dem Sprung der potentiellen Temperatur am Übergang zwischen Grenzschicht und freier Atmosphäre $\Delta\theta$. Index $_0$ gibt die Größen auf Bodenniveau, Index $_h$ in der Höhe des Übergangs wieder. Das Gleichungssystem 8 bis 10 ist nicht geschlossen. Zur Schließung wird von den meisten Autoren die Budgetgleichung der TKE (Gleichung 5) verwendet. Die einzelnen Modellansätze unterscheiden sich durch die Terme, die in der Budgetgleichung parametrisiert bzw. vernachlässigt werden und darin, ob die Budgetgleichung lokal am Übergang Grenzschicht zur freien Atmosphäre oder integriert über die gesamte Grenzschicht betrachtet wird. Im Folgenden sollen beispielhaft drei Modelle vorgestellt werden.

Ein häufig verwendeter Ansatz für rein konvektiv angetriebene Grenzschichten ist der, das Gleichungssystem durch ein festes Verhältnis zwischen turbulentem Fluss am Boden und am Übergang zur freien Atmosphäre zu schließen (z.B. Tennekes, 1973; Yi et al., 2001):

$$-\overline{w'\theta'}_h = c\,\overline{w'\theta'}_0. \quad [11]$$

Hierbei gibt c den Anteil der durch Konvektion erzeugten TKE, der für den Einmischprozess verwendet wird, wieder. Dieser Parameter kann als der am häufigsten empirisch ermittelte Parameter im Bereich des Grenzschichtwachstums angesehen werden. Eine Übersicht der Arbeiten bis 1975 gibt Stull (1976), neuere Bestimmungen mittels atmosphärischer Messungen finden sich z.B. in Flamant et al. (1997) oder Haegeli et al. (2000), Ergebnisse aus Grobstruktursimulationen geben Sullivan et al. (1998) oder Fedorovich et al. (2004). Zusammenfassend liegt c in einem Intervall von [0.1, 0.4], typischerweise wird $c = 0.2$ verwendet. Aus dem Ansatz ergibt sich unter Ausnutzung von Gleichung 6 und 9 unter Vernachlässigung großräumiger Prozesse:

$$\frac{dh}{dt} = w_e = c\overline{w'\theta'}_0 \frac{1}{\Delta\theta} = c\frac{\theta w_*^3}{\Delta\theta g h} = cRi_*^{-1} w_*. \qquad [12]$$

Die zugrundeliegende Idee kann auch auf Grenzschichten mit einer starken Scherung im Bereich der Randzone übertragen werden. Hier liegt das Verhältnis zwischen durch Scherung erzeugter TKE und der für den Einmischprozess verwendeten, jedoch bei höheren Werten zwischen 0.5 (Conzemius und Fedorovich, 2006a) und 0.7 (Price et al., 1978). Das Verhältnis zwischen turbulentem Fluss am Boden und am Übergang zur freien Atmosphäre kann somit Aufschluss über relative Effekte durch Auftrieb und durch Scherung auf den Einmischprozess geben (Conzemius und Fedorovich, 2006a; Lothon et al., 2009). Generalisiert werden kann dieser Ansatz, indem nicht nur der Wärmefluss am Boden, sondern in der gesamten Grenzschicht $\overline{w'\theta'}_{GS}$ betrachtet wird (z.B. Deardorff, 1976):

$$-\overline{w'\theta'}_{GS} = \left[\frac{-2c}{(1-c)}\right] \int_0^1 \overline{w'\theta'} d\left(\frac{z}{h}\right). \qquad [13]$$

Tennekes und Driedonks (1981) stellen Ansätze verschiedener Autoren zusammen, die auf einer Parametrisierung des TKE-Budgets lokal am Übergang zwischen der Grenzschicht und der freien Atmosphäre aufbauen. Zusammenfassend schlagen Tennekes und Driedonks (1981) für die einzelnen Terme der TKE-Budgetgleichung

$$\frac{\partial \bar{e}}{\partial t} = M + A + (T + P) + D, \qquad [14]$$

$$C_S \frac{u^2}{h}\frac{dh}{dt} = \left(C_M[(\Delta U)^2 + (\Delta V)^2]\frac{1}{h}\frac{dh}{dt}\right) + \frac{g}{\theta}\overline{\theta' w'}_h + C_T\frac{u^3}{h} - C_D u^2 N_{BV}, \qquad [15]$$

mit der Geschwindigkeitskala

$$u^2 = w_*^2 + 4u_{*,0}^2, \qquad [16]$$

der Auftriebsfrequenz (Brunt-Väisälä Frequenz) $N_{BV}^2 = g\frac{\gamma}{\overline{\theta}}$ und den Koeffizienten C_T = 0.6, C_S = 4.3, C_D = 0.03 und C_M = 0.7 vor. Die Parametrisierung der zeitlichen Änderung der TKE basiert auf Ergebnissen von Zilitinkevich (1975), die der Dissipation geht auf Zeman und Tennekes (1977) zurück. Werden Terme 1, 2 und 5 vernachlässigt, so ergibt sich aus diesem Ansatz das Modell von Tennekes (1973)

$$-\overline{w'\theta'}_h = c\frac{\overline{\theta}}{g}\frac{u^3}{h}, \qquad [17]$$

wobei c = 0.2 ist und eine leicht modifizierte kombinierte Geschwindigkeitskala

$$u^3 = w_*^3 + \eta u_{*,0}^3 \qquad [18]$$

mit η = 12.5 in Tennekes (1973) verwendet wird. Spätere Arbeiten von Driedonks (1982) und Driedonks und Tennekes (1984) benutzen ebenfalls diese kombinierte Geschwindigkeitsskala, gewichten die Schubspannungsgeschwindigkeit aber mit η = 8, bzw. 25. Andere Veröffentlichungen gehen von niedrigeren Werten mit z.B. η = 5 (Moeng und Sullivan, 1994) aus.

Eine dritte Klasse betrachtet die Budgetgleichung der TKE integriert über die gesamte Mischungsschicht (z.B. Stull, 1976; Kottmeier et al., 1993; Boers et al., 1984). Beispielhaft soll hier das Ergebnis von Gryning und Batchvarova (1994) vorgestellt werden:

$$C\overline{e}w_e = A\frac{gh}{\overline{\theta}}\overline{w'\theta'}_0 + Bu_{*,0}^3 + \frac{gh}{\overline{\theta}}\overline{w'\theta'}_h \qquad [19]$$

mit den Konstanten A = 0.2, B = 2.5 und C = 8, wobei der zweite Term der linken Seite auch durch $Cu_{*,0}^2 w_e$ angegeben werden kann (Zilitinkevich, 1975; Batchvarova und Gryning, 1990). Beide Formulierungen beschreiben die Energie, die notwendig ist, um neu eingemischte Luft in einen Gleichgewichtszustand mit der Luft in der Mischungsschicht zu bringen (Ausgleichsterm). Darauf und auf den drei Grundgleichungen 8 bis 10 aufbauend kann für den Temperatursprung an der Inversion

$$\frac{d\Delta\theta}{dh} + \Delta\theta\left(\frac{1}{h} + \frac{1}{Ah - BL_{MO}\kappa}\right) = \gamma \qquad [20]$$

mit der von Karman Konstante κ und der Obukhov Länge $L_{MO} = \frac{u_{*,0}^3\,\bar{\theta}}{g\,\overline{w'\theta'}_0\,\kappa}$ hergeleitet werden. Eine approximative Lösung, die auch mit den asymptotischen Grenzen für $L_{MO} \to -\infty$ (neutrale Bedingungen) und $L_{MO} \to 0$ (konvektives Limit) übereinstimmt, lautet:

$$\Delta\theta = \frac{Ah - BL_{MO}\kappa}{(1+2A)h - 2BL_{MO}\kappa}\gamma h. \qquad [21]$$

Der Temperatursprung an der Inversion kann damit direkt mit dem Temperaturgradienten in der freien Atmosphäre in Verbindung gebracht werden. Wird die Approximation auf die Grundgleichungen angewendet, ergibt sich als Modell für das Grenzschichtwachstum:

$$\left[\frac{h^2}{(1+2A)h - 2BL_{MO}\kappa} + \frac{Cu_{*,0}^2\overline{\theta}}{\gamma g[(1+A)h - BL_{MO}\kappa]}\right]\frac{dh}{dt} = \frac{\overline{w'\theta'}_0}{\gamma}. \qquad [22]$$

Der Angleichungsterm ist nur wichtig für flache Grenzschichten, für $C = 0$ vereinfacht sich die Gleichung zu

$$\frac{dh}{dt} = \frac{(1+2A)w_*^3 + 2Bu_{*,0}^3}{\frac{g}{\theta}h^2\gamma}. \qquad [23]$$

Werden im Modell von Batchvarova und Gryning (1990) zusätzlich die beiden Parameter $A = 0$ und $B = 0$ gesetzt, ergibt sich das so genannte “Vordring”-Modell (*Encroachment* Modell):

$$\frac{dh}{dt} = \frac{1}{\gamma h}\overline{w'\theta'}_0. \qquad [24]$$

Nach Deardorff et al. (1980) kann damit ein “hypothetisches nicht-turbulentes Einmischen”, verbunden mit einer Erwärmung der Grenzschicht, verstanden werden. Einfacher ausgedrückt wächst die Grenzschicht ohne Einmischen von Luft aus der freien Atmosphäre, bedingt durch eine Erwärmung an. Das Modell ergibt sich auch aus den Grundgleichungen 8 bis 10 unter der Annahme $\Delta\theta = 0$.

Zur Schließung der Gleichungen kann auch cin sogenannter Partitionierungsansatz gemacht werden. Die Idee dahinter ist, dass für die Dissipation der TKE ein konstanter Anteil der TKE Produktion angenommen wird. Mehr dazu ist

z.B. in Van Zanten et al. (1999) zu finden. Beyrich (1995) gibt eine zusammenfassende Darstellung über weitere Modelle basierend auf dem Ansatz eines Sprungmodells nullter Ordnung.
Die Randzone wird gemäß ihrer Definition (vgl. Abschnitt 2.3) im Allgemeinen nicht als vernachlässigbar dünn angesehen. Inwiefern ist ein Sprungmodell nullter Ordnung daher in der Lage, die Grenzschicht gut wiederzugeben? Lilly (2002) vertritt die These, dass der Übergang lokal sehr scharf ist und dass die Beobachtungen einer ausgedehnten Randzone Mittelungseffekte sind. Andere Autoren wie Conzemius und Fedorovich (2006a) widersprechen dieser Theorie. Auch deuten Ergebnisse aus Grobstruktursimulationen darauf hin, dass der Modellansatz des Sprungmodells nullter Ordnung anderen Ansätzen mit einer ausgedehnten Randzone unterlegen ist. Der entscheidende Vorteil der Sprungmodelle nullter Ordnung ist jedoch ihre einfache Grundidee, die wiederum auch die Berücksichtigung von komplexen Einflussfaktoren zulässt.

Sprungmodell erster Ordnung und generalisiertes Modell

Sprungmodelle erster Ordnung lassen, im Gegensatz zu denen nullter Ordnung, eine endliche Ausdehnung der Randzone zu. Abb. 4 zeigt den Verlauf der potentiellen Temperatur und des turbulenten Wärmeflusses für das Sprungmodell erster Ordnung. Modellansätze finden sich z.B. in Betts (1973), Betts (1974) oder Van Zanten et al. (1999). Problematisch an den Sprungmodellen erster Ordnung ist, neben dem idealisierten linearen Verlauf verbunden mit Unstetigkeitsstellen, dass das Minimum des turbulenten Wärmeflusses an der Unterkante der Randzone auftritt und nicht, wie Messungen belegen, im Inneren der Randzone. Haegeli et al. (2000) modifizieren das Modell von Betts (1973) dahingehend, das die Breite der Randzone über den gesamten Bereich des negativen Wärmeflusses ausgedehnt wird. Den Ansatz der Sprungmodelle erweiternd, haben Fedorovich und Mironov (1995) aufbauend auf dem Modell von Deardorff (1979) ein generalisiertes Modell entwickelt, das die Profile ohne Unstetigkeitsstellen wiedergibt. Abb.4 stellt auch den Verlauf der Profile der potentiellen Temperatur und des turbulenten Wärmeflusses in diesem Modell dar. Die Überlegenheit der Modelle höherer Ordnung gegenüber den

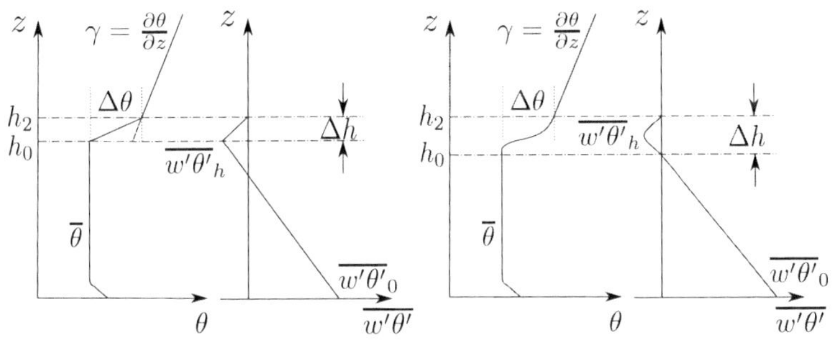

Abb. 4.: Sprungmodell erster Ordnung (links) und generalisiertes Modell (rechts), beide nach Deardorff (1979)

Sprungmodellen nullter Ordnung konnte in Grobstruktursimulationen von Sullivan et al. (1998), Van Zanten et al. (1999) und Fedorovich et al. (2004) demonstriert werden.

2.4.2. Modelle auf Basis von Einzelprozessen

Zusätzlich zu den Sprungmodellen wurden auch Modelle entwickelt, die auf den Einzelprozessen, die das Einmischen bewirken, basieren. Nach den Überlegungen in Abschnitt 2.2 sei bereits an dieser Stelle darauf verwiesen, dass abhängig von den Randbedingungen verschiedene Einmischregime durchlaufen werden. Ein Modell, das auf einem bestimmten Prozess basiert, kann somit nur unter den Randbedingungen anwendbar sein, die den zugrundeliegenden Einmischprozess ermöglichen.

Modell unter Berücksichtigung aufsteigender Luftpakete

Wenn ein kleines Luftvolumen (Luftpaket) wärmer als seine Umgebung ist, steigt es beschleunigt auf, bis es die gleiche Temperatur wie seine Umgebung hat (auftriebsneutral ist). Dieser Ansatz wird dazu verwendet, aufsteigende Warmluftblasen zu beschreiben, deren Eindringen in die abschließende Inversion die Randzone kennzeichnen und die die grundsätzliche Ursache für das

Einmischen darstellen. Stull (1973) leitet ausgehend von diesem Ansatz und unter Verwendung der Impulserhaltung für die Überschießdistanz d

$$0.5w^2 = \frac{g}{T}\Delta\theta d \qquad [25]$$

her, wobei w die Geschwindigkeit des Luftpakets, T die Temperatur in der Nähe der Inversion und $\Delta\theta$ der Temperatursprung an der Inversion. Für die charakteristische Geschwindigkeit einer aufsteigenden Warmluftblase wird $w \propto w_*$ angenommen, womit leicht die Relation

$$\frac{d}{h} = \frac{\Delta h}{h} \propto Ri_*^{-1} \qquad [26]$$

abgeleitet werden kann, die eine große Analogie zu Gleichung 12 aufweist. Diese Relation zwischen der normierten Breite der Randzone und der Richardsonzahl Ri_* gilt als das repräsentative Resultat des Modells aufsteigender Luftpakete. Das Modell zum Anwachsen der Grenzschicht selbst wird durch die Gleichung

$$w_e = \frac{\varepsilon 0.5d}{t_*} \qquad [27]$$

beschrieben, mit der Zeitskala t_*, die beschreibt, wie oft ein Luftpaket überschießt und einer empirischen Konstante ε, die berücksichtigt, dass mögliche Volumen nicht vollständig eingemischt werden. Mit $t_* = 0.35h/w_*$ gilt

$$\frac{w_e}{w_*} \propto \frac{d}{h}. \qquad [28]$$

Gryning und Batchvarova (1994) verwenden ebenfalls diesen Ansatz, setzen aber die charakteristische Geschwindigkeit der Warmluftblasen mit $W_* = \left[gh\overline{w'\theta'}_h/\overline{\theta}\right]^{1/3}$ an, womit auch mechanisch erzeugte Turbulenz in das Modell integriert wird. Dieser Ansatz kann nun ebenfalls in Gleichung 25 eingesetzt werden und führt mit der zusätzlichen Annahme $\overline{w'\theta'}\,|_h \propto \Delta\theta w_e$ auf

$$\frac{\Delta h}{h} \propto Ri_E^{-1/3} = \left[\frac{(g/\overline{\theta})\Delta\theta h}{w_e^2}\right]^{-1/3}. \qquad [29]$$

Boers (1989) betrachtet im Zusammenhang mit diesem Modellansatz die Änderung der Energie durch eine sinusförmige Störung einer vormals flachen

Schicht. Er leitet eine Erhöhung der potentiellen Energie ΔP in einem inkompressiblen Fluid von

$$\Delta P = \Delta\rho g \frac{1}{16} \Delta h^2 \qquad [30]$$

mit der Höhendifferenz zwischen Maximum und Minimum Δh ab. Unter der Voraussetzung von Energieerhaltung $\frac{1}{2}\rho h \overline{w^2} = \Delta\rho g \frac{1}{16} \Delta h^2$ und der zusätzlichen Annahme $\overline{w^2} \simeq w_*^2$ führt diese Relation direkt auf

$$\frac{\Delta h}{h} \propto Ri_*^{-0.5}. \qquad [31]$$

Unter Ausnutzung der empirischen Relation von Sun et al. (2005)

$$\frac{\Delta h}{\Delta \theta} = B\gamma^{-1} \qquad [32]$$

kann aus dem Luftpaket-Modell ein weiterer Zusammenhang für die Breite der Randzone abgeleitet werden:

$$\frac{\Delta h}{h} \propto \frac{w_*}{h} \left(\frac{g}{T_0} \gamma \right)^{-0.5}, \qquad [33]$$

der zusätzlich die Stabilität der freien Atmosphäre (in Form von γ) beinhaltet.

Einmischen durch Deformation der Grenzschicht

Linden (1973) konnte in Laborversuchen beobachten, dass ein Wirbelring beim Auftreffen auf eine Grenzfläche diese deformiert. Beim Rückschlagprozess werden dünne Filamente des nicht-turbulenten Fluids in die Mischungsschicht gezogen. Unter Verwendung der Bernoulli-Gleichung (hier nach Prandtl et al., 1993)

$$\frac{p}{\rho} + gz + \frac{w^2}{2} = const., \qquad [34]$$

zeigt Linden (1973), dass die maximale Deformation proportional zum Quadrat der Froudezahl

$$Fr = \frac{U}{\left(\frac{g\Delta\rho L}{\rho_0} \right)^{0.5}} = Ri^{-0.5} \qquad [35]$$

mit der Geschwindigkeit des Wirbelrings U, ist. Unter der Annahme, dass die Translationsenergie des Wirbelringes komplett in Deformationsenergie umgewandelt wird, kann damit

$$\frac{w_e}{U} \propto Fr^3 = Ri^{-1.5} \qquad [36]$$

abgeleitet werden.

Modell unter Berücksichtigung von internen Wellen

Dieses Modell von Fernando und Hunt (1997) basiert auf der Idee, dass das Einmischen durch das Brechen von internen Wellen und den damit verbundenen Auswirkungen auf die Grenzschicht bewirkt wird. Der Energiefluss, der für das Einmischen zur Verfügung steht, wird aus einem nicht stationären Modell basierend auf der Beschreibung von homogener Turbulenz abgeschätzt. Die Herleitung liefert, dass für die normierte Einmischgeschwindigkeit

$$\frac{w_e}{\sigma_u} = \frac{g_5 \eta \alpha_1}{\beta} Ri^{-(1+n)} = K Ri^{-n_1} \qquad [37]$$

gilt, wobei σ_u die Standardabweichung der Geschwindigkeit im turbulenten Bereich angibt. Die Parameter ergeben sich zu $g_5 = 3\sqrt{2}\pi^2 g_3 * A/28$, mit $A = 2.4$; $g_3 = 55 g_1/36\pi = 0.0951$; $g_1 = g_2^{5/6}/\pi = 0.1955$ und $g_2 = \pi\Gamma^2(5/6)/\Gamma^2(1/3) = 0.558$ (die Konstanten g_1 bis g_3 entstammen dem Modell für homogene Turbulenz). $\eta \approx 0.2$ ist die Mischungseffizienz innerhalb der aufgebrochenen Stellen; α_1 entstammt einem empirischen Ergebnis für homogene Turbulenz, das besagt $l = \alpha_1 h$, wobei nach Thompson und Turner (1975) hier $\alpha_1 = 0.1$ verwendet werden kann. Für den Parameter n_1 wird ein Intervall zwischen [1.2, 1.75] angegeben, $K \approx 4.5$. Für die Breite der Randzone lässt sich die Relation $\Delta h = \alpha h$ mit $\beta = \alpha(\alpha + 3)/6$ ableiten.

Das Modell gilt vom Ansatz her nur in Bereichen, in denen der beschriebene Einmischungsprozess vorherrschend ist. In Laborversuchen durch McGrath et al. (1997) konnten die durch das Modell vorhergesagten Relationen über Fluktuationen von Geschwindigkeit und Grenzfläche, sowie die über Frequenzspektren bestätigt werden.

2.4.3. Zusammenfassende Bewertung der Einmischmodelle

Im Bereich der Sprungmodelle, insbesondere der nullter Ordnung, gibt es eine Vielzahl von Modellen, die das Anwachsen der Grenzschicht unter der Berücksichtigung von teils komplexen Einzelprozessen beschreiben, wie z.B. des

Ausgleichs-Effekts von Zilitinkevich (1975) oder eines Terms, der den Einfluss von Schwerewellen beschreibt (Stull, 1976). Bereits in den 80er Jahren stellen Driedonks und Tennekes (1984) fest, dass eine große Vielzahl an verschiedenen Modellen entwickelt wurde, Veränderungen der Modelle im Bereich weniger Prozent aber auf Grund der schwachen Datenlage nicht evaluiert werden können (H. Tennekes, Kommentare zu Driedonks und Tennekes, 1984). Zudem zeigen Vergleiche mit numerischen Simulationen und atmosphärischen Messdaten, dass insbesondere für die konvektive Grenzschicht bereits die einfachen Modellansätze von Tennekes (1973) ausreichen, um das Wachstum ausreichend gut zu beschreiben (Artaz und Andre, 1980; Driedonks, 1982; Conzemius und Fedorovich, 2006b). Ein weiteres komplexes Modell auf Basis der Sprungmodelle zu erstellen, erscheint der Autorin dieser Arbeit aus diesem Grund nicht sinnvoll. Abschnitt 2.4.2 stellt Ansätze für Einzelprozess-basierte Modellansätze vor. Um den Einmischprozess über den gesamten Stabilitätsbereich auf dieser Basis zu beschreiben, sind mindestens vier Einzelmodelle, die die vier verschiedenen Einmischmechanismen beschreiben, notwendig. Dieses kombinierte Modell stellt eine Herausforderung dar, welche die explizite Untersuchung der Einzelprozesse erfordert. Es wird im Rahmen der vorliegenden Arbeit nicht bearbeitet.

Als Konsequenz aus den Modellansätzen ergibt sich ein Zusammenhang der normierten Breite der Randzone mit der Richardsonzahl

$$\frac{\Delta h}{L} \propto Ri^{-n_1}, \qquad [38]$$

sowie eine Relation zwischen der normierten Einmischgeschwindigkeit und der Richardsonzahl

$$\frac{w_e}{V} \propto Ri^{-n_2}. \qquad [39]$$

Die Potenzen n_1 und n_2 variieren zwischen verschiedenen Modellen und werden auch in empirischen Studien unterschiedlich bestimmt (vgl. Kapitel 6). Sun et al. (2005) merken dies bezüglich an, dass auf Grund der unterschiedlichen Ergebnisse der Studien, die Richardsonzahl der falsche Parameter zur Parametrisierung der Randzone oder der Einmischgeschwindigkeit sein könnte. Fedorovich et al. (2004) weisen darauf hin, dass sich viele Differenzen zwischen den empirischen Studien möglicherweise mit Fehlinterpretationen der

Relationen oder aus falschem Gebrauch des Formalismus erklären lassen. Verbesserte Messmethoden ermöglichen in dieser Arbeit eine erneute Überprüfung dieser Relationen. Zusätzlich besteht die Herausforderung bessere Parameter zu finden, die in einer eindeutigeren Relation zur normierten Breite der Randzone, bzw. zur normierten Einmischgeschwindigkeit stehen.

3. Methodik und Datenbasis

In diesem Kapitel werden die verwendeten Messsysteme vorgestellt und ein Überblick über die Messkampagnen und einzelnen Messtage gegeben. Die Kombination eines Doppler Lidars mit Bodenmessstationen und Radiosonden führt zu einer neuen methodischen Herangehensweise bei der Untersuchung des Einmischprozesses. Im ersten Abschnitt findet sich eine kurze Übersicht über die Lidartechnik sowie über die Eigenschaften des "WindTracer" Systems. Der aufgenommene Datensatz wird im zweiten Abschnitt vorgestellt. Das Zusammenspiel aller Komponenten und die dadurch mögliche Methodik folgen im letzten Abschnitt dieses Kapitels. Die mathematischen Methoden zur Untersuchung von Korrelationen, zur Regressionsanalyse, sowie zu den Glättungsverfahren finden sich in Anhang A.

3.1. Doppler Lidar

Für die aktive Fernerkundung mittels der Lasertechnologie wurde der Begriff des Lidars (LIght Detection And Ranging) geprägt. Zur Erforschung der Atmosphäre werden dabei elektromagnetischen Wellen im Bereich zwischen 250 nm und 11 μm ausgesandt und deren Wechselwirkung mit den Molekülen und Aerosolteilchen untersucht. Erstmals in den 50er Jahren in der Literatur erwähnt (Middleton und Spilhaus, 1953), gewinnt das Lidarverfahren in den 60er Jahren durch die Entwicklungen der Lasertechnologie stark an Bedeutung. Bis Ende der 70er Jahre wurden alle heute noch gängigen Verfahren eingeführt (in den Klammern ist jeweils die relevante Wechselwirkung angegeben): Elastisches Rückstreu-Lidar (Rayleigh und Mie Streuung), Differentielles Absorptions-Lidar (Absorption), Raman-Lidar (inelastische Raman Streuung), Fluoreszenz-Lidar (Anregung zur Fluoreszenz) sowie das Doppler Lidar (Frequenzverschiebung durch Bewegung der Streuer). Abhängig vom betrachteten

Wechselwirkungsprozess und dem damit verbundenen spezifischen Aufbau des Systems können mit Hilfe der Lidartechnik Temperatur, Wind, Feuchte, sowie die Konzentration verschiedener Spurengase gemessen werden (Schwiesow, 1986).

3.1.1. Lasertechnologie

Die Grundlage zum Verständnis eines Lasers (Light Amplification by Stimulated Emission of Radiation) bildet die eindimensionale Strahlungstransportgleichung, die die Änderung der spektralen Strahlungsdichte J beim Durchgang durch ein Medium beschreibt (hier nach Measures, 1984):

$$\frac{dJ(f,z)}{dz} = \varepsilon(f,z) - \kappa(f,z)J(f,z). \qquad [40]$$

J kann dabei durch spontane Emission

$$\varepsilon(f,z) = \frac{hf}{4\pi} N_n A_{mn} \mathscr{L}(f) \qquad [41]$$

zunehmen, d.h. durch Aussendung eines Lichtquants der Energie hf beim Übergang vom höheren Energiezustand $|n\rangle$ in den niedrigeren $|m\rangle$ mit $E_n - E_m = hf$. N_n gibt die Besetzungsdichte im Zustand $|n\rangle$, $\mathscr{L}(f)$ eine Linienprofilfunktion und A_{mn} den Einsteinkoeffizienten der spontanen Emission an. Entgegen gesetzt wirkt die Absorption κ

$$\kappa(f,z) = \frac{hf}{4\pi}(N_m B_{mn} - N_n B_{nm}) \mathscr{L}(f). \qquad [42]$$

Hier bezeichnen B_{nm} den Milnekoeffizienten der Absorption und B_{mn} den der induzierten Emission. Zwischen beiden besteht die Relation $g_n B_{nm} = g_m B_{mn}$, wobei g_n, g_m die Entartung der Zustände angeben. Bei der induzierten Emission kann ein Lichtquant der Energie hf ein zweites gleicher Energie auslösen, das in die gleiche Richtung läuft und die gleiche Phase aufweist. Es entsteht kohärentes Licht. Für $N_n << N_m$ folgt aus Gl. 40 und 42 das Beersche Absorptionsgesetz mit

$$J(f,z) = J(f,0)\exp(-\kappa(f,z)z). \qquad [43]$$

Die Strahlungsdichte nimmt folglich mit dem Durchlaufen durch das Medium ab. Für den Fall

$$N_n - \frac{g_n N_m}{g_m} > 0 \qquad [44]$$

wird der Koeffizient κ negativ, es wird dabei von einer Besetzungsinversion gesprochen, und es entsteht durch die induzierte Emission eine Verstärkung der Strahldichte beim Durchlauf durch das Medium. Dies bildet die Grundidee des Lasers. Real muss eine kritische Besetzungsinversion erreicht werden, die zusätzlich Verluste durch Streuung an optischen Inhomogenitäten, Absorption im Verstärkermedium und Beugungsverluste an der Spiegelapparatur, dem Resonator des Systems (s.u.), berücksichtigt.
Der vereinfachte Aufbau eines Lasers besteht aus einem aktiven Medium, in dem die Besetzungsinversion erzeugt wird und das sich in einem optischen Resonator befindet. Im Fall eines Festkörperlasers, wie er in dieser Arbeit verwendet wird, ist das aktive Medium ein mit optisch anregbaren Atomen dotiertes Glas oder ein entsprechender Kristall. Die Besetzungsinversion wird durch optisches Pumpen mit Hilfe einer Blitzlampe oder eines zweiten Lasers realisiert. Der Resonator hat die Aufgabe die Strahlung einerseits in das aktive Medium zurückzuführen und andererseits die Energie auf nur wenige Moden einzuschränken. Zwischen den beiden Spiegeln des Resonators bilden sich stehende Wellen, die transversalen elektromagnetischen Moden aus. Für die Fundamentalmoden (Gaußprofil in x und y Richtung) muss dabei die Bedingung

$$f_r = q\frac{c}{2d} \qquad [45]$$

erfüllt sein, wobei d den Abstand zwischen den beiden Spiegeln angibt und $q \in Z$ gelten muss (Demtröder, 2000). Einmodelaser können durch zusätzliche frequenzselektierende Elemente erzeugt werden. Güteschaltungen werden verwendet, um die Verluste im Resonator künstlich hoch zu halten und damit sehr große Besetzungsinversionen zu erzeugen, die zur Erzeugung von starken Pulsen verwendet werden.

3.1.2. Atmosphärische Messung mit dem Lidar

Die Stärke des von der Atmosphäre zurückgestreuten Signals des Lidars (z.B. Wandinger, 2005) ist abhängig von

- der ausgesandten Leistung des Systems,

- der Fähigkeit der Atmosphäre das Signal zurückzustreuen und
- den Verlusten, die das Signal beim Durchgang durch die Atmosphäre erfährt.

Ausgedrückt wird dieser Zusammenhang über die Lidargleichung (z.B. Klett, 1981):

$$P(\lambda,R) = \eta \; P_0 \; \frac{c\Delta T_L}{2} \; \frac{1}{R^2} \; \beta(\lambda,R) \; \exp\left(-2\int_0^R \alpha(\lambda,r)dr\right) \qquad [46]$$

wobei P_0 die durchschnittliche Leistung des Systems und R der Abstand vom Lidar angibt. η enthält Lidarparameter, die die Effizienz der Optik und des Detektors beschreiben. $\frac{c\Delta T_L}{2}$ gibt den räumlichen Bereich an, der durch den Laserpuls der Dauer ΔT_L abgedeckt wird (effektive Pulslänge). Der Term β in Gleichung 46 beschreibt den Rückstreukoeffizienten der Atmosphäre, wobei sowohl Moleküle als auch Aerosolteilchen zum Rückstreuprozess beitragen können:

$$\beta(\lambda,R) = \beta_{mol}(\lambda,R) + \beta_{aero}(\lambda,R) \qquad [47]$$

Der Extinktionskoeffizient $\alpha(\lambda,R)$ bestimmt die Abschwächung des Signals beim Durchgang durch die Atmosphäre

$$T(\lambda,R) = \exp\left(-2\int_0^R \alpha(\lambda,r)dr\right). \qquad [48]$$

Die Extinktion setzt sich dabei aus den Beiträgen der Absorption und der Streuung zusammen. Sowohl Moleküle als auch Aerosolteilchen liefern dazu einen Beitrag.

Die Daten dieser Arbeit beruhen auf Messungen mit einem Doppler Lidar. Diese Instrumente sind speziell konstruiert, um Windgeschwindigkeiten in der Atmosphäre zu messen. Die grundsätzliche Funktionsweise des Geräts basiert auf dem Doppler-Effekt, der eine Frequenzverschiebung einer elektromagnetischen Welle bei Reflektion an einem sich bewegenden Streuer beschreibt. Für die Frequenzverschiebung $\Delta\nu_D$ gilt dabei

$$\Delta\nu_D = \frac{-2v_r}{\lambda_L} \qquad [49]$$

mit der Radialgeschwindigkeit des Streuers v_r und der Wellenlänge der elektromagnetischen Welle λ_L. Die Herausforderung bei der Konstruktion eines Doppler Lidars liegt in der Entwicklung eines sehr stabilen Einmoden-Einfrequenz-Laser, da es nur so möglich ist, die extrem kleinen relativen Frequenzverschiebungen, die durch die sich bewegenden Aerosolteilchen erzeugt werden, überhaupt zu messen (bei einer Wellenlänge von $\lambda_L = 2\ \mu m$, d.h. einer Frequenz von $v_L = 1.5\ 10^{14}$ Hz, bewirkt eine Geschwindigkeit von $v_r = 1$ m s^{-1} eine Frequenzverschiebung von $\Delta v_D = 1$ MHz). Die Frequenzverschiebung wird typischerweise mittels heterodyner Detektion durch Überlagerung des zurückgestreuten Lichtes mit einem Referenzsignal, dem sogenannten lokalen Oszillator, bestimmt. Ein zusätzlicher Frequenzversatz des Messsignals zum Referenzsignal ermöglicht zudem die Ermittlung der Richtung der Frequenzverschiebung (Werner, 2005).

3.1.3. Das "WindTracer" System

Für diese Arbeit wurde ein gepulstes 2 µm Doppler Lidar vom Typ "WindTracer", Baujahr 2004, eingesetzt. Der "WindTracer" ist ein kommerziell erhältliches Messinstrument der Firma Lockheed Martin Coherent Technologies (Louisville, Co). Das verwendete System verfügt über einen Tm:LuAG Laser mit einer Wellenlänge von λ_L = 2023 nm und einer durchschnittlichen Leistung von 1 W (Spitzenleistung von 4.5 kW). Es werden Pulse der Länge ΔT_L = 370 ns (entspricht einer effektiven Pulslänge von $\Delta p = c\ ^{\Delta T_L}/_2 =$ 56 m) mit einer Pulswiederholrate von 500 Hz ausgesandt. Das "WindTracer" System verfügt über einen 2-Achsen Scanner, der es ermöglicht, die gesamte obere Hemisphäre abzutasten. Eine Beschreibung des technischen Aufbaus eines bauähnlichen 2 µm Doppler Lidar findet sich in Grund et al. (2001).

Das System arbeitet mit einer Bandbreite von 50 MHz, was nach der Beziehung zwischen Frequenzverschiebung und Geschwindigkeit des Streuers (Gleichung 49) einem Geschwindigkeitsbereich von ungefähr $\pm$ 25 m s^{-1} entspricht. Das zurückgestreute Signal wird mit 100 MHz abgetastet, womit eine Messauflösung von 1.5 m entlang des ausgesandten Strahls erreicht wird. Für die hier verwendeten Daten erfolgt eine Fast Fourier Transformation mit 64 Abtastpunkten, wobei effektiv nur 48 Messpunkte verwendet werden (Zero-Padding). Die damit verbundene Länge von Δr ~72 m wird als Abstandsbereich (engl. Rangegate) bezeichnet. Es können bis zu 100 aufeinanderfolgende Abstandsbereiche mit der Echtzeitverarbeitungseinheit ausgewertet werden, wobei diese sowohl überlappend, als auch statistisch unabhängig definiert werden können. Das Messsystem bestimmt über einen automatischen Algorithmus den höchsten Wert im Spektrum sowie ein Signal-zu-Rauschen-Verhältnis (SNR) auf einer Bandbreite von 6 MHz. Aus dem SNR wird unter Einbeziehung von Geräteparametern und einem vorgegebenen Extinktionskoeffizienten ein abstands- und diffraktionskorrigiertes Rückstreusignal bestimmt:

$$\beta(R) \;=\; \frac{8\,SNR(R)\,hf\,B\,R^2}{\eta_{sys}\,\eta_{SRF}(R,F)\,K^2(R)\,E\,c\,\pi\,D_a^2} \qquad [50]$$

mit dem Abstand vom Messinstrument R, der Planck Konstante $h = 6.62\,10^{-34}$ J s, der Frequenz des Lasers $f = c\lambda_L^{-1}$, der Bandbreite des SNR B, der Energie des ausgesandten Laserpulses $E = 2$ mJ, einem Blendendurchmesser D_a =0.1 m und der Systemeffizienz $\eta_{sys} = 0.18$. Zusätzlich wird ein Signal-Reduktionsfaktor η_{SRF} mit

$$\eta_{SRF}(R,F) = \left[1 + \left(1 - \frac{R}{F}\right)^2 \left(\frac{\pi D^2}{4\lambda_L R}\right)^2\right] \qquad [51]$$

mit dem Strahldurchmesser $D = 0.08$ m und dem Brennpunktabstand $F = 10.000$ m berücksichtigt. Die Transmission K^2 für den Hin- und Rücktransport wird mit einem festen Extinktionskoeffizient $\alpha = 0.4$ m^{-1}

$$K^2(R) = \exp(-2\alpha R) \qquad [52]$$

bestimmt.

Aus der Frequenz der höchsten Spitze im Spektrum erfolgt nach der Relation zur Dopplerverschiebung die Bestimmung der Geschwindigkeit der Streuer in Strahlrichtung.

3.1.4. Messfehler

Bei einer Radialgeschwindigkeit $v_r(R,t)$ gilt für die vom Lidar gemessene Geschwindigkeit $m(R,t)$

$$m(R,t) = v_r(R,t) + e_r(R,t) + bias(R,t) \qquad [53]$$

mit dem zufälligen Fehler $e_r(R,t)$ und einem systematischen Fehler

$$bias(R,t) = < m(R,t) - v_r(R,t) > . \qquad [54]$$

Die Ursachen für den systematischen Fehler können nach Frehlich et al. (1994) in nichtlinearen Verstärkern oder Digitalisierungsfehlern begründet liegen. Um $bias(R,t)$ zu ermitteln, werden unabhängige in-situ Messungen herangezogen. Alternativ können Messwerte der Vertikalwindgeschwindigkeit w unter der Annahme, dass in flachem Gelände $\overline{w} = 0$ gilt, über eine lange Periode (ohne Regen) gemittelt werden. Eine diesbezüglich durchgeführte Analyse der Messdaten der CSIP Messkampagne (Abschnitt 3.2) liefert keinen Trend, auch ein Vergleich mit anderen Messinstrumenten deutet auf einen Wert des $bias(R,t)$ von Null hin (Calhoun et al., 2005).

Der zufällige Fehler liegt nach Frehlich (1997) und Frehlich (2001) in den Geräteeigenschaften (zusätzliches Detektorrauschen, Frequenzdrift der Laser); in Interferenzerscheinungen die durch die zufällige Position der Aerosolpartikel verursacht werden (Speckle) und in der Variation der Radialgeschwindigkeiten innerhalb des Messvolumens begründet. Grund et al. (2001) erwähnen den Prozessierungsalgorithmus und dessen Implementation (die Güte des Frequenzschätzers) als zusätzliche Fehlerquelle. Es gilt, dass der zufällige Fehler im Mittel verschwindet, $< e_r >= 0$, und es wird die Annahme gemacht, dass dessen Standardabweichung σ_{e_r} und der durch die natürlichen Schwankungen in der Atmosphäre verursachte Fehler σ_a statistisch unabhängig sind:

$$\sigma_v^2 = \sigma_a^2 + \sigma_{e_r}^2 . \qquad [55]$$

Die Standardabweichung σ_{e_r} wird deshalb auch als unkorrelierter Fehler, bzw. unkorreliertes Rauschen bezeichnet. Frehlich (2001) gibt eine Übersicht über die gängigen Verfahren zur Ermittelung des unkorrelierten Rauschens. Für das "WindTracer" System wurde eine Bestimmung mit Hilfe des hochfrequenten Bereichs des Spektrums der Radialgeschwindigkeit, sowie eine Methode basierend auf deren Autokovarianzfunktion herangezogen. Mathematisch sind beide Methoden identisch, das Problem wird nur im Zeit- bzw. im Frequenzraum betrachtet.

Für die Abschätzung des unkorrelierten Rauschens aus dem Spektrum gilt:

$$\sigma_{e_r}^2 = \frac{N}{2} \frac{1}{[N/2 - N_e + 1]} \sum_{n=N_e}^{N/2} \mathscr{S}_w(n), \qquad [56]$$

mit dem Schätzer des Spektrums $\mathscr{S}_w(n)$ (vgl. mathematische Methoden in Anhang A), N als Anzahl der Messpunkte und N_e als Grenzindex zum weißen Rauschen. Praktisch wird damit die Fläche unter dem Rauschspektrum bestimmt (Anwendungsbeispiel in Senff et al., 1994).

Einen Überblick über die theoretischen Grundlagen der Methode der Bestimmung mit Hilfe der Autokovarianzfunktion liefern beispielsweise Lenschow et al. (2000). Unter der Annahme der statistischen Unabhängigkeit der Schwankungen kann gezeigt werden, dass

$$R_w(\tau) = \overline{m'm'_\tau} + \overline{m'e_{r,\tau}} + \overline{e_r m'_\tau} + \overline{e_r e_{r,\tau}} = \overline{m'm'_\tau}, \qquad [57]$$

$$R_w(0) = \overline{m'm'} + \overline{e_r e_r} = \sigma_m^2 + \sigma_{e_r}^2 \qquad [58]$$

wobei $m_\tau = m(t+\tau)$, analog $e_{r,\tau} = e_r(t+\tau)$, $m = \overline{m} + m'$ und $R_w(\tau)$ die Autokovarianzfunktion mit dem Versatz τ, auch als Lag bezeichnet, angibt (vgl. Anhang A). Folglich kann der Rauschanteil durch Interpolation der Autokovarianzfunktion auf $\tau = 0$ gewonnen werden. Oft wird die Methode dahingehend vereinfacht, dass lediglich die Differenz der Autokovarianzfunktion zwischen dem nullten und ersten Versatz bestimmt wird (Frehlich, 2001; Mayor et al., 1997). Dieses Verfahren wird auch in dieser Arbeit angewendet. Die Ergebnisse beider Methoden werden in Abb. 5 anhand eines Messbeispiels gegenübergestellt.

Eine theoretische Untergrenze für den unkorrelierten Fehler wird durch die Cramer-Rao-Grenze (CRLB) angegeben. Die CRLB kann nach Rye und Hardesty (1993) bestimmt werden durch:

$$CRLB \approx V_{max} \frac{2\pi^{0.25}}{\sqrt{nM}} R_2^{3/2} \left(0.16 \frac{1}{R_2} + \frac{1}{CNR}\right) \qquad [59]$$

dabei ist V_{max} der Betrag der maximal bestimmbaren Geschwindigkeit, n die Anzahl der akkumulierten Spektren, M die Anzahl der spektralen Kanäle und $R_2 = \frac{\Delta v_L}{B}$ die durch die Bandbreite B normalisierte Breite des Laserpulses $\Delta v_L \approx \frac{\sqrt{2ln2}}{2\pi\Delta T_L}$. Zur Berechnung der CRLB wird ein breitbandiges Signal-zu--Rauschen-Verhältnis (CNR) verwendet, was nicht dem vom Lidar ausgegebenen SNR entspricht (welches nur über eine Bandbreite von 6 MHz bestimmt

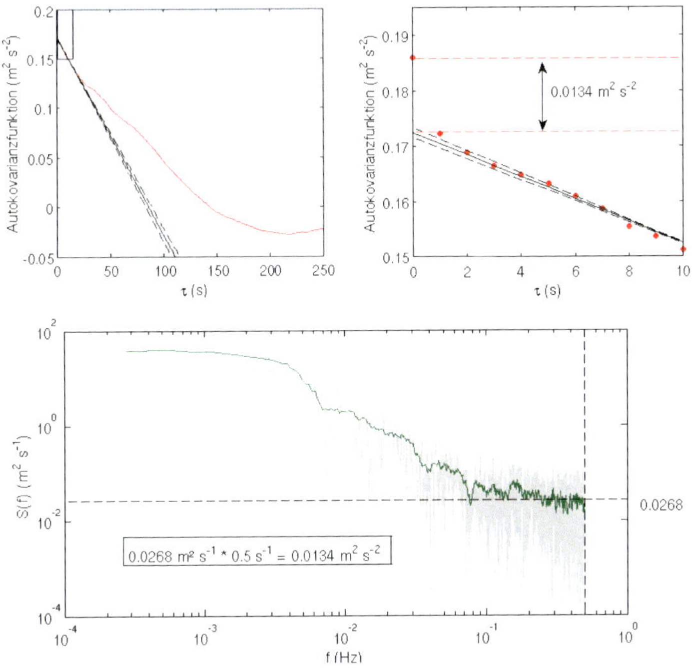

Abb. 5.: Gegenüberstellung zweier Methoden zur Bestimmung des unkorrelierten Rauschens an einem Beispiel vom 10.07.2005, 14:30 bis 15:30 UTC in ca. 2000 m über Grund: Interpolation der Autokovarianzfunktion der Vertikalwindgeschwindigkeit auf die Verschiebung null (oben) sowie Integration des Rauschspektrums der Vertikalwindgeschwindigkeit (unten). Die Autokorrelationsfunktion ist als rote Linie (links) bzw. Punkte (rechts) dargestellt, eine lineare Regression durch die ersten Verschiebungen als schwarze durchgezogene Linie, mögliche Variationen als schwarze gestrichelte Linien. Das Spektrum der Vertikalwindgeschwindigkeit ist in grau dargestellt, ein geglätteter Verlauf in grün. Das verwendete Rauschniveau wurde als schwarze horizontale gestrichelte Linie eingetragen.

wird, bei 50 MHz Bandbreite der Messung). Es besteht zwischen beiden Größen jedoch ein linearer Zusammenhang der Form $CNR = (16.8 \pm 0.4)10^{-2}SNR$, d.h. es existiert zwischen den Angaben in dB ein einfacher Versatz von -7.7 dB. Für den “WindTracer” ergeben sich theoretische Grenzen für hohe SNR von 3 bis 4 cm s^{-1} bei einer Mittelung über 50 Pulse und 1 bis 2 cm s^{-1} bei 500 Pulsen.
Eine Betrachtung verschiedener Messkampagnen (in Abschnitt 3.2) zeigt typische Werte für unkorreliertes Rauschen von 10 cm s^{-1} bis 15 cm s^{-1} bei einem SNR besser als -8 dB und einer Mittelung über 500 Pulse. Ab ca. -8 dB bis -10 dB steigt der Fehler sprunghaft an, die Geschwindigkeitsmessung ist in diesem Fall nicht mehr vertrauenswürdig. Die Ursache für das Nichterreichen der theoretischen Untergrenzen liegt in den zuvor beschriebenen Ursachen des unkorrelierten Rauschens begründet. Insbesondere der hohe Turbulenzgrad, der in dieser Arbeit betrachteten konvektiven Grenzschichten, erhöht das unkorrelierte Rauschen. Es sei aber auch erwähnt, dass die verwendete Methodik über die Autokovarianzfunktion eine obere Abschätzung des Fehlers liefert, der wahre Fehler somit darunter liegen kann. Ein Vergleich mit anderen Lidarsystemen (Mayor et al., 1997; Grund et al., 2001; Newsom und Banta, 2004; Bozier et al., 2004; Newsom et al., 2005) demonstriert die sehr guten Messeigenschaften des “WindTracers”. Abb. 6 zeigt ein Beispiel für die Abhängigkeit des Fehlers vom Abstand zum Lidar und vom SNR aus der COPS Messkampagne (vgl. Abschnitt 3.2). Bedingt durch den Durchzug einer Sahara-Staubwolke sind auch im verwendeten vertikalen Messmodus hohe Reichweiten möglich. Das Ansteigen des Fehlers mit größer werdendem Messabstand und kleiner werdendem Signal-zu-Rauschen Verhältnis wird deutlich. Die theoretische Untergrenze CRLB kann hingegen auch in dieser wenig turbulenten Messsituation in den späten Abendstunden nicht erreicht werden.

3.2. Messkampagnen CSIP, COPS und CoBoLd

Für die vorliegende Arbeit wurden Datensätze aus drei verschiedenen Messkampagnen verwendet. Dies hat den Vorteil, dass einerseits die Beeinflussung der Grenzschicht durch verschiedene geographische Lagen in Betracht gezo-

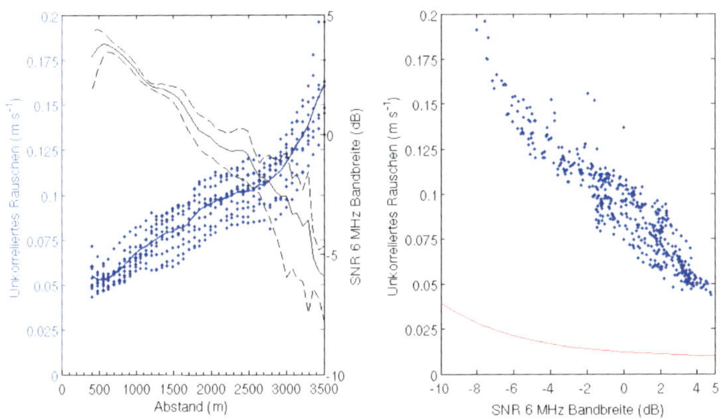

Abb. 6.: Abhängigkeit des unkorreliertes Rauschen der Radialgeschwindigkeit für den 14.07.2007, 19 bis 23 UTC. In der Darstellung links ist das unkorrelierte Rauschen über den Abstand zum Lidar als blaue Punkte dargestellt, die blaue Linie gibt den Mittelwert wieder. Die schwarzen Linien repräsentieren das mittlere Signal-zu-Rauschen Verhältnis und die Standardabweichung des SNR innerhalb des betrachteten Abstandsbereiche nach oben und nach unten. In der Darstellung rechts ist das unkorrelierte Rauschen über dem Signal-zu-Rauschen Verhältnis aufgetragen (blaue Punkte). Die rote Kurve gibt die unteren Abschätzung des Fehlers wieder.

gen und andererseits auch die Anzahl der möglichen Messtage erhöht werden konnte. Daten folgender Messkampagnen standen zur Verfügung: *Convective Storm Initiation Project* (CSIP), Sommer 2005 in Südengland in inhomogenem Terrain; *Convective and Orographically-induced Precipitation Study* (COPS), Sommer 2007 im orographisch strukturierten Terrain des Schwarzwaldes in Südwest Deutschland, sowie *Convective Boundary Layers with Doppler Lidar* (CoBoLd), Sommer 2008 auf dem Gelände des Forschungszentrums Karlsruhe über flachem Terrain mit inhomogener Vegetation. Abb. 7 gibt einen Überblick über die einzelnen Lidarstandorte, sowie über das Höhenprofil im COPS Messgebiet.

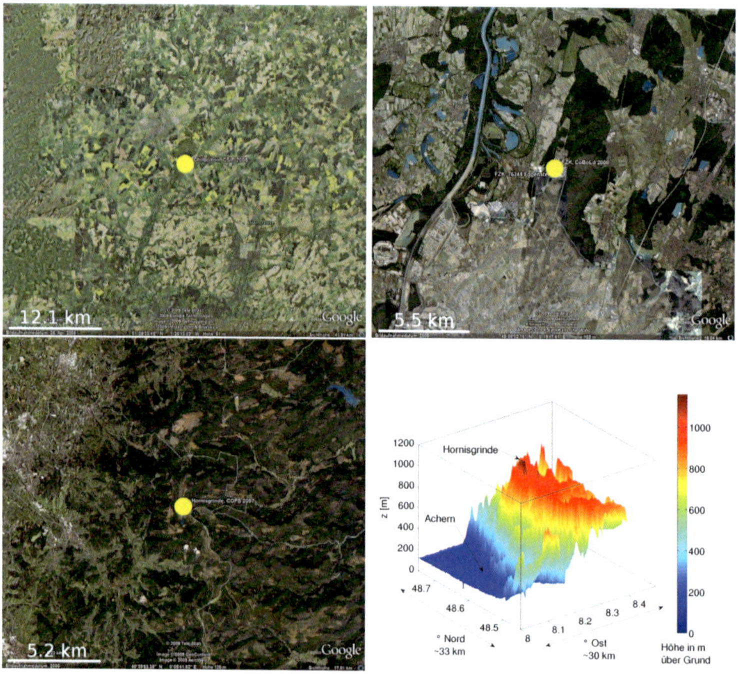

Abb. 7.: Überblick über die Messstandorte des Lidars während der Messkampagnen CSIP (oben links), CoBoLd (oben rechts) und COPS (unten). Für COPS ist zusätzlich ein Höhenprofil dargestellt, die Farbskala gibt die Höhe des Bodenniveaus über NN wieder.

Eine Beschreibung der beiden internationalen Experimente CSIP und COPS findet sich in Browning et al. (2007) und Wulfmeyer et al. (2008) bzw. Kottmeier et al. (2008). Die verschiedenen Geländeformen der drei Messkampagnen haben den Vorteil, dass mögliche Parametrisierungen des Einmischprozesses auf ihre Geländeabhängigkeit getestet werden können. Insbesondere der Messstandort während der COPS Messkampagne ist ungewöhnlich. Das Lidar wurde auf dem Gipfel der Hornisgrinde betrieben, ca. 1160 m über NN, während die Höhe im Umkreis von ca. 10 km im Mittel 600 m über NN liegt. Arbeiten zur Entwicklung der Grenzschicht in einem solchen Gelände finden sich z.B. in Binder (1997), Kossmann et al. (1998) oder Kalthoff et al. (1998).

In dieser Arbeit werden konvektive Grenzschichten ohne Bewölkung untersucht. Dies hat den Vorteil, dass im Vergleich zu Grenzschichten mit Bewölkung oder starker Scherung am Boden und am Übergang zur freien Atmosphäre weniger Faktoren im Einmischprozess berücksichtigt werden müssen (vgl. Kapitel 2). Zusätzlich basieren die wenigen zur Verfügung stehenden Vergleichsstudien ebenfalls auf konvektiven Grenzschichten. Die für diese Arbeit ausgewählten Messtage erfüllen daher die Bedingung, dass ganztägig eine fast wolkenfreie Grenzschicht bei nur leichtem Grundstrom vorlag. Für die Betrachtung von Turbulenz sind zusätzlich bestimmte Scanstrategien des Doppler Lidars notwendig: hochaufgelöste Vertikalmessungen, wie beispielsweise in Lothon et al. (2006) oder schnelle flache Schnitte durch die Atmosphäre bei festem Azimut (Range Height Indicator Scans, RHI), wie beispielsweise in Banta et al. (2006). Tab. 4 gibt die ausgewählten Tage im Überblick wieder. Die großräumige Wetterlage wurde aus Wetterkarten des Europäischen Wetterberichts des Deutschen Wetterdienstes (DWD) übernommen, die Klassifikation der Großwetterlage nach Hess-Brezowsky (Gerstengarbe und Werner, 2005) erfolgte ebenfalls durch den DWD. Eine Einschätzung der lokalen Situation erfolgte an Hand von Bildern einer Wolkenkamera, die auf dem Container des Lidars montiert ist und alle 5 min ein 360° Himmelsbild liefert. Zusätzliche Informationen zu Temperatur und Wind finden sich in Anhang B.

Tab. 5 stellte die verwendeten Abtastmuster während der drei Messkampagnen gegenüber.

Tab. 4.: Übersicht der Messtage (jeweils vier aus CSIP, COPS und CoBoLd)

Datum	großräumige Wetterlage mit Klassifikation nach Hess-Brezowsky	lokale Wettersituation
22.06.2005	Stabile Hochdruckwetterlage mit 1020 hPa Bodendruck; Hoch über Mitteleuropa (HM)	Ganztags wolkenfreier Himmel, in Höhe des Übergangs zur freien Atmosphäre finden sich gegen 14 UTC Strukturen im Rückstreusignal die auf sehr dünne Wolken hindeuten
27.06.2005	Stabile Hochdruckwetterlage mit 1025 hPa Bodendruck; Trog Westeuropa (TRW)	Ganztags wolkenfreier Himmel, feuchte Schicht in ca. 1500 m bis 2000 m Höhe
10.07.2005	Nach Warmfrontdurchgang am Vortag Aufbau einer Hochdruckwetterlage mit 1025 hPa Bodendruck; Hochdruckbrücke (Rücken) Mitteleuropa (BM)	Ganztags wolkenfreier Himmel
11.07.2005	Ausgedehntes Hochdruckgebiet mit 1030 hPa Bodendruck; Hochdruckbrücke (Rücken) Mitteleuropa (BM)	Ganztags Cumulus humilis
14.07.2007	Hochdruckwetterlage mit 1020 hPa Bodendruck; Hochdruckbrücke (Rücken) Mitteleuropa (BM)	Ganztags wolkenfreier Himmel
15.07.2007	Hochdruckwetterlage mit 1020 hPa Bodendruck, Durchzug einer mesoskaligen Konvergenzzone (Kalthoff et al., 2009); Hochdruckbrücke (Rücken) Mitteleuropa (BM)	Ganztags wolkenfreier Himmel
01.08.2007	Hochdruckwetterlage mit 1020 hPa Bodendruck; Westlage über Mitteleuropa vorwiegend zyklonal (WZ)	Ganztags wolkenfreier Himmel
05.08.2007	Hochdruckwetterlage mit 1020 hPa Bodendruck; Hoch über Mitteleuropa (HM)	Ganztags wolkenfreier Himmel
31.07.2008	Kleinräumiges Hochdruckgebiet mit 1020 hPa Bodendruck; Hoch Nordmeer-Fennoskandien über Mitteleuropa überwiegend zyklonal (HNFZ)	Wolkenfreier Himmel bis ca. 13 UTC, anschließend Entwicklung von Cumulus humilis
06.08.2008	Kleinräumiges Hochdruckgebiet mit 1020 hPa Bodendruck; Westlage über Mitteleuropa vorwiegend zyklonal (WZ)	Ganztags wolkenfreier Himmel
17.08.2008	Am Vortag ausgedehntes Hochdruckgebiet (1015 hPa Bodendruck), danach Druckabfall; Trog Mitteleuropa (TRM)	Anfangs wolkenfreier Himmel ab 16 UTC erste Stratocumuluswolken
27.08.2008	Großräumiges Hochdruckgebiet mit 1025 hPa; Hochdruckbrücke (Rücken) Mitteleuropa (BM)	Ganztags wolkenfreier Himmel

Tab. 5.: Übersicht Abtastmuster

Messkampagne	Abtastmuster
CSIP	Durchgehend Vertikalblick (Elevation 90°)
COPS, 14.07. und 15.07.2007	5 min Sequenz aus zwei PPI Abtastungen[1] von Azimut 0 bis 360° bei Elevation 4° und 45°, sowie vier RHI Abtastungen[2] von Elevation 0 bis 180° bei Azimut 0°, 67°, 90° und 113°, gefolgt von einer 25 min Sequenz aus Vertikalmessung (Elevation 90°)
COPS, 01.08. und 05.08.2007	5 min Sequenz aus zwei PPI von Azimut 0 bis 360° bei Elevation 4° und 45°, sowie drei RHI von Elevation 0 bis 180° bei Azimut 270° sowie in Windrichtung und 90° gegen Windrichtung, gefolgt von einer 25 min Sequenz aus Vertikalmessung (Elevation 90°)
CoBoLd	3 min Sequenz aus drei PPI von Azimut 0 bis 360° bei Elevation 60° gefolgt von 57 min Vertikalblick (Elevation 90°)

[1]Plan-Position-Indicator Scan, Kegelschnitt durch die Atmosphäre
[2]Range-Height-Indicator Scan, vertikaler Schnitt durch die Atmosphäre bei festem Azimut

Während CSIP und COPS wurden in unmittelbarer Nähe zum Lidar Messungen der Energiebilanz des Erdbodens vorgenommen (Kalthoff et al., 2006). In diesem Zusammenhang stehen auch Messungen von Temperatur und Wind in ca. 3 m über Grund zur Verfügung. Für CoBoLd können meteorologische Messungen am 200 m Mast des Forschungszentrums Karlsruhe (Barthlott et al., 2003) in 40 m über Grund (niedrigste Messhöhe oberhalb der Baumkronen, die bis ca. 20 bis 25 m über Grund reichen) und 200 m über Grund verwendet werden.

An 7 der 12 Tage fanden weiterhin Radiosondenaufstiege in unmittelbarer Nähe des Messorts statt. Tab. 6 gibt dazu einen Überblick. Sofern keine standortnahen Radiosonden vorhanden sind, wird auf Aufstiegsdaten der nächstmöglichen operationellen Station zurückgegriffen (CSIP: Herstmonceux, ca. 130 km vom Messort; COPS: Stuttgart, ca. 75 km und Nancy, ca. 150 km ; CoBoLd: Stuttgart ca. 65 km).

3.3. Komplementäre Nutzung der Messsysteme zur Untersuchung des Einmischprozesses

Um das Verständnis für das Einmischen am Oberrand der atmosphärischen Grenzschicht zu verbessern, können Abläufe auf zwei Ebenen betrachtet werden: einerseits die kleinskaligen Einzelprozesse und andererseits die Auswirkung vieler solcher Einzelereignisse auf das Anwachsen der Grenzschicht. Die

Tab. 6.: Standort und Zeiten verfügbarer Radiosondenaufstiege unmittelbar am Standort des Lidars

Datum	Standort	Aufstiegszeiten in UTC
22.06.2005	Chilbolton	7:30, 9:00, 10:30, 12:00, 13:30, 15:00
27.06.2005	Chilbolton	8:00, 10:00, 12:00, 13:00, 15:00
10.07.2005	Chilbolton	13:00, 15:00, 17:00
11.07.2005	Chilbolton	9:00, 10:00, 11:00, 12:00, 13:00, 14:00, 15:00, 16:00
14.07.2007	Achern	8:15, 11:15, 14:00, 17:00
	Hornisgrinde	8:00, 11:00, 14:00, 17:00
15.07.2007	Achern	5:30, 8:00, 11:00, 14:00
	Hornisgrinde	6:00, 8:00, 11:00, 14:00, 17:00
01.08.2007	Hornisgrinde	8:00, 11:00, 14:00, 17:15, 20:00

erste Ebene soll im Folgenden als Prozessebene, die darüberliegende zweite als Wirkungsebene bezeichnet werden. Beide Ebenen können mit Hilfe von Lidarmessungen über den Aerosolgehalt visualisiert werden. Der Vorteil des hier neu eingesetzten Doppler Lidars liegt in der gleichzeitigen Erfassung der Vertikalwindgeschwindigkeit, die insbesondere im Bereich der Einzelprozesse und auch über die Stärke der Turbulenz wertvolle Zusatzinformationen liefert.

Um Parametrisierungen des Einmischvorgangs zu überprüfen und neue Zusammenhänge zu ermitteln, muss zusätzlich zu den Vorgängen auf Prozessebene und Wirkungsebene die Turbulenz in der Grenzschicht und die Stabilität am Übergang zur freien Atmosphäre und in der freien Atmosphäre selbst charakterisiert werden. Zur Beschreibung der Turbulenz werden typische Längen- und Geschwindigkeitsskalen verwendet. Diese können teilweise aus den Lidarmessungen und teilweise aus den Bodenstationsdaten abgeleitet werden (vgl. Kapitel 4). Die dazu verwendeten Verfahren sind aus Turbulenzstudien in der Grenzschicht (z.B. Kaimal et al., 1976; Caughey und Palmer, 1979; Eberhard et al., 1989; Lothon et al., 2006) bekannt. Die Stabilität kann durch den Temperatursprung im Bereich der Übergangszone $\Delta\theta$ und durch den Temperaturgradienten γ in der freien Atmosphäre charakterisiert werden. Beide Größen sind hier nur aus den Radiosondenaufstiegen zu ermitteln. Die hier verwendete Auswertetechnik der Radiosondenprofile der potentiellen Temperatur ist angelehnt an das Verfahren in Driedonks (1982) und baut auf der Anpassung eines Sprungmodells nullter Ordnung an den gemessenen Verlauf auf.

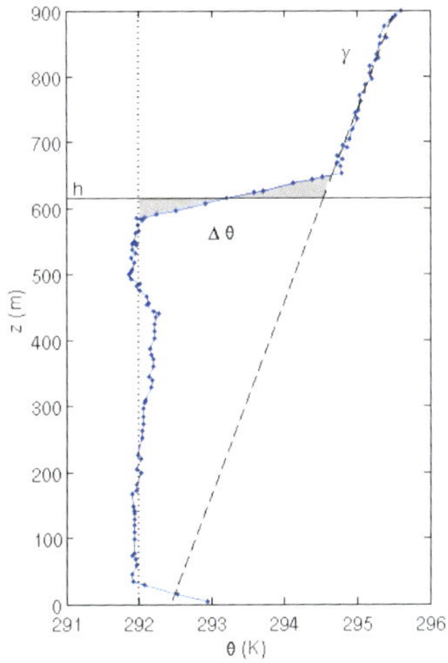

Abb. 8.: Auswertung der Profile der potentiellen Temperatur aus den Radiosondenaufstiegen an einem Beispiel vom 27.06.2005, 12 UTC. Erläuterungen s. Text.

Es wird anhand eines Beispiels in Abb. 8 erläutert. Innerhalb der Grenzschicht kann die potentielle Temperatur als konstant betrachtet werden, in der freien Atmosphäre liegt ein positiver Temperaturgradient vor. Beide Verläufe werden subjektiv an den gemessenen Verlauf (blaue Punkte) angepasst (vertikale schwarze Punkt-Linie gibt die mittlere potentielle Temperatur wieder, schwarze gestrichelte Linie den Verlauf des Temperaturgradienten). Die Höhe der Grenzschicht wird so angesetzt, dass die zwischen der horizontalen Linie auf dem Niveau der Grenzschichthöhe (schwarze durchgezogene Linie), der vertikalen Linie der mittleren potentiellen Temperatur in der Grenzschicht und dem gemessenen Verlauf der potentiellen Temperatur eingeschlossenen Fläche der entspricht, die durch die verlängerte Grade des Temperaturgradienten, den gemessenen Verlauf der potentiellen Temperatur und der horizontalen Linie auf der Höhe der Grenzschichthöhe begrenzt wird (schattierte Flächen). Tests anhand der Daten von CSIP und COPS zeigen, dass die operationellen Radiosonden aus dem weiteren Umfeld gut die lokalen Temperaturgradienten in der freien Atmosphäre wiedergeben.

Eine zusammenfassende Darstellung über die verwendeten Messsysteme, die damit zu ermittelten Messgrößen sowie die darauf basierenden Auswertegrößen der Stufe 1 und Stufe 2 ist in Abb. 9 zu finden. Die Tagesgänge aller verwendeten Größen finden sich in Anhang B.

Es sei an dieser Stelle darauf hingewiesen, dass für viele Berechnungen die mittlere virtuelle Temperatur in der Mischungsschicht $\overline{\theta_V}$ benötigt wird. Entsprechende hochauflösende Daten der Temperatur, des Wasserdampfgehalts und des Drucks sind aber nur in 3 m Höhe für CSIP und COPS beziehungsweise in 40 m und 200 m Höhe während CoBoLd verfügbar. Wird die potentielle Temperatur am Boden anstatt der virtuellen potentiellen Temperatur in der Mischungsschicht (aus Radiosondenaufstiegen) verwendet, entsteht ein Fehler von unter 1%, der in Anbetracht der Unsicherheiten der übrigen Größen vernachlässigbar ist.

Die Messdaten des Lidars liegen mit einer zeitlichen Auflösung von 1 Hz vor (bei einer Mittelung über 500 Pulse). Die Länge der Abstandsbereiche variiert zwischen den einzelnen Tagen von 30 m (Abstandsbereiche überschneiden sich) bis 70 m (Abstandsbereiche sind voneinander unabhängig). Die prozessierten Werte der Energiebilanzstation liegen mit einer zeitlichen Auflösung von 10 min vor, die Prozessierung wird in Kalthoff et al. (2006) beschrieben. Die statistischen Daten, wie z.B. Spektren, werden auf Zeitintervallen von 60 min, mit einem Zeitschritt von 10 min erhoben. Dies hat zur Folge, dass benachbarte Punkte statistisch nicht voneinander unabhängig sind. Eine Verwendung der berechneten Punkte als Stützstellen zur Glättung der Tagesgänge hat den Vorteil, dass die Verläufe mit mehr Details wiedergegeben werden können. Das benutzte Glättungsverfahren über glättende kubische Splines wird in Anhang A beschrieben. Um Schwankungsbreiten zur Fehlerabschätzung zu bestimmen, werden 30 aufeinanderfolgende Werte mit einem Zeitschritt von 1 min über ein Intervall von jeweils 30 min berechnet (effektiv wird damit ebenfalls ein Zeitfenster von 60 min abgedeckt).

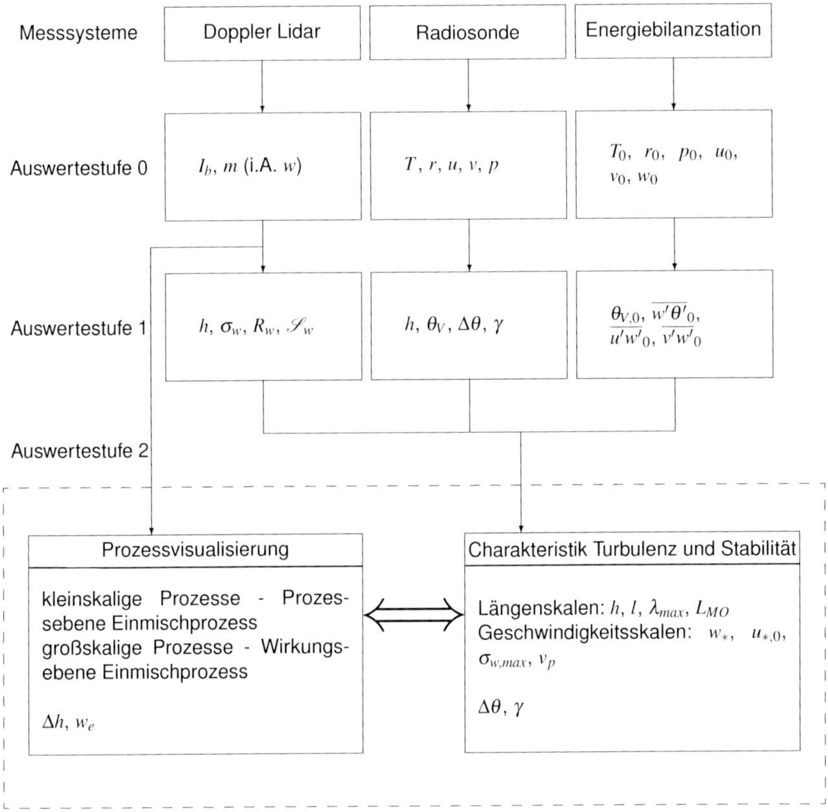

Abb. 9.: Gemessene Kenngrößen in der Atmosphäre (Auswertestufe 0), sowie abgeleitete Größen (Auswertestufe 1) der drei verwendeten Messsysteme. Aufbauend auf den Messgrößen des Lidars kann der Prozess visualisiert werden. Die Produkte der Auswertestufe 1 können verwendet werden, um die konvektive Turbulenz und die Stabilität des Übergangs zwischen turbulenter Schicht und freier Atmosphäre sowie der freien Atmosphäre selbst zu charakterisieren. In einem dritten Schritt kann die Prozessvisualisierung mit dieser Charakterisierung kombiniert werden, um den Einmischprozess geeignet zu parametrisieren (gestrichelter Kasten).

4. Skalen der atmosphärischen Grenzschicht

Zur Charakterisierung der Grenzschicht und speziell der konvektiv erzeugten Turbulenz in der Grenzschicht können Längen- und Geschwindigkeitsskalen verwendet werden. Im besten Fall ermöglichen diese später im Zusammenhang mit der Breite der Randzone und der Einmischgeschwindigkeit die Bildung von dimensionslosen Gruppen, die es erlauben, im Rahmen der Ähnlichkeitstheorie universelle empirische Zusammenhänge zu finden (Buckingham, 1914; Stull, 1988). In diesem Abschnitt werden die mit den Daten der eingesetzten Messsystemen ableitbaren Skalen vorgestellt. Zusätzlich werden mögliche Korrelationen zwischen Längen- bzw. Geschwindigkeitsskalen überprüft.

4.1. Längenskalen

4.1.1. Grenzschichthöhe

Die Grenzschichthöhe h ist die am häufigsten verwendete Längenskala in Studien über die atmosphärische Grenzschicht (Tab. 1). In der Mischungsschicht-Ähnlichkeitstheorie ist sie die relevante Skala (Stull, 1988). In Abschnitt 2.1 wurde die Grenzschichthöhe im Zusammenhang mit der atmosphärischen Grenzschicht bereits eingeführt. In der vorliegenden Arbeit erfolgte eine Bestimmung der Grenzschichthöhe auf Basis der Messungen des Doppler Lidars. Die Zuverlässigkeit dieser Bestimmung ist die Grundvoraussetzung für alle Ergebnisse dieser Arbeit. Deshalb wird in diesem Abschnitt ausführlich auf die verwendeten Verfahren eingegangen. Zu Vergleichszwecken werden zusätzlich Grenzschichthöhen auf Basis der potentiellen Temperatur aus Radiosondenmessungen ermittelt. Die verwendete Methodik ist in Abschnitt 3.3 dargestellt.

Bestimmung der Grenzschichthöhe basierend auf der Aerosolverteilung

Die Bestimmung der Grenzschichthöhe mit Hilfe des gemessenen Aerosolrückstreuverhältnisses basiert auf der Beobachtung, dass sich in der atmosphärischen Grenzschicht mehr Aerosole als in der freien Atmosphäre befinden. Ursache dafür ist, dass die Erdoberfläche i.A. als die Hauptquelle für Aerosol angenommen werden kann und die abschließende Inversion am Oberrand der Grenzschicht als Sperrschicht für einen vertikalen Austausch fungiert. Die Grenzschichthöhe kann demnach aus der Lage des Sprungs vom hohen Aerosolgehalt der gut durchmischten Grenzschicht zum niedrigen Aerosolgehalt der freien Atmosphäre ermittelt werden.

Bevor automatisierte Methoden zum Einsatz kamen, erfolgte eine Bestimmung dieses Sprungs im Aerosolgehalt durch subjektive visuelle Schätzung (Boers et al., 1984; Crum et al., 1987; Nelson et al., 1989; Mok und Rudowicz, 2004). Durch den Fortschritt im Bereich der elektronischen Datenverarbeitung wurden in den letzten ca. 15 Jahren folgende automatisierte Verfahren entwickelt: (i) die Verwendung eines Schwellenwertes, (ii) die Detektierung des minimalen Gradienten, (iii) die Anpassung eines idealisierten Profils und (iv) ein Einsatz der Wavelet Analyse. Alle Verfahren basieren auf einzelnen gemessenen Aerosolprofilen und können deshalb die Grenzschichthöhe mit einer sehr hohen zeitlichen Auflösung bestimmen. Der Vollständigkeit halber sei an dieser Stelle auch auf das Verfahren von Lammert und Bösenberg (2006) verwiesen, das die Varianz des Rückstreusignals verwendet sowie auf das Verfahren von Lothon et al. (2006), welches auf dem unkorrelierten Rauschen der Vertikalwindgeschwindigkeit basiert (das wiederum direkt mit dem Rückstreusignal verbunden ist, s. Abschnitt 3.1). Für die Grenzschichthöhenbestimmung in dieser Arbeit wurden die hochauflösenden Verfahren (i) bis (iv) implementiert und die Resultate untereinander verglichen.

Grundlage für die Bestimmung der Grenzschichthöhe ist das Profil des abstands- und extinktionskorrigierten Rückstreusignals I_b. Dieses wird aus dem Signal-zu-Rauschen-Verhältnis des Dopplerspektrums abgeschätzt (vgl. Abschnitt 3.1.3) und ist im Gegensatz zu Abschätzungen auf Basis von Messungen mit elastischen Rückstreu-Lidaren nicht kalibriert sondern stellt lediglich ein qualitatives

Maß für die Größe und Anzahl der rückstreuenden Partikel dar. Die Rückstreusignale werden in linearen Einheiten betrachtet, wobei Signale mit einem zu geringen Signal-zu-Rauschen-Verhältnis von unter -10 dB auf den Wert von $I_b = 0$ gesetzt werden, d.h. es liegt kein Aerosol in dieser Höhe vor.
Um starke Streuung zu unterdrücken, werden die Profile vor der Anwendung der Verfahren zeitlich über 10 s gemittelt. Voraussetzung für eine erfolgreiche Bestimmung des Übergangs zwischen Grenzschicht und freier Atmosphäre ist, dass in mehr als fünf Höhen unterhalb 3000 m über Grund sowie mindestens in einer Höhe in den ersten 750 m Werte des Rückstreuverhältnisses $I_b > 0$ vorhanden sind. In einem weiteren Schritt wird geprüft, ob eine Wolke im Profil detektierbar ist, wobei die Wolkenunterseite h_W durch Überschreiten eines kritischen Rückstreuwerts ($I_b^{krit} = 15 \cdot 10^{-8}$) bestimmt wird (Carswell et al., 1995). Liegen ausreichend kleine Rückstreuwerte im Bereich bis h_W vor, wird die Wolke als "abgekoppelt" klassifiziert und Rückstreuwerte oberhalb h_W werden verworfen. Die Grenzschichthöhe kann nun analog zu einem Profil ohne Wolke bestimmt werden. Liegen keine ausreichend kleinen Rückstreuwerte unterhalb h_W vor, wird die Wolke als "gekoppelt" eingestuft und h_W als Grenzschichthöhe verwendet.
Zum Abschluss der Vorarbeiten erfolgt eine erste Abschätzung der Grenzschichthöhe. Dabei wird auch ermittelt, ob ein signifikanter Wert ungleich Null des Rückstreuverhältnisses in der freien Atmosphäre vorhanden ist (z.B. durch eine feuchte Schicht oberhalb der Grenzschicht). Für die erste Abschätzung der Grenzschichthöhe und das Auffinden eines zweiten möglichen Sprungs im Profil wird ein Haar Wavelet mit einer festen Ausdehnung von 350 m verwendet (Erläuterung zum Waveletverfahren s.u.). Nach diesem Schritt beginnen sich die Verfahren zu unterscheiden. Bei allen Verfahren wurde auf Interpolation zwischen den einzelnen Abstandsbereichen verzichtet, da dies die Auflösung effektiv nicht erhöht. Nach Anwendung der Verfahren werden automatisiert unrealistische Grenzschichthöhen, die über einer Obergrenze von 3000 m liegen oder Sprünge von mehr als 200 m zwischen direkt benachbarten Grenzschichthöhen verursachen, aussortiert. Es gibt Fälle, in denen Strukturen in der Grenzschicht oder in der freien Atmosphäre falsch als Grenzschichthöhen identifiziert wurden. Deshalb erfolgt zum Abschluss der Grenzschichthöhenbe-

stimmung eine manuelle Aussortierung von Punktgruppen, die im Widerspruch zum Gesamtverlauf stehen.

Abb. 10 zeigt einen Vergleich der vier verwendeten Verfahren zur Grenzschichthöhenbestimmung aus dem Aerosol anhand eines gemessenen Profils. Im Folgenden werden die Verfahren kurz vorgestellt.

Beim Verfahren **"Kritischer Wert"** wird ein Schwellenwert, im Folgenden kritischer Wert genannt, definiert, der das Rückstreuverhältnis in der Mitte der Übergangszone zwischen Mischungsschicht und freier Atmosphäre wiedergibt. Da dieser kritische Wert sowohl abhängig vom Messgerät als auch von der Messsituation ist, wird im Idealfall eine profilweise Anpassung notwendig. Melfi et al. (1985) lösten dieses Problem, indem sie den kritischen Wert als den Wert der freien Atmosphäre zuzüglich eines kleinen festen Werts definierten. Dadurch wird die Grenzschichthöhe, wie sie in Abschnitt 2.1 festgelegt wurde, jedoch systematisch überschätzt. Die hier genutzte Umsetzung ist an Batchvarova et al. (1999) angelehnt. Für jedes Profil wird ein Rückstreuwert für die Mischungsschicht I_b^{MS} (Mittel über untersten 500 m, typischerweise $I_b^{MS} = 3{\cdot}10^{-8}$ bis $10{\cdot}10^{-8}$) und ein Wert für die freie Atmosphäre I_b^{FA} (Wert aus der Abschätzung mittels Waveletanalyse, bzw. 0) ermittelt. Abb. 10 links gibt ein Beispiel: das Niveau des Rückstreuverhältnisses I_b^{MS} ist mit einer roten vertikalen gestrichelten Linien gekennzeichnet, in diesem Fall gilt $I_b^{FA} = 0$. Für die Bestimmung der Grenzschichthöhe werden die Höhen h_0 und h_2 bestimmt, an denen die Grenzen $I_b^{h_0} = 0.95\ I_b^{MS} + 0.05\ I_b^{FA}$ und $I_b^{h_2} = 0.95\ I_b^{FA} + 0.05\ I_b^{MS}$ gerade unter- bzw. überschritten werden (Abb. 10 links: die grünen horizontalen Linien) . Als Grenzschichthöhe selbst wird der Mittelwert von h_0 und h_2 angenommen (Abb. 10 links: schwarze horizontale Linie). Zusätzlich wird ein kritischer Wert $I_b^{crit} = (I_b^{MS} + I_b^{FA})/2$, definiert. Ist der Übergang stark asymmetrisch, d.h. ist die Abweichung zwischen dem Mittelwert von h_0 und h_2 und der Höhe, in der I_b^{crit} erstmals unterschritten wird, mehr als zwei Abstandsintervalle voneinander entfernt, so wird die Grenzschichthöhe als der Punkt definiert, an dem I_b^{crit} erstmals unterschritten wird.

Das Verfahren **"Minimaler Gradient"**, auch als Gradientenmethode bezeichnet, sucht das Minimum von $\frac{dI_b}{dz}$, manchmal auch von $\frac{d\ln I_b}{dz}$ oder ähnliche Abwandlungen. Für das betrachtete Beispiel ist dieses Verfahren in Abb. 10 in

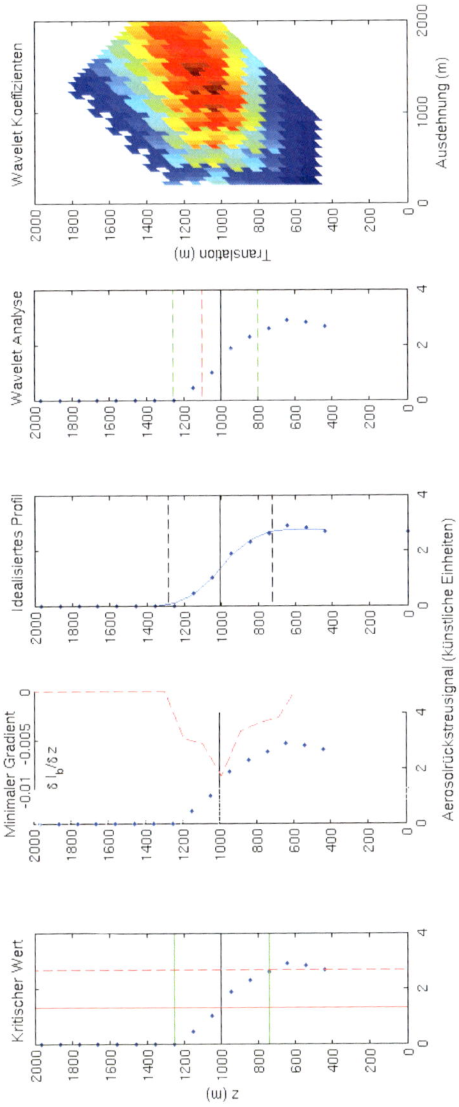

Abb. 10.: Vergleich der Verfahren basierend auf dem Rückstreusignal für ein gemessenes Profil vom 22.06.2005, ca. 12.15 UTC. Erläuterungen zu den einzelnen Höhenniveaus werden im Rahmen der Beschreibung der einzelnen Verfahren gegeben.

der zweite Darstellung von links eingezeichnet. Die rote gestrichelte Linie gibt den Gradienten $\frac{dI_b}{dz}$ wieder. Ein großes Problem dieser Methode sind Gradienten, die durch Rauschen oder kleinskalige Strukturen entstehen. Um das durch den Übergang zwischen Grenzschicht und freier Atmosphäre verursachte Minimum zu finden, werden zwei Ansätze vorgeschlagen: Flamant et al. (1997) definieren einen Schwellenwert, der vom Minimum unterschritten werden muss, andere Autoren grenzen ein Intervall ein, in dem der Übergang liegt. So geben z.B. Lammert und Bösenberg (2006) mit Hilfe der Varianz von I_b ein Intervall vor, innerhalb dessen das Minimum gesucht wird. In dieser Arbeit werden kleinskalige Strukturen im Vorfeld durch Mittelung unterdrückt, so dass eine obere Grenze als Intervallvorgabe ausreichend ist.
Im Verfahren **"Idealisiertes Profil"** wird, im Gegensatz zu den beiden bisher vorgestellten Verfahren, nicht nur die Übergangszone, sondern das gesamte Profil genutzt. Entwickelt wurde diese Technik durch Steyn et al. (1999). Anwendungen finden sich in Haegeli et al. (2000) und Mok und Rudowicz (2004). Die Idee ist, ein idealisiertes Rückstreu-Profil, das durch eine mathematische Fehlerfunktion erf ausgedrückt wird, an die gemessenen Daten anzupassen:

$$I_b(z) = \frac{I_b^{MS} + I_b^{FA}}{2} - \frac{I_b^{MS} - I_b^{FA}}{2} \text{erf}(\frac{z-h}{s}) \quad [60]$$

mit dem mittleren Rückstreuverhältnis in der Mischungsschicht I_b^{MS}, dem in der freien Atmosphäre I_b^{FA} und einem Parameter $s = 0.362\ \Delta h$. Somit kann zusätzlich zur Grenzschichthöhe h auch die Breite der Randzone Δh abgeschätzt werden, wobei vorgegeben durch das Profil gilt, dass h in der Mitte der Randzone liegt. In der hier verwendeten Version werden die vier Parameter mit Hilfe der Methode der kleinsten Fehlerquadrate bestimmt. In Abb. 10 ist dieses Verfahren als dritte Darstellung von links abgebildet: die blaue durchgezogene Linie entspricht dem idealisierten Profil, die gestrichelten schwarzen Linien geben die Breite der Randzone an, die schwarze durchgezogene Linie ist die Grenzschichthöhe. Da verhältnismäßig wenig Daten vorhanden sind, wird zusätzlich ein Punkt in Höhe 0 m vorgegeben. Das Verfahren reagiert sehr empfindlich auf die vorgegebenen Startwerte für den Anpassalgorithmus. Es hat sich als sinnvoll erwiesen, für die Grenzschichthöhe die erste Abschätzung aus der vereinfachten Wavelet-Analyse, die im Rahmen der Vorarbeit zu den einzelnen

Verfahren durchgeführt wird, zu verwenden. Die Annäherung von unten bzw. oben führt schnell zu systematischen Fehlern. Durch die Einschränkung der Randzone auf eine Breite zwischen 10 m und 750 m kann eine klare Trennung zwischen Mischungsschicht und Randzone bei der Anwendung des Verfahrens realisiert werden. Insbesondere bei einer sehr inhomogenen Grenzschicht besteht sonst die Gefahr, dass sich die Randzone über den gesamten Bereich der Mischungsschicht erstreckt. Liegt das 95% Konfidenzintervall für den Parameter h bei mehr als 250 m, wird die abgeschätzte Grenzschichthöhe nicht weiter verwendet.

Seit Anfang der 90er Jahre werden **Wavelet-Analysen** zur Signalverarbeitung genutzt. Die Grundidee hinter diesem Verfahren ist, ein Signal in verschobene und skalierte Versionen einer effektiv limitierten Funktion W mit der Eigenschaft $\int_{-\infty}^{\infty} W = 0$, dem so genannten Wavelet, zu zerlegen. Um den Übergangsbereich zwischen Mischungsschicht und freier Atmosphäre zu bestimmen, bietet sich das Haar Wavelet an:

$$h\left(\frac{z-b}{a}\right) = \begin{cases} -1 & : \quad b-\frac{a}{2} \leq z < b \\ 1 & : \quad b \leq z \leq b+\frac{a}{2} \\ 0 & : \quad sonst \end{cases} \qquad [61]$$

wobei a als die Ausdehnung und b als die Translation des Wavelets bezeichnet werden. Das Wavelet Faltungsintegral definiert sich darauf zu

$$W_f(a,b) = \frac{1}{a}\int_{z_b}^{z_t} f(z)h\left(\frac{z-b}{a}\right) dz \qquad [62]$$

wobei z_b und z_t die untere und obere Grenze des betrachteten Profils darstellen. Abb. 10 ganz rechts gibt die einzelnen Werte dieses Integrals (Wavelet Koeffizienten) für verschiedene Ausdehnungen und Translationen an (warme Farben entsprechen hohen Werten, kalte niedrigen). Lokale Maxima des Faltungsintegrals W_f identifizieren Sprünge im Profil. Das Verfahren "Minimaler Anstieg" stellt einen Spezialfall der Wavelet Analyse dar, für welchen gilt, dass die Ausdehnung des Wavelets der Länge des Abstands zwischen den Messpunkten entspricht. Um kleinskalige durch Rauschen verursachte Variationen nicht fälschlich als Übergang zu identifizieren, kann eine Untergrenze der Ausdehnung gesetzt werden. Hier wurden 200 m gewählt, um über den Abstand zwischen zwei unabhängigen Abstandsbereichen hinaus zu kommen. Eine natürliche Obergrenze für die Ausdehnung ergibt sich durch die Ausdehnung des Profils. Bei der Berechnung von W_f treten mehrere lokale Extrema auf. Verschiedene Autoren stellen Verfahren zur Detektion des entscheidenden Extremums vor: (i) Cohn und Angevine (2000) nehmen ein gewichtetes Mittel der Translationen des absoluten Maximums und dessen Umgebung (Abb. 10 erste und zweite Darstellung von rechts: schwarze durchgezogen Linie). (ii) Davis et al. (2000) verwenden die Varianz des Faltungsintegrals

$$D^2(a) = \int_{b_{min}}^{b_{max}} \left[W_f(a,b)\right]^2 db \qquad [63]$$

Die zum Maximum von $D^2(a)$ gehörende Ausdehnung a_{max} wird als Skala der dominanten Strukturen im Profil definiert und die Extrema von $W_f(a_{max},b)$ stellen die Grenzen der unterschiedlichen Schichten im Profil dar (Abb. 10 zweite von rechts: rote gestrichelte Linie). Im rechten Teil der Abb. 11 ist ein Beispiel für D^2 dargestellt. Die dominanten Strukturen liegen in der Größenordnung der Grenzschichthöhe. (iii) Brooks (2003) beschreibt eine Methodik, die die Randzone berücksichtigt. Eine vereinfachte Version der Überlegungen besagt, dass die Grenzen der Übergangszone direkt aus den Punkten gewonnen werden, bei denen $W_f(a,b)$ die Hälfte seines Maximalwertes erreicht. Dabei ist das Profil W_f am besten geeignet, bei dem die Ausdehnung a in der Größenordnung der Übergangszone liegt. Diese Ausdehnung und damit die Abschätzung von Grenzschichthöhe und Randzone kann durch einen iterativen Prozess bestimmt werden, wobei i.A. eine höhere Auflösung als die eines Doppler Lidars benötigt wird (vgl. Abb. 11, Mitte bzw. Abb. 10 zweite von rechts: grüne gestrichelte Linien).

Probleme bei der Wavelet-Methode bereiten Profile, die über einen zusätzlichen Gradienten unterhalb und/oder oberhalb der Übergangszone verfügen. Brooks (2003) geht ausführlich auf diese Problematik ein. Allgemein lässt sich sagen, dass ein Profil mit Gradienten zu einer Überschätzung der Grenzschichthöhe führt.

Ein Vergleich der Verfahren wurde anhand von drei wolkenfreien Tage aus CSIP für leicht hügeliges Terrain und für zwei Messtage der COPS Mess-

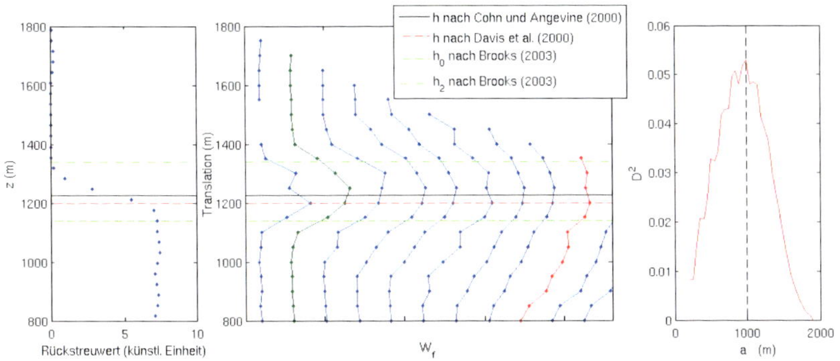

Abb. 11.: Verfahren zur Identifizierung des geeigneten Extremums zur Detektion der Grenzschichthöhe im Rahmen der Wavelet Analyse. Links: gemessenes Profil, mitte: dazugehörige Wavelet Kovarianz Transformation W_f für die Ausdehnungen a von 200 bis 1200 m, rechts: Maß für die Varianz jeder Ausdehnung nach Davis et al. (2000).

kampagne in orographisch strukturiertem Terrain durchgeführt. Abb. 12 stellt beispielhaft für zwei Messperioden das Ergebnis der Verfahren gegenüber. Grundsätzlich sind alle Verfahren in der Lage, den Übergang zwischen der aerosolreichen Luft der Mischungsschicht und der aerosolärmeren Luft der freien Atmosphäre in den dargestellten Situationen zu detektieren. Das Verfahren mit Hilfe des angepassten Idealprofils zeigt die meisten Feinheiten, während die anderen Verfahren durch die Auflösung der Abstandsbereiche eingeschränkt sind. Sowohl im leicht hügeligem Terrain mit hohen Grenzschichten, als auch über dem Standort Hornisgrinde, der durch niedrige Grenzschichten über Grund geprägt ist, zeigen sich sehr hohe Korrelationskoeffizienten zwischen den Verfahren (z.B. 22.06.2005 $R>0.98$ für alle Kombinationen; 01.08.2007, R=0.83/0.77/0.78 für die Kombination "Idealisiertes Profil" zu "Kritischer Wert"/ "Minimaler Gradient"/ "Wavelet Analyse").

Um das Potential, das die verschiedenen Verfahren bieten, zu nutzen, können die Ergebnisse gegeneinander evaluiert und miteinander kombiniert werden. Da das Verfahren mit Hilfe des idealisierten Profils subjektiv betrachtet die besten Ergebnisse liefert, wird der aus diesem Verfahren stammende Wert am höchsten gewichtet und als Wert für die Grenzschichthöhe verwendet, falls

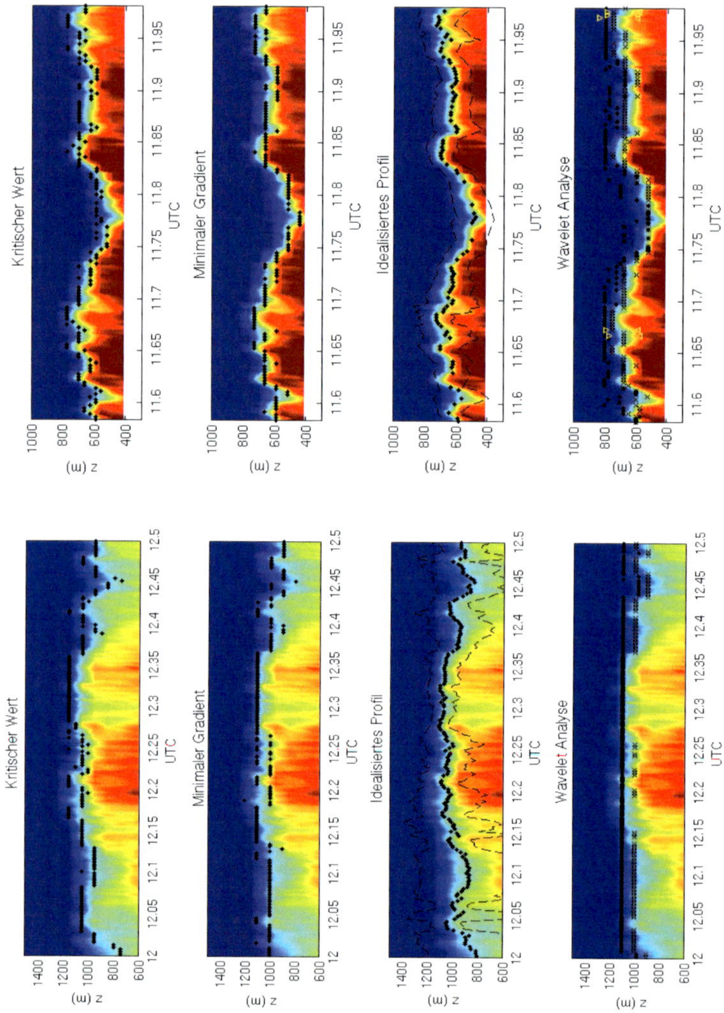

Abb. 12.: Grenzschichthöhen an Beispielen von CSIP unten bzw. links) und COPS (oben bzw. rechts). Dargestellt ist das Rückstreuverhältnis; warme Farben bedeuten einen hohen Aerosolgehalt, kalte einen niedrigen. Schwarze Punkte geben die hochaufgelösten Grenzschichthöhen wieder, im Fall der Wavelet Analyse die nach dem Verfahren von Davis et al. (2000). Schwarze Kreuze stellen das Verfahren nach Cohn und Angevine (2000) dar, die gelben Dreiecke △ und ▽ die Übergangszone nach Brooks (2003). Im Fall des idealisierten Profils wird die Übergangszone durch schwarze gestrichelte Linien angegeben.

mindestens ein weiteres Verfahren ebenfalls die Grenzschichthöhe auf diesem Level ± 100 m detektiert hat. Ist dies nicht der Fall, wird das Niveau als Grenzschichthöhe festgelegt, das in mindestens zwei der drei übrigen Verfahren bestimmt wurde. Kann keine Übereinstimmung zwischen den Ergebnissen aus zwei Verfahren gefunden werden, so ist für das betrachtete Profil keine Abschätzung der Grenzschichthöhe möglich.

Bestimmung der Grenzschichthöhe auf Basis der Windgeschwindigkeit

Ein zweiter Verfahrensansatz zur Bestimmung der Grenzschichthöhe basiert auf den Windmessungen. Anwendungen diesbezüglich sind bekannt aus der SODAR Technik, z.B. Asimakopoulos et al. (2004) oder Hennemuth und Kirtzel (2008), aber erst seit neuestem werden die Verfahren in den Bereich der Doppler Lidar Systeme übertragen. Es können Verfahren basierend auf dem Profil des horizontalen Windes sowie Verfahren unter Ausnutzung der Varianz des Windes unterschieden werden. Tucker et al. (2009) geben eine Übersicht über die verschiedenen Ansätze für maritime Grenzschichten.

Analysen vertikaler Profile des horizontalen Windes, die mit Hilfe des Geschwindigkeits-Azimut-Ausgabe-Algorithmus bestimmt wurden (VAD - Algorithmus, Browning und Wexler, 1968), zeigen für die in Frage kommenden acht Tage aus COPS und CoBoLd (für CSIP wurden die notwendigen Scanmuster nicht durchgeführt) keine charakteristischen Eigenschaften, die zur Bestimmung der Grenzschichthöhe genutzt werden können. Deshalb werden hier nur die aus den Vertikalmessungen bestimmten Varianzen der Vertikalwindgeschwindigkeit σ_w^2 zur Analyse verwendet. σ_w^2 kann als direktes Maß für die Turbulenzintensität angesehen werden, da für die turbulente kinetische Energie (TKE) gilt

$$\bar{e} = \frac{1}{2}(\sigma_u^2 + \sigma_v^2 + \sigma_w^2). \qquad [64]$$

In der konvektiven Grenzschicht weist das Profil von σ_w^2 einen typischen Verlauf auf (z.B. Stull, 1988). Hier soll die Parametrisierung nach Lenschow et al. (1980)

$$\frac{\sigma_w^2}{w_*^2} = 1.8\left(\frac{z}{h}\right)^{\frac{2}{3}}\left(1 - 0.8\frac{z}{h}\right)^2 \qquad [65]$$

mit der konvektiven Geschwindigkeit w_* und der Grenzschichthöhe h verwendet werden. Die Studien von Young (1988) motivieren die Anwendbarkeit dieses Profils auch in komplexem Terrain. Es können drei Ansätze zur Bestimmung der Grenzschichthöhe basierend auf σ_w^2 unterschieden werden: (i) die Detektion der Höhe der maximalen Varianz, (ii) die Verwendung eines Schwellenwertes der Varianz und (iii) die Anpassung eines idealisierten Profils an den gemessenen Verlauf der Varianz. Alle Verfahren basieren auf dem typischen vertikalen Profil der Varianz des Vertikalwindes (Gl. 65).
Die statistische Sicherheit der berechneten Varianz wächst mit der Länge des verwendeten Zeitintervalls. Andererseits besteht bei der Verwendung von zu großen Zeitintervallen die Gefahr, dass unterschiedliche "Turbulenzregime", die durch die Veränderung der Turbulenz über den Tag entstehen, nicht mehr unterschieden werden und dass die verwendeten Daten somit nicht mehr zur gleichen statistischen Grundgesamtheit gehören. Als Kompromiss werden im Folgenden Varianzen bei einer Messauflösung von 1 Hz über ein Zeitintervall von 60 min berechnet, was bei einem mittleren Wind von 4 m s^{-1}, einer Strecke von 14.4 km entspricht. Dieses Zeitintervall liegt zudem in der Lücke des Turbulenzspektrums nach van der Hoven (1957). Lenschow et al. (1994) schätzen den Fehler ab, der durch die Verwendung von eingeschränkten Raum- bzw. Zeitintervallen auftritt. Es entsteht ein systematischer Fehler, da nicht ein Ensemble-, sondern ein Zeitmittel berechnet wird sowie ein zufälliger Fehler durch Schwankungen um den wahren Wert. Der systematische Fehler ist i.A. gegenüber dem zufälligen vernachlässigbar. Für das betrachtete Zeitintervall von 60 min liegt bei einer typischen integralen Zeitskala von 50 s bzw. 100 s (vgl. Abschnitt 4.1.2) ein relativer Fehler von ca. 15% bis 20% bzw. 20% bis 25% für die Varianz vor.
Die berechneten Varianzen werden zusätzlich auf unkorreliertes Rauschen korrigiert, was nach Abschnitt 3.1 aus der Differenz zwischen nulltem und erstem Versatz der Autokovarianzfunktion abgeschätzt wurde. Ist der Fehler durch unkorreliertes Rauschen größer als 1 m^2 s^{-2}, so wird die dazugehörige Varianz verworfen.
Eine Abschätzung des Fehlers der Grenzschichthöhe $h(t_s)$ kann durch die Betrachtung einer Schwankungsbreite von h im 60 min Intervall [t_s - 30 min,

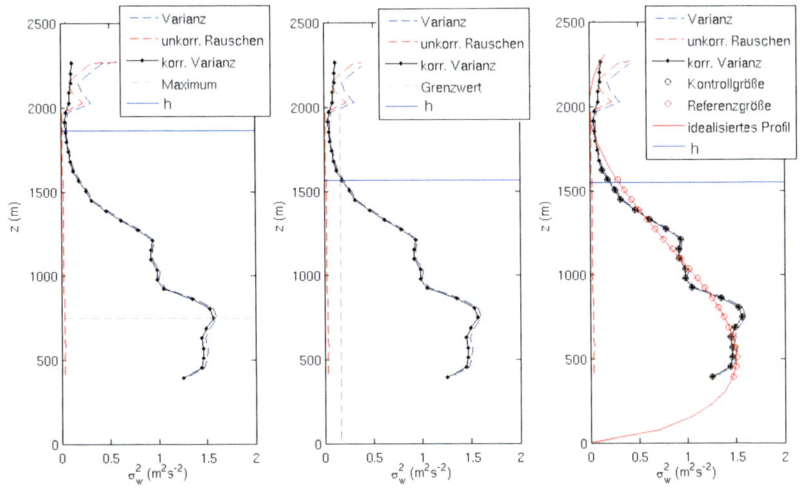

Abb. 13.: Bestimmung der Grenzschichthöhe aus der Varianz des Vertikales am Beispiel des 10.07. 2005, 14 UTC: das Verfahren basierend auf der Detektion des Maximums der Varianz ist links dargestellt, die Verwendung eines Schwellenwertes in der Mitte und rechts die Anpassung eines idealisierten Profils.

t_s + 30 min] erfolgen. Dafür wird die Varianz des Vertikalwindes in einem Intervall von 30 min berechnet. Durch das geringere Zeitintervall steigt der zufällige Fehler der Varianz auf ca. 30% an. Durch einen Versatz von 1 min können so innerhalb des betrachteten 60 min Intervalls 30 Abschätzungen der Grenzschichthöhe gewonnen werden (jeweils für das Intervall [t_s-30 min, t_s], [t_s-29 min, t_s+1 min], ..., [t_s-1 min, t_s+29 min]). Die daraus resultierende Standardabweichung wird als die Schwankungsbreite der Grenzschichthöhe definiert. Die Ursache dieser Schwankungen liegt einerseits in der Veränderung der wahren Grenzschichthöhe, andererseits aber auch in den Verfahren selbst begründet.

In Abb. 13 wird beispielhaft das Ergebnis der drei verwendeten Verfahren dargestellt. Im ersten Verfahren wird das Maximum im Verlauf von σ_w^2 betrachtet. Die Ableitung des idealisierten Profils ergibt

$$\frac{d\sigma_w^2}{dz} = 1.8\left(\frac{g\overline{w'\theta'}_0}{\overline{\theta}}\right)^{2/3}\left[\frac{2}{3}z^{-\frac{1}{3}}\left(1-0.8\frac{z}{h}\right)^2 + z^{\frac{2}{3}}2\left(1-0.8\frac{z}{h}\right)\left(-\frac{0.8}{h}\right)\right] \stackrel{!}{=} 0 \quad [66]$$

mit der Lösung für das Maximum in Höhe

$$z_{max} = \frac{1}{3.2}h = 0.31h. \quad [67]$$

Empirisch hat sich gezeigt, dass die Relation $z_{max} = 0.4h$ eine bessere Wahl darstellt (Asimakopoulos et al., 2004).

Analog zur Grenzschichthöhenbestimmung aus dem Rückstreuverhältnis kann auch für die Varianz ein Schwellenwert $\sigma_{w_{krit}}^2$ zur Bestimmung der Grenzschichthöhe verwendet werden. Die Idee hinter diesem Verfahren ist, dass oberhalb der Grenzschicht keine Turbulenz mehr vorhanden sein sollte. Tucker et al. (2009) setzen für maritime Grenzschichten ein sehr niedriges Niveau von $\sigma_{w_{krit}}^2$ = 0.04 $m^2\ s^{-2}$ an. Eine Abschätzung aus dem idealisierten Profil hingegen führt mit einem typischen Wert von $w_* = 1.5$ $m\ s^{-1}$ auf einen Schwellenwert von $\sigma_{w_{krit}}^2$ = 0.16 $m^2\ s^{-2}$, der im Folgenden auch verwendet werden soll. Ist $\sigma_{w_{krit}}^2$ zu niedrig angesetzt, besteht die Gefahr, die Grenzschichthöhe als das obere Ende der Randzone zu detektieren und somit zu überschätzen.

In Anlehnung zum Verfahren "Idealisiertes Profil“ bei der Bestimmung der Grenzschichthöhe mit Hilfe des Rückstreuverhältnisses kann auch ein idealisiertes Profil der Varianz an den gemessenen Verlauf angepasst werden:

$$\sigma_{w_{fit}}^2(z,a,b,h) = \left(\frac{g\overline{w'\theta'}_0}{\overline{\theta}}\right)^{2/3} a\, z^{\frac{2}{3}}\left(1-b\frac{z}{h}\right)^2 \quad [68]$$

mit den Anpassparametern a, b und h. Die Grenzschichthöhe ergibt sich somit als einer der Anpassparameter (h). Der turbulente Wärmefluss am Boden $\overline{w'\theta'}_0$ und die mittlere potentielle Temperatur $\overline{\theta}$ in der Mischungsschicht können aus Daten der Energiebilanzstation gewonnen werden oder in den Anpassparameter a einfließen. Die Anpassparameter a und b sind nach Lenschow et al. (1980) mit 1.8 und 0.8 bestimmt. Abb. 14 zeigt die Auswirkung einer möglichen Variation: es können ausgeprägtere und weniger ausgeprägte turbulente Situationen beschrieben werden. Eine Anpassung wurde als gut bewertet,

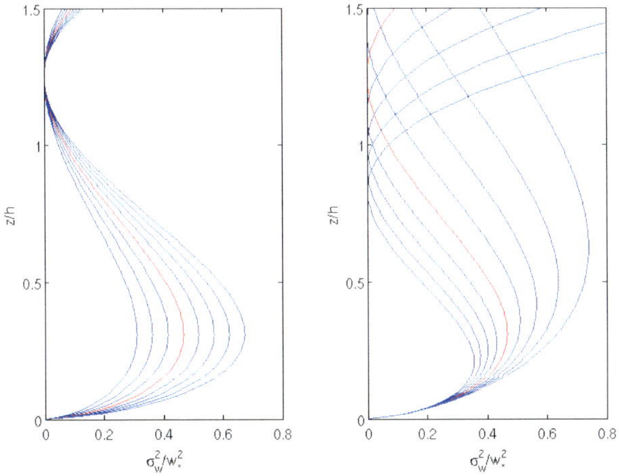

Abb. 14.: Variation der Parameter zur Anpassung des idealisierten Profils an das gemessene Profil der Varianz des Vertikalwindes: links ist die Variation des Parameter a von 1.2 bis 2.6 dargestellt, rechts die Variation des Parameter b von 0.4 bis 1.2. In rot ist jeweils das Profil nach Lenschow et al. (1980) mit a = 1.8 und b = 0.8 eingezeichnet.

wenn das Verhältnis der Wurzel der mittleren quadratischen Abweichung zwischen der angepassten und der gemessener Varianz zur Varianz kleiner als 0.33 war. Das Anpassverfahren reagiert empfindlich auf die Eingabeparameter. Der Parameter a wird auf das Intervall [1.2, 2.6] eingeschränkt, Parameter b auf [0.7, 0.9]. Ein Startpunkt für die Grenzschichthöhe leicht unterhalb der Aerosolschichthöhe stellte sich als am geeignetsten heraus.

Zwischen dem Verfahren der Anpassung des idealisierten Profils und dem Verfahren mit Verwendung eines Schwellenwertes wurden hohe Korrelationskoeffizienten gefunden (R=0.85 für CSIP, bzw. 0.79 für COPS). Das Verfahren unter Ausnutzung des Maximums der Varianz liefert dagegen abweichende Werte, die zudem starke Schwankungen aufweisen. Im Gegensatz zum Verlauf der Aerosolkonzentration sind für das Turbulenzprofil die unteren zwei Drittel der Grenzschicht wichtig. Dies kann insbesondere bei den Verfahren (i) (Detektion des Maximums der Varianz) und (iii) (Anpassung eines idealisierten Profils) bei flachen Grenzschichten Probleme verursachen. Aus diesem Grund wird hier das Verfahren unter Ausnutzung eines Schwellenwertes für die Bestimmung Grenzschichthöhe verwendet.

Vergleich von Aerosolschicht- und Turbulenzhöhe

In dieser Arbeit werden Höhen, die durch Verfahren basierend auf dem Aerosolgehalt der Atmosphäre gewonnen wurden, als Aerosolschichthöhen h_{aero} und solche, die auf dem Profil der Varianz des Vertikalwindes basieren, als Turbulenzhöhen h_{turb} bezeichnet. Beide Höhen h_{aero} und h_{turb} repräsentieren hier eine Abschätzung der Grenzschichthöhe der konvektiven atmosphärischen Grenzschicht. Die Tagesgängen der Aerosolschichthöhen und der Turbulenzhöhen zeigen jedoch Bereiche, in denen sich beide qualitativ unterscheiden:

- Am Morgen kann eine Aerosolschicht bereits vorhanden sein, ohne dass in ihr Turbulenz detektierbar ist. Diese kann als Restschicht vom Vortag vorliegen oder durch Advektion über Nacht herantransportiert worden sein (Abb. 15, links).

- Im Verlauf des Tages können sowohl Phasen beobachtet werden, in denen die Turbulenz deutlich unterhalb der Aerosolschicht abbricht, als auch in Einzelfällen deutlich über die Schicht hinausgeht (Abb. 15, Mitte). Letzteres kann nur detektiert werden, wenn eine zweite Schicht, i.A. eine Feuchteschicht, oberhalb der Grenzschicht vorhanden ist. Eine Hypothese für das Vorhandensein von Turbulenz oberhalb der Aerosolschicht ist ein zweites, durch Scherung verursachtes Turbulenzregime oberhalb der vom Boden ausgehenden konvektiv erzeugter Turbulenz. Ursache für eine geringere Turbulenzhöhe im Vergleich zur Aerosolschichthöhe in Phasen ausgeprägter Turbulenz kann ein verringerter Antrieb (geringere Einstrahlung) sein, wobei das Aerosol diesem Verhalten, analog zur Restschicht am Abend, nicht folgt.

- In den Abendstunden kann beobachtet werden, dass die Turbulenzintensität nach leichtem Absinken unvermittelt abbricht. Das vorhandene Aerosol bleibt davon vorerst unberührt. Erst im Verlaufe der Nacht sinkt es

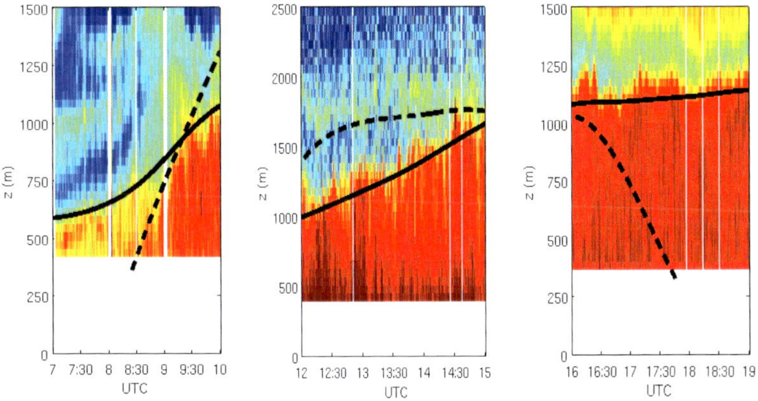

Abb. 15.: Differenzen zwischen Turbulenzhöhe (gestrichelte schwarze Linie) und Aerosolschichthöhe (durchgezogene schwarze Linie) können zu allen Zeitpunkten auftreten, wie z.B. am 31.07.2008 morgens (links), am 10.07.2005 im Tagesverlauf (mitte) und am 27.06.2005 abends (rechts).

leicht ab, wenn keine zusätzlichen Effekte wie z.B. Auswaschung durch Regen auftreten (Abb. 15, rechts).

Es wird deutlich, dass insbesondere der Übergang von stabiler zu turbulenter Grenzschicht am Morgen und das Aussetzen der Turbulenz am Abend mit Hilfe der Aerosolschicht in vielen Fällen nicht erkennbar ist. Umgekehrt kann mit dem Doppler Lidar ohne Vorhandensein von Aerosol auch kein Vertikalwind gemessen werden, so dass Aussagen inwieweit die Turbulenzhöhe bei starker Turbulenz die Aerosolschicht systematisch überschreitet nicht möglich sind. Ein wichtiger Vorteil der Verwendung der Aerosolschichthöhe gegenüber der Turbulenzhöhe ist die sehr viel höhere zeitliche Auflösung. Nur über das Aerosol können kleinskalige Variationen beobachtet werden. Um sicherzustellen, dass die detektierte Aerosolschichthöhe eine turbulente Grenzschichthöhe widerspiegelt, werden im Folgenden nur die Aerosolschichthöhen verwendet, die in einem Bereich liegen, in dem die Varianz der Vertikalwindgeschwindigkeit einen Schwellenwert von 0.04 m^2 s^{-2} überschreitet. Dieser Schwellenwert ist bewusst tiefer angesetzt als derjenige zur Detektion der Grenzschichthöhe.

Bezüglich der Fehlerabschätzung gilt, dass bei allen Verfahren ein systematischer Fehler durch das Verfahren selbst entstehen kann. Im Folgenden wird angenommen, dass dieser vernachlässigbar ist. Komplette Tagesgänge der Aerosolschichthöhe und der Turbulenzhöhe werden durch geglättete Verläufe beschrieben. Die verwendeten Glättungsverfahren werden in Anhang A dargestellt. Die Abweichung der ungeglätteten Werte vom geglätteten Verlauf ist für alle Tage symmetrisch um Null verteilt und weist im Vergleich zur Gaußverteilung leicht überhöhte Flanken auf. Die mittlere quadratische Abweichung der einzelnen Aerosolschichthöhen vom geglätteten Wert beträgt 66 m. Innerhalb der betrachteten 60 min Intervalle beträgt die Standardabweichung 7% des Mittelwertes. Die Schwankungsbreiten bei der Abschätzung der Turbulenzhöhen liegt im Mittel bei 9%. Abb.16 stellt Aerosolschichthöhen und Turbulenzschichthöhen für alle drei Messkampagnen gegenüber. Es zeigt sich ein hoher Korrelationskoeffizient von 0.82 zwischen Aerosolschichthöhe und Turbulenzhöhe. Bei detaillierter Betrachtung der Tagesgänge (vgl. auch Anhang B) wird aber gleichzeitig auch deutlich, dass sich die Verläufe im Detail unterscheiden können. Ein Vergleich mit Radiosondenaufstiegen (Abb. 17) zeigt, dass auf Basis dieser Daten keine eindeutige Aussage getroffen werden kann, ob die Aerosolschichthöhe oder die Turbulenzschichthöhe besser mit der Abschätzung der Grenzschichthöhe aus der potentiellen Temperatur übereinstimmt.
In Anhang B sind die Höhenverläufe beider Detektionsmethoden für alle Messtage dargestellt. Es sei an dieser Stelle auf die Tagesgänge der Grenzschichthöhen während der COPS Messkampagne hingewiesen, welche im Vergleich zu denen aus CSIP und CoBoLd erst später am Vormittag in den Messbereich des Lidars ca. 400 m über Grund eintreten und insgesamt geringere Höhen über Grund erreichen. Der Unterschied der maximalen Höhen liegt bei ca. 500 m bis 1000 m, was ungefähr dem Höhenunterschied zwischen dem Messstandort und der Umgebung entspricht. Es wird deutlich, dass keine vollständig geländefolgende Grenzschicht ausgebildet wird. Für weitergehende Untersuchungen sei auf die Arbeiten von Binder (1997) und Kossmann et al. (1998) verwiesen. Trotz der bestehenden Korrelation der Aerosolschichthöhe und der Turbulenzhöhe, sollen auf Grund der teilweise unterschiedlichen Tagesgänge beide als zwei getrennte Konzepte der Grenzschichthöhe betrachtet werden.

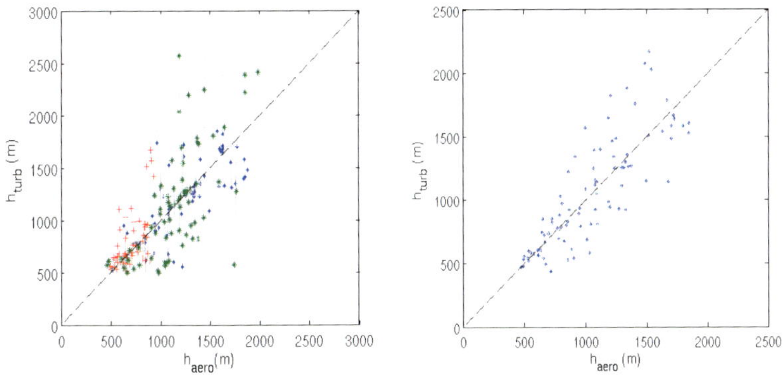

Abb. 16.: Links ist der Zusammenhang zwischen den Turbulenzhöhen und den gemittelten Aerosolschichthöhen für alle drei Messkampagnen CSIP (blaue Punkte), COPS (rote Kreuze) und CoBoLd (grüne Sterne) dargestellt. Der Fehler ergibt sich aus der Standardabweichung bei den Aerosolschichthöhen, bzw. aus den Schwankungsbreiten der Turbulenzhöhen. Geglättete Werte der Aerosolschichthöhe und der Turbulenzhöhe sind rechts gegeneinander aufgetragen. Die blauen Punkte geben statistisch unabhängige Werte in einem Abstand von 60 min wieder, die grauen Linien den durchgezogenen geglätteten Verlauf, der eine Orientierung über den Tagesgang gibt. Es ergeben sich teilweise deutliche Differenzen im Tagesgang.

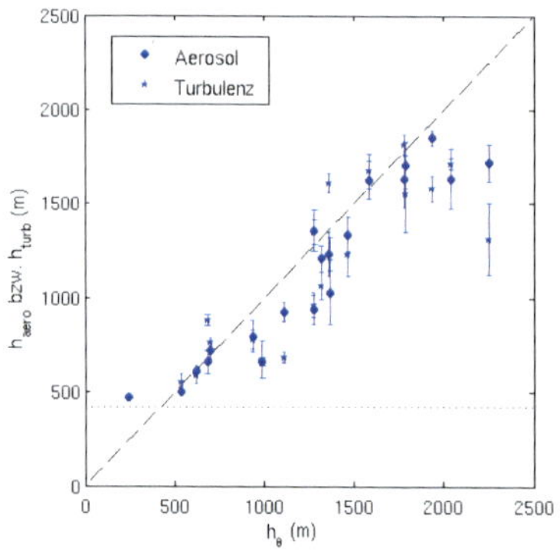

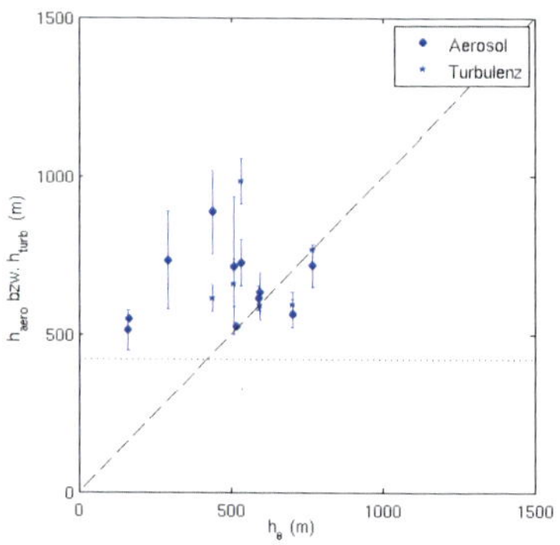

Abb. 17.: Vergleich der Aerosolschichthöhen (Punkte) bzw. der Turbulenzhöhen (Sterne) mit einer Abschätzung der Grenzschichthöhe aus dem Profil der potentiellen Temperatur aus Radiosondenaufstiegen: links für die CSIP Messkampagne, rechts für Werte aus COPS. Es erfolgt ein Vergleich zum Mittel der Aerosolschichthöhe $\pm$ 15 min um den Startzeitpunkt der Radiosonde bzw. für die Turbulenzhöhe zum Wert des korrespondierenden Intervalls. Zusätzlich ist der unterste Abstandsbereich des Lidars als horizontale gepunktete Linie sowie die 1:1 Linie als gestrichelte Linie dargestellt.

4.1.2. Integrale Längenskala

Die integrale Längenskala l der Vertikalwindgeschwindigkeit wird ausgehend von der Autokovarianzfunktion $R_w(\tau)$(vgl. Anhang A) wie folgt definiert:

$$l = \int_0^\infty \frac{R_w(\tau)}{R_w(0)} d\tau \qquad [69]$$

wobei τ den Versatz angibt. Sie stellt ein Maß für die Korrelation der Geschwindigkeiten dar und kann als Größenordnung für die dominanten Wirbel betrachtet werden. Nach Lenschow und Stankov (1986) kann l durch

$$l \cong \left[\int_0^{\tau_0} \frac{R_w(\tau)}{R_w(0)} d\tau \right]_{max} \qquad [70]$$

abgeschätzt werden, wobei τ_0 dem Versatz entspricht, für den die Autokovarianzfunktion $R_w(\tau_0) = 0$. Lothon et al. (2006) beschreiben den Verlauf der Autokorrelationsfunktion in der turbulenten Grenzschicht durch einen exponentiellen Abfall

$$\frac{R_w(\tau)}{R_w(0)} = exp(-\tau/l). \qquad [71]$$

Die Gleichungen 70 und 71 geben zwei Ansätze zur empirischen Bestimmung von l aus den Messdaten wieder. Lothon et al. (2006) zeigen, dass die Ergebnisse aus beiden Verfahren gut übereinstimmen. In dieser Arbeit wird Gleichung 71 verwendet, da diese weniger empfindlich auf betragsmäßig kleine und damit unsichere Werte der Autokorrelationsfunktion reagiert. Abhängig von der Datenreihe kann eine räumliche Skala oder eine zeitliche Skala bestimmt werden. Unter Verwendung der Taylorschen Hypothese der eingefrorenen Turbulenz (Stull, 1988, siehe auch Anhang A) können beide durch Verwendung des mittleren Windes ineinander überführt werden.

Die Messung des Doppler Lidars in vertikaler Ausrichtung ermöglicht eine Abschätzung einer horizontalen Längenskala l_x basierend auf der horizontalen Autokovarianzfunktion:

$$R_w(z,\tau) = \frac{1}{N}\sum_{i=1}^{N-\tau} w(z,i)\, w(z,i+\tau) \qquad [72]$$

wobei $w(z,i)$ die Messung zum Zeitpunkt $i\Delta t$ im Abstandsbereich in der Höhe z darstellt, sowie einer vertikalen Längenskala l_z basierend auf:

$$R_w(z,\delta z) = \frac{1}{N}\sum_{i=1}^{N} w(z,i)\, w(z+\delta z,i) \qquad [73]$$

wobei δz den Abstand zwischen den Mitten zweier benachbarter Abstandsbereiche angibt. Für die in dieser Arbeit betrachteten Tage werden beide integralen Längenskalen auf Basis von Zeitintervallen von 60 min, mit einem Zeitschritt von 10 min bestimmt. Es müssen mindestens 2160 Einzelwerte pro Intervall vorliegen (ca. 60% bis 70% der maximal möglichen Anzahl an Einzelmessungen bei den verwendeten Abtastmustern). Die Berechnung erfolgt auf Basis der mittelwertkorrigierten Geschwindigkeiten w_{korr}, wobei gilt, dass $w_{korr}(t) = w(t) - \frac{1}{N}\sum_{t-30\,min}^{t+30\,min} w(t)$ mit der Anzahl N der Werte zwischen $t-30\,min$ und $t+30\,min$.

Eine qualitative Analyse der Autokorrelationsfunktion $R_w(z,\tau)/R_w(z,0)$ zeigt, dass drei Verläufe unterschieden werden können (Abb. 18): (i) kann innerhalb des turbulenten Bereiches, wie in Lothon et al. (2006) vorgeschlagen, ein exponentieller Abfall beobachtet werden. (ii) tritt im nicht-turbulenten Bereich innerhalb der ersten Versätze ein kosinusförmiger Verlauf auf oder (iii) kann unter diesen Bedingungen ein insgesamt sehr flacher Verlauf von $R_w(z,\tau)/R_w(z,0)$ (d.h. sehr

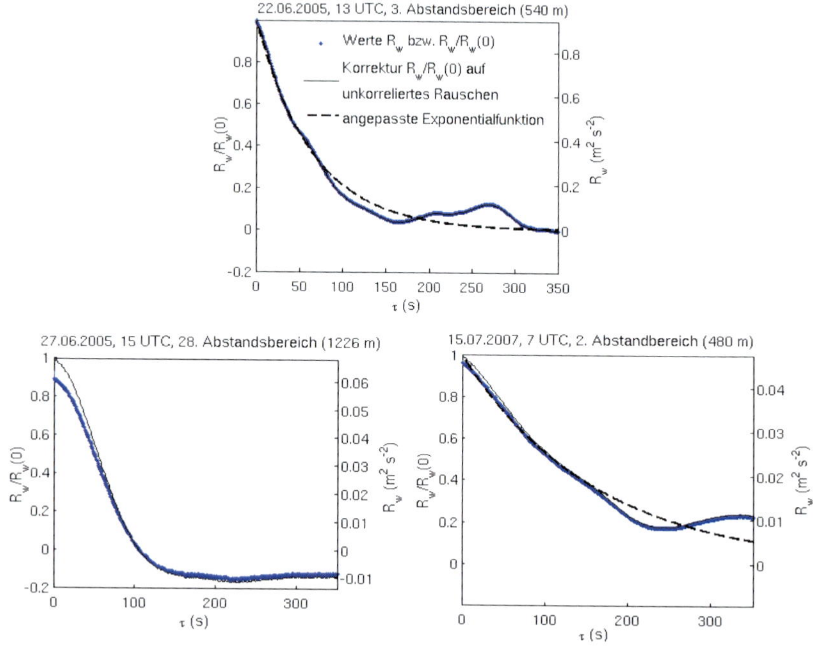

Abb. 18.: Verschiedene Verläufe der Autokorrelations- bzw. Autokovarianzfunktion: typischer exponentieller Abfall bei ausgebildeter Turbulenz in der Grenzschicht (oben), kosinusförmiger Verlauf innerhalb der ersten Versätze oberhalb der turbulenten Mischungsschicht in der freien Atmosphäre (unten, links) und sehr flacher Verlauf vor dem Aufkommen von Turbulenz am Morgen (unten, rechts).

große Längenskalen) beobachtet werden. In der Restschicht am Abend verläuft die Autokorrelationsfunktion oft weiterhin exponentialförmig. Um die Analyse auf die turbulente Grenzschicht einzuschränken, liefert ein Test die Krümmung der Autokorrelationsfunktion im Bereich der ersten 100 Verschiebungen. Ist diese konkav, wird eine Exponentialfunktion an Werte der Autokorrelationsfunktion größer als 0.2 angepasst. Ist die Güte der Anpassung (vgl. Anhang A) besser als 0.8, wird l aus dem Anpassparameter bestimmt. Die Anpassung erfolgt an Werte, die bezüglich des unkorrelierten Rauschens korrigiert wurden, d.h. es wird so normiert, dass der Wert der Autokorrelationsfunktion auf Versatz $\tau = 0$ korrigiert wieder eins beträgt. Für die horizontale integrale Längenskala wird ein maximaler Wert von 240 s zugelassen. Für die vertikale integrale Längenskala sind oft nur wenige Verschiebungen möglich. Die Anpassung der Exponentialfunktion und die damit verbundene Abschätzung von l_z ist somit oft unbrauchbar.

Die mit dem Doppler Lidar aus Vertikalmessungen bestimmte horizontale zeitliche Skala wird über den mittleren horizontalen Wind in eine Längenskala umgerechnet (vgl. Anhang A). Für CSIP stehen dafür nur die Bodenmessungen zur Verfügung. Für COPS und CoBoLd kann der mittlere Wind aus Profilen des horizontalen Windes abgeschätzt werden. Die Profile wurden mit Hilfe des Geschwindigkeits-Azimut-Ausgabe-Algorithmus aus PPI und RHI Messdaten bestimmt (VAD-Algorithmus, Browning und Wexler, 1968). Durch die verwendeten Abtastmuster (vgl. Tab. 5) liegen vertikale Profile des Horizontalwindes für COPS alle 30 min, für CoBoLd alle 60 min vor. Für die Auswertung erfolgt eine Mittelung des horizontalen Windes über die gesamte Grenzschicht (vgl. Anhang B). Im Mittel beträgt die Standardabweichung dieser gemittelten Geschwindigkeit 0.9 m s^{-1}. Für alle drei Messkampagnen stehen Messungen der Windgeschwindigkeit am Boden bzw. mit dem Messmast zur Verfügung. Für COPS und CoBoLd kann eine Abweichung zwischen dem Betrag des Windes in 3 m (COPS) bzw. 40 m (CoBoLd, ca. 15 m über Wipfelhöhe) Höhe und dem mittleren Wind in der Grenzschicht (oberhalb 75 m bzw. 330 m über Grund) bestimmt werden. Es zeigt sich, dass der mittlere Wind in der Grenzschicht erwartungsgemäß in 83% bzw. 94% der Fälle größer war als der Wind in Bodennähe. Die Abweichung zwischen beiden Größen beträgt im Mittel 1.8±1.3 m s^{-1}

bzw. 2.0±1.4 m s^{-1}, am häufigsten 0.8 m s^{-1}. Auf Basis dieser Ergebnisse wird für den Horizontalwind insgesamt (auch für CSIP) ein Fehler von 1 m s^{-1} angesetzt. Für die Transformation der Zeitskala in eine Längenskala wurden die Windgeschwindigkeiten zusätzlich mit Hilfe glättender kubischer Splines geglättet.

Der Fehler der integralen Längenskalen kann aus dem 95% Konfidenzintervall der Anpassung (vgl. Anhang A) abgeschätzt werden. Für die vertikalen integralen Längenskalen liegt dieser innerhalb der Grenzschicht im Mittel bei 14%. Für die horizontalen Skalen muss zusätzlich der Fehler durch die Unsicherheit des Horizontalwindes berücksichtigt werden. Hier liegt das Mittel innerhalb der Grenzschicht bei 43%, wobei der Fehler durch die Schwankungen des Horizontalwindes dominiert wird. Eine zweite Fehlerabschätzung erfolgte durch die Bestimmung einer Schwankungsbreite. Hierfür wurden integrale Längenskalen mit einem Zeitschritt von 1 min auf einem Datenintervall von jeweils 30 min berechnet. Für 30 aufeinanderfolgende Werte (effektiv werden dadurch 60 min berücksichtigt) wurde anschließend der Mittelwert und die Standardabweichung bestimmt. Für die horizontale integrale Längenskala ergibt sich dabei eine Schwankungsbreite von im Mittel 24%, für die vertikalen Längenskalen von 20%, beide jeweils für alle Werte innerhalb der turbulenten Grenzschicht.

Lothon et al. (2006) finden während Zeiten höchster Turbulenz eine hohe Korrelation zwischen der vertikalen und der horizontalen integralen Längenskala im Bereich der Mitte der Grenzschicht. Wie Abb. 19 zeigt, kann dieser Zusammenhang an den hier betrachteten Tagen in nicht komplexem Gelände nur bedingt bestätigt werden. Für die wolkenfreien Tage während CSIP und CoBoLd kann zwischen 11 UTC und 15 UTC ein Korrelationskoeffizient von 0.43 ermittelt werden, welcher auf einen schwachen linearen Zusammenhang zwischen beiden Größen hindeutet. Eine mögliche Ursache für die geringe Korrelation im Vergleich zu den Ergebnissen aus Lothon et al. (2006) könnte in der unsicheren Bestimmung der vertikalen integralen Längenskala liegen. Es liegt ein mittleres Verhältnis von $\overline{\frac{l_z}{l_x}} = 2.1 \pm 0.7$ vor. Dieses ist höher als das in Lothon et al. (2006) gefundene Verhältnis von $\overline{\frac{l_z}{l_x}} = 1.3$ und repräsentiert deutlich bes-

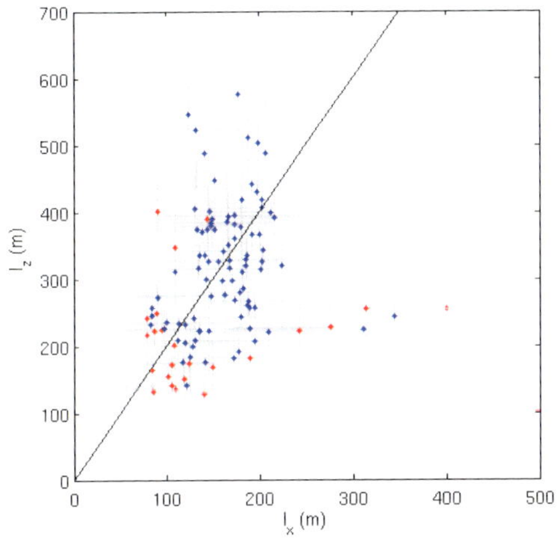

Abb. 19.: Vertikale integrale Längenskala l_z gegen horizontale l_x für alle wolkenfreien Tage der CSIP und CoBoLd Kampagne (blau), sowie COPS Kampagne (rot). Die schwarze Gerade gibt das Verhältnis für isotrope Turbulenz an. Die Fehlerbalken ergeben sich aus dem Fehler der Anpassung und dem Fehler des horizontalen Windes (nur für die horizontalen integralen Längenskalen).

ser die Bedingungen isotroper Turbulenz, für die $\frac{l_z}{l_x} = 2$ gilt (Batchelor, 1953). Die Werte der COPS Kampagne zeigen die Tendenz zu geringeren Werten. Aufgrund der Unsicherheit bei der Abschätzung der vertikalen integralen Längenskala wird im Folgenden für die weiteren Betrachtungen nur noch die horizontale integrale Längenskala berücksichtigt.

4.1.3. Wellenlänge des Maximums im Spektrum

Eine zweite charakteristische turbulente Längenskala kann aus dem Varianzspektrum der Vertikalwindgeschwindigkeit $\mathscr{S}_w(k)$ abgeschätzt werden: Die Wellenlänge λ_{max} des Maximums von $k\mathscr{S}_w(k)$. Diese Länge gilt als charakteristische Skala der Produktion turbulenter kinetischer Energie, welche mit der Distanz zwischen den einzelnen Aufwindschläuchen in der Grenzschicht verbunden werden kann (Lothon et al., 2009). Das Spektrum $\mathscr{S}_w(\nu)$ wird mit Hilfe eines Periodogramms für die mittelwertkorrigierten Datenreihen w_{korr} auf einem Zeitintervall von 60 min mit einem Zeitschritt von 10 min, unter Verwendung der harmonischen Frequenzen $\nu = \frac{n}{N}$ mit $n = 0, 1, 2, .., N/2$ und N als die Anzahl aller möglichen Datenpunkte im Intervall (vgl. Anhang A), bestimmt. Die Wellenzahl k ergibt sich aus der Frequenz $f = \nu \Delta t^{-1}$ (Δt^{-1} entspricht der Messfrequenz) mit Hilfe der mittleren Windgeschwindigkeit des horizontalen Windes u über die Relation $k = \frac{2\,pif}{u}$, für die Wellenlänge gilt $\lambda = \frac{2\pi}{k}$ (vgl. hierzu auch Anhang A). Die benötigte Windgeschwindigkeit wurde analog Abschnitt 4.1.2. abgeschätzt. Es gilt

$$\int_0^{k_{Nyquist}} \mathscr{S}_w(k) dk = \sigma_w^2. \qquad [74]$$

mit $k_{Nyquist} = \frac{2\pi}{u}\frac{1}{2}\Delta t^{-1}$. λ_{max} kann aus dem Spektrum auf zwei Arten abgeschätzt werden: auf Basis des geglätteten Spektrums (laufendes Mittel mit jeweils ± 10 Datenpunkten) oder mittels Anpassung eines einfachen Modells der Form

$$k\mathscr{S}(k,z) = \frac{ck}{1 + \left(\frac{k}{k_0}\right)^{5/3}} \qquad [75]$$

mit den Anpassparametern c und k_0, welches auf Ergebnissen früherer Turbulenzstudien z.B. Kaimal et al. (1976) aufbaut. Für die Wellenlänge des Maximums von $k\mathscr{S}(k,z)$ gilt $\lambda_{max} = \frac{2\pi}{k_0\, 1.5^{3/5}}$. Abb. 20 veranschaulicht alle Größen anhand eines Beispielspektrums. Auffällig ist, dass der Abfall im Inertialbereich des Beispielspektrums steiler verläuft, als durch die Anpassfunktion beschrieben. Caughey und Palmer (1979) beobachten dieses Verhalten bei unvollständig ausgeprägter Turbulenz, Spektren in Lothon et al. (2009) unter Bedingungen ausgeprägter konvektiv erzeugter Turbulenz zeigen dieses Verhalten ebenfalls.

Ein Vergleich beider Verfahren zur Bestimmung von λ_{max} zeigt, dass das Verfahren mit Hilfe der angepassten Funktion im Mittel höhere Werte für λ_{max} liefert als das absolute Maximum des geglätteten Spektrums. Das häufigste Verhältnis liegt bei zwei, die Abschätzung aus der Anpassung ergibt in diesem Fall also einen doppelt so großen Wert für λ_{max} als es die Position des absoluten Maximums darstellt. Werden die Frequenzen bei der Berechnung des Periodogramms variiert, reagiert das Verfahren über das absolute Maximum sehr stark, während die Ergebnisse der Anpassung von Gleichung 75 nur geringe

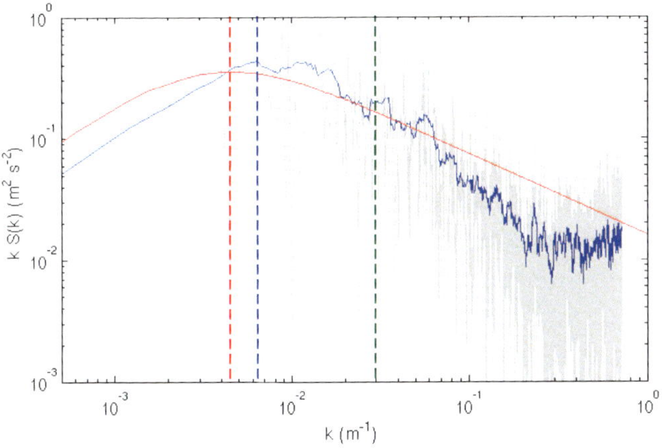

Abb. 20.: Spektrum der Vertikalwindgeschwindigkeit vom 10.07.2005, für den Zeitraum 12.30 bis 13.30 UTC, in der Höhe des 2. Abstandsbereichen (grau). Ergänzend ist der geglättete Verlauf (blau) und das angepasste Modell (rot) dargestellt. Das absolute Maximum im geglätteten Spektrum λ_{max} ist als blaue vertikale gestrichelte Linie und das Maximum im Modell als rot vertikale gestrichelte Linie eingezeichnet. Beide unterscheiden sich leicht. Zusätzlich ist die integrale Längenskala l^{-1} als grüne vertikale gestrichelte Linie eingetragen.

Abweichungen zeigen. Dieses Verhalten deutet darauf hin, dass das absolute Maximum stark durch einzelne Strukturen im Spektrum beeinflusst wird. Im Folgenden sollen deshalb die Werte des Modells verwendet werden, es gilt jedoch zu berücksichtigen, dass diese tendenziell zu groß sind.
Als Maß für den Fehler wurden auch für die maximalen Wellenlängen Schwankungsbreiten mit Hilfe von 30 Einzelwerten mit einem Versatz von 1 min und einem Zeitintervall von jeweils 30 min bestimmt. Es zeigt sich eine Schwankungsbreite von im Mittel 42%, am häufigsten 12%, für Werte innerhalb der Grenzschicht.

4.1.4. Obukhov Länge

Die Obukhov Länge ist die Längenskala der Monin-Obukhov-Ähnlichkeitstheorie, die für die Bodenschicht verwendet wird (Monin und Obukhov, 1954). Sie basiert ausschließlich auf Bodengrößen:

$$L_{MO} = \frac{u_{*,0}^3 \overline{\theta}}{\kappa g \overline{w'\theta'}_0} \qquad [76]$$

mit der Schubspannungsgeschwindigkeit $u_{*,0}$ (vgl. Abschnitt 4.2.4), der potentiellen Temperatur $\overline{\theta}$ der Mischungsschicht, dem turbulenten Wärmefluss am Boden $\overline{w'\theta'}_0$ und der von Karman Konstante κ. Die Obukhov Länge L_{MO} ist damit im Gegensatz zu den vorhergehenden Skalen keine, die auf mit dem Doppler Lidar erhobenen Daten basiert. Die Berechnung findet in dieser Arbeit mit Hilfe der Messdaten der Energiebilanzstation mit einer Auflösung von 10 min statt. Da insbesondere u_* starken Schwankungen unterliegt, variiert L stark. Für die folgende Auswertung wird deshalb ein Grenzbereich zwischen 0 m und 100 m angesetzt. Werte außerhalb dieses Bereiches werden vernachlässigt. Der Tagesgang der Obukhov Länge ist in Anhang B dargestellt. Es wird deutlich, dass sich die einzelnen Tage stark voneinander unterscheiden.

4.1.5. Längenskalen basierend auf einzelnen Turbulenzelementen

Als konvektive Turbulenzelemente sollen begrenzte Bereiche verstanden werden, die sich gegenüber ihrer Umgebung durch eine zusammenhängende vertikale Aufwärtsbewegung auszeichnen. Beispiele für solche Turbulenzelemente sind Wirbelringe oder thermische Aufwinde (z.B. List, 1982). Klar umrissene Gebiete mit Abwärtsbewegung werden dagegen nicht berücksichtigt. Hunt (1998) sowie auch Stull (1988) stellen typische Charakteristika dieser Strukturen vor.

Turbulenzelemente lassen sich durch Schwellenwerte von Temperatur, Feuchte, Windgeschwindigkeit oder Turbulenz detektieren. Die Vor- und Nachteile der verschiedenen Größen stellen Lenschow und Stephens (1980) gegenüber. Anwendungen der damit verbundenen bedingten Erhebungsverfahren finden sich z.B. in Williams und Hacker (1992) oder Hasel et al. (2005), in denen Turbulenzstrukturen auf Basis von Flugzeugmessungen untersucht werden. Verfahrensbedingt können diese dabei nur eindimensional erfasst werden. In der vorliegenden Arbeit werden Aufwindstrukturen mit Hilfe der Lidar-Messungen des Vertikalwindes detektiert, was eine zweidimensionalen Erfassung ermöglicht. Im verwendeten Erhebungsverfahren werden diejenigen Messpunkte gekennzeichnet, deren Vertikalwindgeschwindigkeit einen Schwellenwert überschreitet. Basierend auf den Ergebnissen zu den Geschwindigkeitsperzentilen (vgl. Abschnitt 4.2.1) wird ein Schwellenwert von 0.6 m s^{-1} angesetzt. Die damit detektierte Fläche entspricht ca. 8% bis 15% der gesamten Fläche der turbulenten Grenzschicht. Um den Einfluss niederfrequenter Schwankungen zu minimieren, erfolgt die Erhebung auf Basis der mittelwertkorrigierten Geschwindigkeiten w_{korr}. Zu einem Struktur-Cluster werden die Punkte zusammengefasst, die in horizontaler Richtung weniger als 75 m auseinander liegen (zwischen 10 und 50 Messungen bei 1 Hz Messauflösung und horizontalen Windgeschwindigkeiten von 1.5 m s^{-1} bis 5.5 m s^{-1}) und in vertikaler Richtung einen Abstand kleiner als zwei Abstandsbereiche, oder weniger als 75 m, aufweisen. Es werden nur Cluster mit einer Größe von mindestens 50 Messpunkten und einer vertikalen Ausdehnung über mindestens zwei Abstandsbereichen berücksichtigt. Zum Abschluss wird eine Kontur um das detektierte Cluster gelegt, wobei der untere Rand bei Clustern, die den untersten Abstandsbereich beinhalten, offen bleibt. Durch dieses Verfahren werden auch Abwindbereiche in die Struktur mit eingeschlossen. Anhand eines so gefundenen Bereichs können geometrische Eigenschaften wie horizontale und vertikale Ausdehnung, aber auch das Windfeld des Turbulenzelements charakterisiert werden. Abb. 21 stellt das Vorgehen beispielhaft dar.

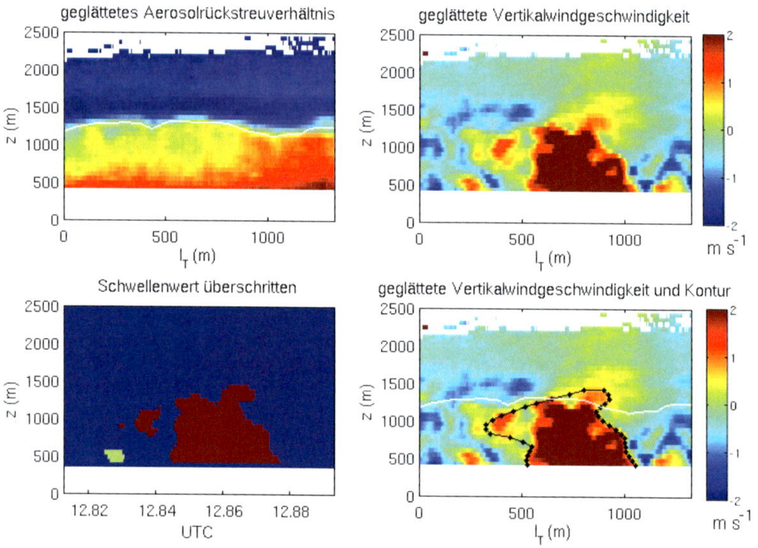

Abb. 21.: Detektion, Clustern und Konturieren einer Aufwindstruktur. Über die Taylorhypothese wurde die Zeitskala in eine Längenskala transformiert (l_T). Oben links das Rückstreuverhältnis, rechts das Geschwindigkeitsfeld (geglättet und enttrendet), unten links Bereiche mit Geschwindigkeit größer als 0.6 m s^{-1}, rechts die Kontur um das extrahierte Geschwindigkeitsfeld. Der kleine grün markierte Bereich zum Zeitpunkt 12.83 UTC in ca. 500 m Höhe in der Darstellung unten links erfüllte nicht die Voraussetzungen zur Integration in das gefundene Cluster (rot).

Nach qualitativer Sichtung der detektierten Strukturen können diese in folgende Kategorien unterteilt werden: Elemente der Kategorie (i) sind die typischen Aufwindschläuche (Abb. 22). Dies sind mit dem untersten Abstandsbereich verbundene Strukturen, die bei Fortsetzung zum Boden eine höhere vertikale als horizontale Ausdehnung aufweisen. Elemente dieser Kategorie zeichnen sich klar ab und sind im Inneren nicht stark strukturiert. Strukturen, die

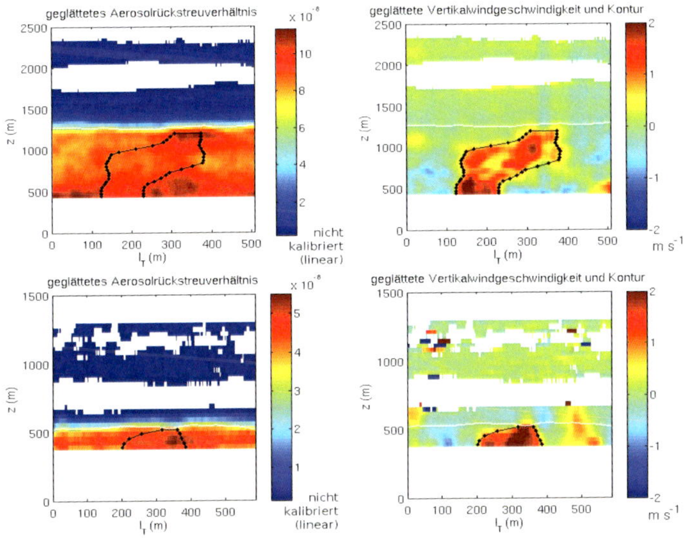

Abb. 22.: Beispiele für Strukturen der Kategorie (i) vom 27.08.2008 (oben) und 27.06.2005 (unten). Diese Turbulenzelemente sind der Vorstellung einer Aufwindfahne am ähnlichsten.

zur Kategorie (ii) und (iii) gehören, haben keine Verbindung zum untersten Abstandsbereich. Sie unterscheiden sich bezüglich ihrer Lage in der Grenzschicht: während Kategorie (ii) Strukturen innerhalb der Aerosolschicht liegen (Abb. 23), befinden sich die der Kategorie (iii) an der Oberkante der Aerosolschicht oder darüber (Abb. 24). Zusätzlich können auch zusammengesetzte Struktur der Kategorie (i) und (iii) beobachtet werden (Abb. 25). Die Kategorie (iv) stellen komplexe Strukturen dar, welche große Bereiche innerhalb der Grenzschicht (ab 800 m Ausdehnung) einnehmen (Abb. 26). Diese sind im Inneren stark inhomogen und weisen in etwa die gleiche vertikale wie horizontale Ausdehnung auf.

Es wurden insgesamt 815 Strukturen detektiert und subjektiv einer der Kategorien (i) bis (iv) zugeordnet. Tab. 7 gibt eine Übersicht über die Anzahl der gefundenen Objekte. Es wird deutlich, dass die klassische Unterteilung in einzelne große Aufwindschläuche mit dem verwendeten Verfahren an den betrachteten

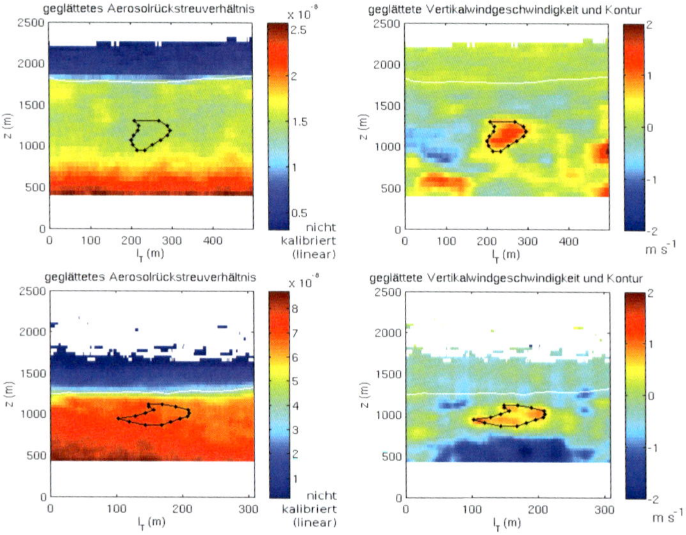

Abb. 23.: Beispiele für Strukturen der Kategorie (ii) vom 10.07.2005 (oben) und 06.08.2008 (unten). Hierbei handelt es sich um abgeschlossene Objekte innerhalb der Aerosolschicht.

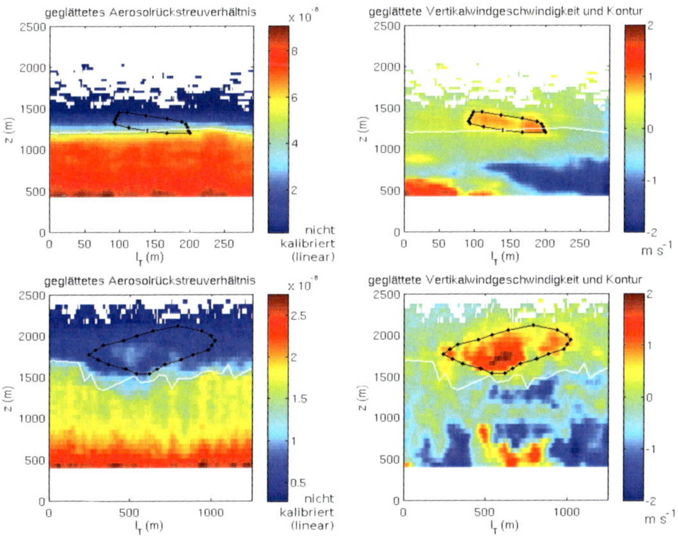

Abb. 24.: Beispiele für Strukturen der Kategorie (iii) vom 06.08.2008 (oben) und 10.07.2005 (unten). Diese geschlossenen Strukturen befinden sich am Übergang zwischen turbulenter Mischungsschicht und freier Atmosphäre oder knapp oberhalb.

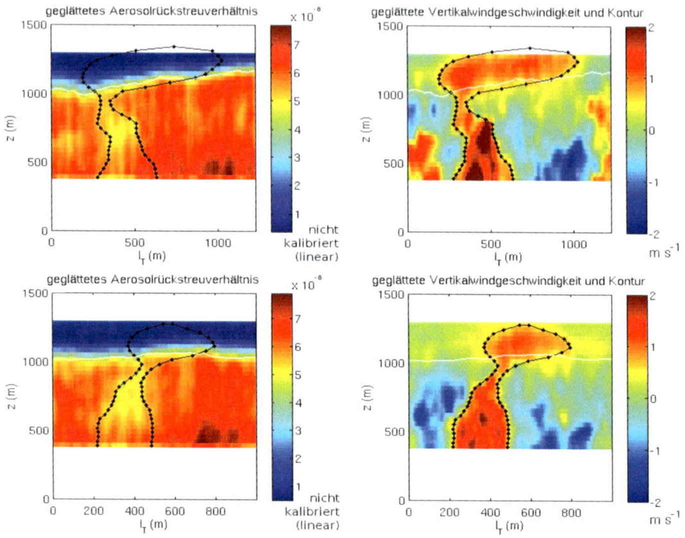

Abb. 25.: Beispiele für zusammengesetzte Struktur der Kategorie (i) und (iii) vom 27.06.2005.

Tagen nicht bestätigt werden kann. Vielmehr sind die detektierten Strukturen in ihrer Form sehr komplex und lassen sich nur schwer kategorisieren.

Für jede Struktur wurde mit Hilfe der umschließenden Kontur die minimale, die mittlere und die maximale Höhe bestimmt. In den Höhen 250, 500, 750, 1000, ..., 5000 m über Grund wurde zudem die Breite der Struktur ermittelt. Die Untersuchungen zu einem funktionalen Zusammenhang zwischen der vertikalen Δy und der horizontalen Ausdehnung Δx ergaben keinen erkennbaren Zusammenhang für die Elemente der Kategorie (i). Für die eher symmetrischen und geschlossenen Elemente der Kategorie (ii) und (iii) zeigen sich Korrelationskoeffizienten von R=0.61 bzw. 0.67 (Abb. 27). Ein funktionaler Zusammenhang von $\Delta x = (0.24 \pm 0.04)\Delta y$, bzw. $\Delta x = (0.46 \pm 0.06)\Delta y$ spiegelt ein leicht abweichendes Verhalten der Objekte dieser beiden Kategorien wieder. Innerhalb der Grenzschicht haben die Strukturen eine ca. 4 mal so große vertikale Ausdehnung im Vergleich zur horizontalen Ausdehnung, am Rand der Aerosolschicht hingegen erfüllen sie die Bedingung der isotropen Turbulenz (Batchelor, 1953). Die mittlere Höhe der Turbulenzelemente ist sehr variabel

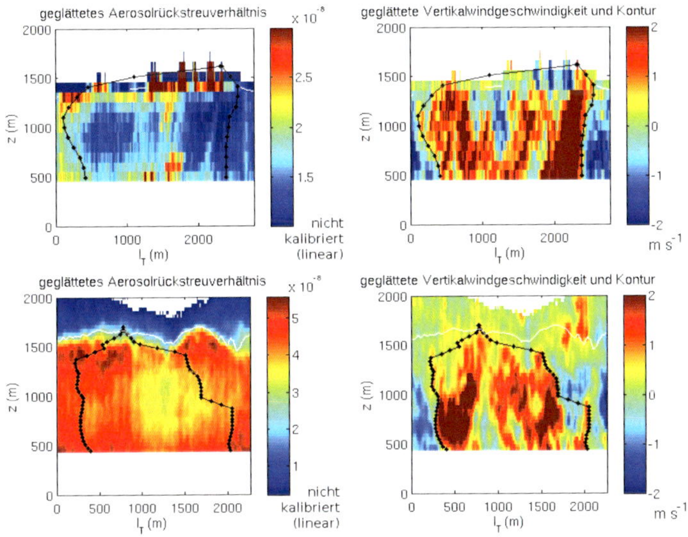

Abb. 26.: Beispiele für Strukturen der Kategorie (iv) vom 22.06.2005 (oben) und 17.08.2008 (unten). Diese Bereiche sind größer als die Strukturen der Kategorie (i) bis (iii) und zeigen ein inhomogenes Geschwindigkeitsfeld.

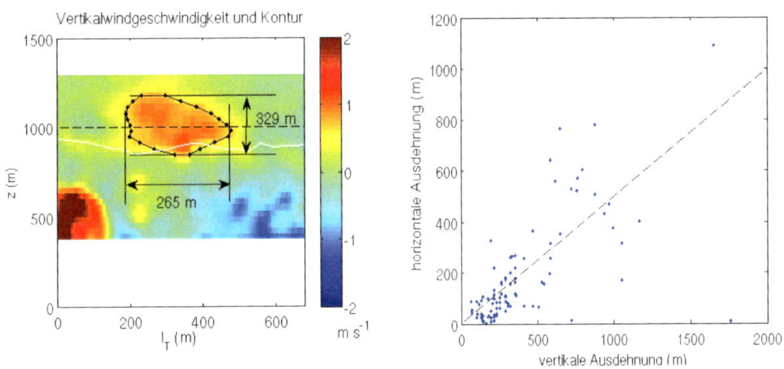

Abb. 27.: Zusammenhang zwischen der vertikalen und der horizontalen Ausdehnung der Strukturen der Kategorie (iii): Links ist ein Beispiel für die betrachteten Strukturen dargestellt, rechts der funktionale Zusammenhang aller identifizierten Objekte dieser Kategorie. Die vertikale Ausdehnung beträgt in etwa das zweifache ihrer horizontalen Ausdehnung.

Tab. 7.: Anzahl detektierte Turbulenzelemente

Kategorie	Anzahl	in Prozent
(i) Aufwindschläuche	342	42
(ii) abgeschlossene Strukturen innerhalb Aerosolschicht	71	9
(iii) abgeschlossene Strukturen über Aerosolschicht	114	14
zusammenhängende Struktur der Kategorie (i) und (iii)	14	2
(iv) komplexe Strukturen	34	4
keine Zuordnung möglich	240	29
Summe	815	100

und soll in Verbindung mit der Grenzschichthöhe in Abschnitt 4.1.6 untersucht werden.

4.1.6. Beziehungen zwischen den Längenskalen

Es ist nicht sinnvoll in den späteren Untersuchungen zum Einfluss verschiedener Skalen auf funktionale Zusammenhänge zwischen den beschreibenden Größen des Einmischens, Längenskalen zu verwenden, die bereits untereinander stark korreliert sind. Viele Modelle verwenden solche Korrelationen zwischen den einzelnen Skalen, um die verwendeten Parametrisierungen zu motivieren.

Die Auswertungen der 12 in dieser Arbeit betrachteten Messtage zeigt, dass sowohl die integrale Längenskala l, als auch die Wellenlänge des Maximums des Spektrums λ_{max} nur wenig abhängig vom Höhenniveau in der Grenzschicht ist. Für l kann ein schwach ausgeprägtes Maximum bei ca. 0.4 h beobachtet werden. Oberhalb der Grenzschicht kommt es zu einem Anstieg beider Größen. Diese Beobachtungen stimmen mit denen aus Giez (1996), Lenschow et al. (2006) und Lothon et al. (2009) überein. Eine Mittelung über die Grenzschicht ist somit möglich und sinnvoll, eine separate Betrachtung im Bereich der Randzone hingegen nicht.

Über alle Tage ergibt sich ein Korrelationskoeffizient zwischen den über die Grenzschicht gemittelten integralen Längenskalen zu den geglätteten Aerosolschichthöhen/Turbulenzhöhen von 0.51/0.48 (Abb. 28, links). Dieser spricht

gegen eine statistische Unabhängigkeit der beiden Größen, ist aber andererseits zu gering für einen robusten funktionalen Zusammenhang. In anderen Studien, z.B. Thompson und Turner (1975), wurden höhere Korrelationen gefunden. Das mittlere Verhältnis zwischen integraler Längenskala und Grenzschichthöhe liegt bei 0.16$\pm$0.07 und stimmt im Rahmen der Unsicherheit gut mit früheren Labormessungen von Thompson und Turner (1975) (0.1), Hannoun und List (1988) (0.1) und Strang und Fernando (2001) (0.18), sowie auch mit atmosphärischen Daten von Carruthers und Hunt (1986) (0.25) und Lothon et al. (2006) (0.2) überein. Die Tagesgänge der gemittelten integralen Längenskalen sind in Anhang B dargestellt. Sie unterscheiden sich teilweise deutlich vom Tagesgang der Grenzschichthöhe.
Für die über die Grenzschicht gemittelten Wellenlängen des Maximums des Spektrums ergibt sich ein Korrelationskoeffizient von 0.52 zu den geglätteten Aerosolschichthöhen und auch zu den geglätteten Turbulenzschichthöhen. Es wurde ein mittleres Verhältnis von 1.20 $\pm$ 0.47 zwischen λ_{max} und h bestimmt, welches innerhalb der Fehlergrenzen mit den Resultaten aus anderen Studien, z.B. Caughey und Palmer (1979) $\frac{\lambda_{max}}{h} = 1.5$ (für $z = 0.5h$) oder Lothon et al. (2009) 2.15 $\pm$ 0.77, übereinstimmt.
Zwischen den über die Grenzschicht gemittelten integralen Längenskalen und den über die Grenzschicht gemittelten Wellenlängen des Maximums im Spektrum ergibt sich ein Korrelationskoeffizient von 0.84. Nach dem Modell für isotrope, homogene Turbulenz von Kristensen et al. (1989) sollte es zwischen beiden Größen einen linearen Zusammenhang der Form

$$\lambda_{max} = \left[\frac{5}{3}\sqrt{\mu^2 + \frac{6}{5}\mu + 1} - \left(\frac{5}{3}\mu + 1\right)\right]^{1/2\mu} \frac{2\pi}{a(\mu)} l \qquad [77]$$

geben, wobei $a(\mu) = \pi \frac{\mu\Gamma(\frac{5}{6\mu})}{\Gamma(\frac{1}{2\mu})\Gamma(\frac{1}{3\mu})}$ und der Parameter μ abhängig von der Krümmung des Spektrums ist. Größere Werte für μ bewirken einen schärferen Übergang zwischen Inertialbereich und dem Bereich bei kleineren Wellenlängen. Nach Lothon et al. (2009) ergibt sich das von Kármán Spektrum (von Kármán, 1948) für $\mu = 1$ und somit gilt $\frac{\lambda_{max}}{l}$ = 4.72. Das Spektrum von Kaimal et al. (1976) kann mit μ = 0.5 beschrieben werden und liefert einen Wert für

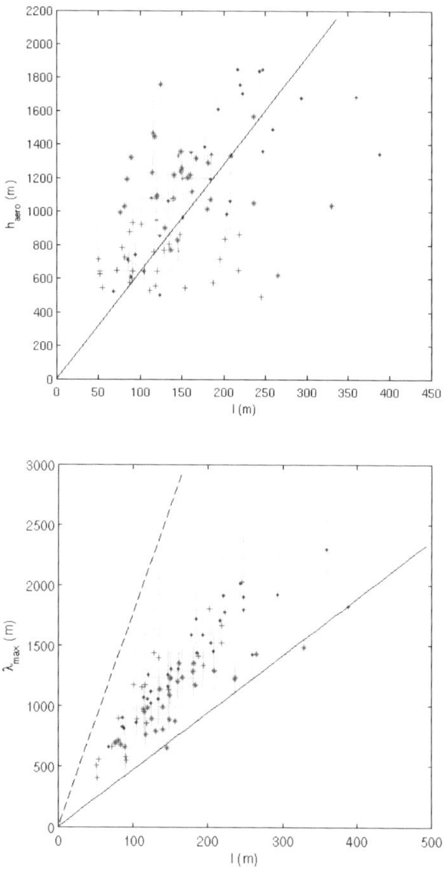

Abb. 28.: Der Zusammenhang zwischen der integralen Längenskala l und Aerosolschichthöhe h_{aero} ist oben dargestellt. Die Fehler liegen im Mittel bei 90 m für die Grenzschichthöhe und bei 35 m für die integralen Längenskalen. Die durchgezogene schwarze Linie stellt die lineare Regression dar. Eine Korrelation zwischen λ_{max} und l kann unten deutlich erkannt werden. Zusätzlich ist das Ergebnis des im Text erläuterten Modells von Kristensen et al. (1989) für $\mu = 1$ (schwarze durchgezogene Linie) und μ=0.5 (schwarze gestrichelte Linie) eingetragen. Die Farben repräsentieren die 3 Messkampagnen: CSIP blaue Punkte, COPS rote Kreuze und CoBoLd grüne Sterne. Der Fehler für λ_{max} liegt im Mittel bei 250 m.

$\frac{\lambda_{max}}{l}$ von 17.65. Ein Abschätzung aus den vorliegenden Daten ergibt für die über die Grenzschicht gemittelten Werte $\frac{\lambda_{max}}{l} = 7.92 \pm 1.56$. Abb. 28, rechts, stellt den Zusammenhang graphisch dar. Es wird deutlich, dass beide Werte stark korreliert sind und der Verlauf mit Hilfe des Modells von Kristensen et al. (1989) mit einem Parameter $\mu = 0.8$ gut beschrieben werden kann. Eine separate Betrachtung der Skalen l und $lambda_{max}$ ist durch die hohe Korrelation nicht notwendig.

Um einen Zusammenhang von h mit der vertikalen Ausdehnung der Aufwindstrukturen zu ermitteln, wurde die Grenzschichthöhe (Aerosol ungeglättet, Turbulenz geglättet) jeweils über $\pm$ 15 min um den Zeitpunkte des Auftretens der Struktur gemittelt. Von den detektierten 324 Strukturen der Kategorie (i), die der Vorstellung einzelner Aufwindschläuche am nächsten kommen, erreichen 124 die Aerosolschichthöhe und 130 die Turbulenzhöhe (Abb. 29, links). Das bedeutet, dass über die Hälfte (64% bzw. 61%) zum Zeitpunkt der Beobachtung noch nicht die Grenzschichthöhe erreicht hatten. Eine Verwendung der maximalen Höhe der Aufwindschläuche als ein Konzept zur Bestimmung der Grenzschichthöhe ist somit unter den Voraussetzungen dieser Arbeit nicht sinnvoll. Die Elemente, die oberhalb der Grenzschichthöhe ihre maximale Ausdehnung haben, schießen im Mittel 140 m $\pm$ 100 m über die Aerosolschichthöhe bzw. die Turbulenzhöhe hinaus. Die Turbulenzelemente der Kategorie (ii) und (iii) korrelieren hingegen mit einem Koeffizienten von 0.76 bzw. 0.80 sehr gut mit der Aerosolschichthöhe (Abb. 29, rechts). Die Korrelationskoeffizienten für die Turbulenzhöhe liegen leicht tiefer.

Ein Zusammenhang der vertikalen Ausdehnung der Elemente mit den integralen Längenskalen konnte nicht gefunden werden. Ebenso ist der Abstand zwischen den einzelnen Elementen derart variabel, dass kein Zusammenhang zu λ_{max} erkennbar ist. Die geometrischen Ausdehnungen der Turbulenzelemente eignen sich auf Grund ihrer sehr hohen Variabilität zusammenfassend nicht zur Verwendung als Längenskala.

Die Obukhov Länge ist mit den anderen Längenskalen nur schwach oder gar nicht korreliert (0.41 zu den Aerosolschichthöhen, -0.09 zu den über die Grenzschicht gemittelten integralen Längenskalen) und weist einen abweichenden

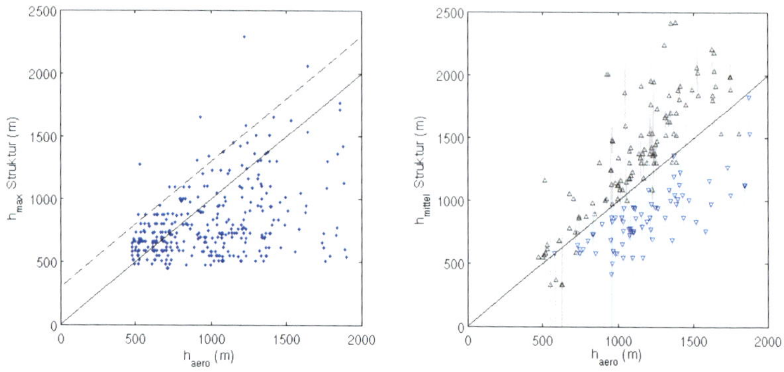

Abb. 29.: Zusammenhang zwischen der maximalen Höhe der Turbulenzelemente und der Grenzschichthöhe für die Strukturen der Kategorie (i) (links) und für die der Kategorie (ii) (blau) und (iii) (grau). Zusätzlich ist die 1:1 Linie als schwarze durchgezogene Linie eingetragen, sowie ein systematischer Versatz der 1:1 Linie um 300 m als gestrichelte Linie.

Tagesgang auf. Sie soll im Folgenden als eine eigenständige Längenskala verwendet werden.

Die unterschiedlichen Geländeformen der Messgebiete der drei hier betrachteten Messkampagnen (inhomogenes Terrain ohne hohe Vegetation, mit hoher Vegetation, sowie orographisch strukturiertes Terrain) erlauben einen Rückschluss über den Einfluss des Messortes auf die Längenskalen. Es wird deutlich, dass die lokale Grenzschichthöhe über dem Bergstandort während der COPS Messkampagne signifikant niedriger ist, als während der Messungen in nichtkomplexem Terrain. Die Grenzschichthöhe über Grund verhält sich in diesem stark gegliederten Gelände folglich nicht immer geländefolgend (Binder, 1997, Kossmann et al., 1998). Ein analoges Verhalten kann bei der horizontalen integralen Längenskala genauso wie bei Wellenlänge des Maximums im Spektrum nicht beobachtet werden. Auf diese beiden Längenskalen hat der Bergstandort keinen erkennbaren Einfluss.

4.2. Geschwindigkeitsskalen

4.2.1. Perzentile der Vertikalwindgeschwindigkeit

In der Statistik bezeichnet ein Quantil der Ordnung n einen Merkmalswert, für den gilt, dass der Anteil n aller Fälle der betrachteten Verteilung einen geringeren Wert als den des Quantils aufweist. Spezielle Quantile sind die Perzentile, die die Verteilung in 100 gleich große Teile zerlegen. Das turbulente Windfeld mit seinen charakteristischen Auf- und Abwinden kann mit Hilfe dieser Perzentile in seiner Stärke (extreme Auf- bzw. Abwinde) aber auch in seiner Verteilung von Auf- und Abwärtsbewegungen insgesamt charakterisiert werden.

Für eine Analyse wurden für alle 12 ausgewählten Messtage von 8 bis 20 UTC innerhalb der Aerosolschicht das 5te, 50te und 95te Perzentil bestimmt (Zeitintervall von 60 min, Zeitschritt 10 min). Um großskalige Prozesse auszuschließen, wurden dafür die mittelwertkorrigierten Geschwindigkeiten w_{korr} (vgl. Symbolverzeichnis) verwendet. Geschwindigkeiten aus einem Spektrum mit einem Signal-zu-Rauschen-Verhältnis geringer als -10 dB wurden vernachlässigt. Die Ergebnisse sind in Tab. 8 zusammengefasst. Die Angaben für die Perzentile und auch für die dargestellten Anteile von Auf- bzw. Abwinden stellen Mittelwerte (Extremwerte) über alle betrachteten 60 min Intervalle dar. Der Mittelwert des Vertikalwindes über die gesamte Grenzschicht liegt an allen Tagen zwischen -0.008 m s^{-1} und 0.004 m s^{-1}, was den Erwartungen für die entsprechend korrigierten Werte entspricht.

Zusammenfassend ist festzustellen, dass die Standardabweichung zwischen 0.48 m s^{-1} und 1.01 m s^{-1} variiert. Die 50te Perzentile liegt an allen Tagen unter 0 m s^{-1}, über die Hälfte der gemessenen Geschwindigkeiten stellen somit Abwinde dar. Die 5% heftigsten Aufwinde sind sowohl im Mittel, als auch in den Extremwerten betragsmäßig größer als die 5% stärksten Abwinde. Der Anteil des Aufwindes über der Standardabweichung liegt im Mittel für alle Tage bei 10.4$\pm$1.8 %. In Anhang B ist der Tagesgang der Perzentile dargestellt.

Tab. 8.: Perzentile der Vertikalwindgeschwindigkeit in der Grenzschicht.

Datum	σ_w (in $m\,s^{-1}$)*	Mittelwert der Perzentile über alle Perioden (Extremwerte) (in $m\,s^{-1}$) 95te	50te	5te	Mittelwert des Anteils der Aufwinde (in %) $> \sigma_w$	$>$ 0.6 $m\,s^{-1}$	$<$ 0 $m\,s^{-1}$
22.06.2005	0.81	1.41 (2.52)	-0.09	-1.06 (-1.88)	11.1	14.1	52.7
27.06.2005	0.57	1.03 (1.79)	-0.06	-0.76 (-1.23)	11.1	10.6	53.3
10.07.2005	0.82	1.41 (2.49)	-0.07	-1.07 (-1.66)	11.9	15.0	54.1
11.07.2005	0.76	1.28 (2.05)	-0.06	-1.01 (-1.59)	11.6	13.8	55.1
14.07.2007	0.65	1.14 (2.48)	-0.06	-0.87 (-1.50)	8.5	9.0	53.6
15.07.2007	0.48	0.77 (1.82)	-0.04	-0.69 (-1.41)	10.8	8.6	53.8
01.08.2007	0.68	1.12 (2.32)	-0.07	-0.86 (-1.57)	11.4	12.7	55.3
05.08.2007	0.79	0.89 (2.42)	-0.01	-0.86 (-1.66)	6.6	9.2	49.2
31.07.2008[x]	1.01	1.15 (2.44)	-0.04	-1.09 (-2.34)	10.5	16.0	52.1
06.08.2008	0.85	1.44 (2.57)	-0.06	-1.24 (-1.93)	12.8	16.8	55.0
17.08.2008	0.58	0.74 (1.62)	-0.02	-0.63 (-1.25)	9.5	9.2	53.9
27.08.2008	0.64	1.06 (2.58)	-0.04	-0.82 (-1.47)	8.4	8.8	54.1

*Standardabweichung über die gesamte Grenzschicht
[x]Zeitraum von 14.20 bis 15.10 UTC vernachlässigt

4.2.2. Varianz der Vertikalwindgeschwindigkeit

Laborstudien und Modelle aus dem Bereich der Fluiddynamik verwenden häufig die mittlere quadratische Abweichung der Horizontal- oder Vertikalwindgeschwindigkeit im Bereich des Übergangs zwischen turbulentem und nichtturbulentem Fluid als Geschwindigkeitsskala (vgl. Tab. 2 in Kapitel 2). Bei Studien über die atmosphärische Grenzschicht ist diese Geschwindigkeitsskala bisher allerdings weniger von Bedeutung. Erste Modelle von z.B. Tennekes (1973) verweisen auf die Überlegenheit dieser Geschwindigkeitsskala durch ihren allgemeinen Ansatz, der nicht eine spezielle Quelle der Turbulenz voraussetzt.

Die Varianz des Vertikalwindes σ_w^2 kann, wie in Abschnitt 4.1 beschrieben, als direktes Maß für die turbulente kinetische Energie angesehen werden. Das typische Profil von σ_w^2 in einer konvektiven Grenzschicht weist ein Maximum bei ca. einem Drittel der Grenzschichthöhe auf (Lenschow et al., 1980). Dieses Maximum $\sigma_{w,max}^2$ definiert eine weitere Geschwindigkeitsskala.

Für die Verwendung als Geschwindigkeitsskala wurde das Maximum der Varianz in der Grenzschicht mit einem Zeitschritt von 10 min auf einem Zeitintervall von 60 min bestimmt. Es erfolgte eine Korrektur der Varianz auf das unkorrelierte Rauschen mit Hilfe der Autokovarianzfunktion (vgl. Abschnitt 3.1.4.). Der durch das begrenzte Zeitintervall verursachte Fehler liegt bei einer integralen Zeitskala von 50 s bis 100 s (vgl. Abschnitt 4.1.2.) nach Lenschow et al. (1994) bei ca. 20%. Eine weitere Fehlerquelle stellt das Fehlen von Messwerten in den ersten ca. 400 m über Grund dar. Durch die typische Lage des Maximums kann es zu einer systematischen Unterschätzung von $\sigma^2_{w,max}$ bei Grenzschichten unter 1200 m (vgl. Gleichung 67) kommen. In Abschnitt 4.1.1. wurde zudem ein Schwellenwert der Varianz von 0.16 m^2 s^{-2} zur Abschätzung der Grenzschichthöhe eingeführt. Werte der maximalen Varianz unter 0.16 m^2 s^{-2} werden deshalb nicht mehr einer turbulenten Grenzschicht zugeordnet und in den Auswertungen nicht berücksichtigt.

Um eine Schwankungsbreite empirisch abzuschätzen, wurden jeweils 30 Werte, die mit einem Zeitschritt von 1 min auf einem Zeitintervall von 30 min bestimmt wurden, gemittelt und die Abweichung vom Mittelwert bestimmt (effektiv wird dadurch ebenfalls ein Intervall von 60 min abgedeckt). Für alle betrachteten Tage ergibt sich eine mittlere Schwankungsbreite von 24%, bei einem Median von 19%. Die Größenordnung des Fehlers nach Lenschow et al. (1994) kann somit reproduziert werden.

4.2.3. Geschwindigkeitsskalen turbulenzerzeugender Mechanismen

In den Modellen, die den Einmischprozess beschreiben, werden die drei turbulenzerzeugenden Mechanismen typischerweise durch die drei folgenden Geschwindigkeitsskalen dargestellt: (i) die konvektive Geschwindigkeit w_* als die klassische Geschwindigkeitsskala für konvektiv erzeugte Turbulenz, (ii) die Schubspannungsgeschwindigkeit $u_{*,0}$, die die Erzeugung von Turbulenz durch Windscherung nahe der Erdoberfläche beschreibt, sowie (iii) der Sprung der horizontalen Windgeschwindigkeit ΔV über den Bereich der Randzone für Turbulenz durch Windscherung an der Oberkante der Grenzschicht. Treten mehrere Mechanismen gleichzeitig auf, können die Skalen auch miteinander kombiniert werden.

Zur Bestimmung der konvektiven Geschwindigkeit

$$w_*^3 = \frac{gh}{\overline{\theta}} \overline{w'\theta'}_0 \qquad [78]$$

wird neben dem turbulenten Wärmefluss am Boden $\overline{w'\theta'}_0$ und der mittleren Temperatur $\overline{\theta}$ in der Grenzschicht, auch die Grenzschichthöhe h benötigt. Da diese sowohl mit Hilfe des Konzepts der Aersolschichthöhe als auch aus der Turbulenzhöhe bestimmt werden kann, ergeben sich zwei Abschätzungen für w_*. Werden geglättete Werte für beide Konzepte verwendet, sind die resultierenden konvektiven Geschwindigkeiten mit einem Korrelationskoeffizienten von 0.95 sehr gut korreliert. Um eine bessere Konsistenz zu erreichen, werden im Folgenden bei Betrachtungen im Zusammenhang mit der Aerosolschichthöhe die konvektive Geschwindigkeit basierend auf der Aerosolschichthöhe, sowie für die Turbulenzhöhe Werte für w_* basierend auf h_{turb} verwendet. Der Fehler der konvektiven Geschwindigkeit wird dabei durch die Unsicherheit bei der Bestimmung der Grenzschichthöhe dominiert.

Die Schubspannungsgeschwindigkeit $u_{*,0}$ basiert ausschließlich auf knapp über dem Boden gemessenen Größen:

$$u_{*,0} = [\overline{u'w'}_0^2 + \overline{v'w'}_0^2]^{\frac{1}{4}} \qquad [79]$$

mit den Komponenten zwei und drei des Reynoldschen Schubspannungstensors am Boden $\overline{u'w'}_0$ und $\overline{v'w'}_0$. Für die hier betrachteten Messtage ist die Schubspannungsgeschwindigkeit fast eine Größenordnung kleiner als die konvektive Geschwindigkeit. Der konvektive Antrieb ist somit dominant.

Häufig wird aus der konvektiven Geschwindigkeit und der Schubspannungsgeschwindigkeit eine kombinierte Geschwindigkeitskala gebildet. Die Schubspannungsgeschwindigkeit wird dabei von verschiedenen Autoren unterschiedlich stark gewichtet (vgl. Abschnitt 2.4.1). Unter Verwendung der Gewichtung nach Tennekes (1973)

$$V = \left(w_*^3 + 12.5u_{*,0}^3\right)^{1/3} \qquad [80]$$

ergibt sich für die kombinierte Geschwindigkeitsskala eine Abweichung im Vergleich zu w_* um ca. 5%.

Eine systematische Veränderung von Windgeschwindigkeit und - richtung am Übergang zwischen Grenzschicht und freier Atmosphäre kann mit den verwendeten Daten nicht beobachtet werden und wird deshalb nicht berücksichtigt.

In Anhang B sind die Tagesgänge von w_* und $u_{*,0}$ dargestellt.

4.2.4. Mittlere Geschwindigkeit von Turbulenzelementen

In Abschnitt 4.1.5 wurde bereits das Verfahren zur Detektion einzelner Turbulenzelemente vorgestellt. Mit Hilfe der Kontur um die einzelnen Strukturen kann, neben den geometrischen Eigenschaften, das Windfeld der einzelnen Elemente charakterisiert werden. Dies geschieht auf Basis der mittelwertkorrigierten Werte w_{korr}. Es wurde die mittlere Geschwindigkeit und die Standardabweichung sowie das 95te Perzentil der Vertikalwindgeschwindigkeit innerhalb der Kontur bestimmt. Ein Beispiel ist in Abb. 30 dargestellt.

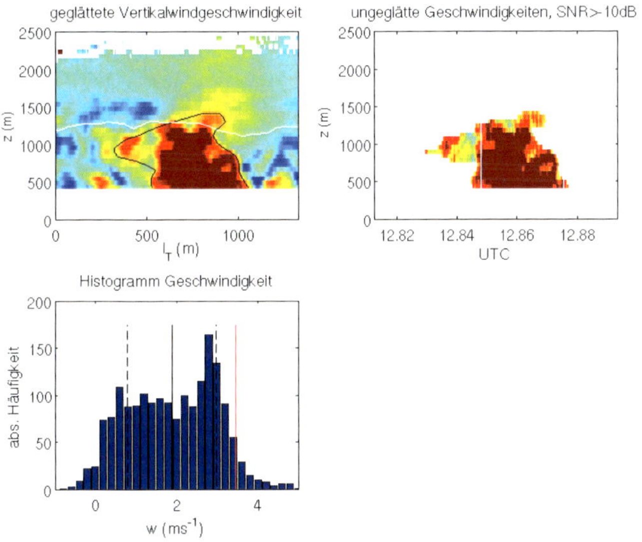

Abb. 30.: Charakterisierung des Windfeldes der Turbulenzstrukturen auf Basis von ungeglätteten Geschwindigkeiten. Oben links das Feld der geglätteten Vertikalwindgeschwindigkeiten sowie die Kontur des gefundenen Turbulenzelements. Oben rechts die ungeglätteten Vertikalwindgeschwindigkeiten innerhalb der Kontur, deren Spektren ein Signal-zu-Rauschen-Verhältnis größer als -10 dB aufweisen. Unten links das Histogramm dieser Geschwindigkeiten. Im Beispiel liegt ein Mittelwert von 1.89 m s^{-1} (schwarze durchgezogene vertikale Linie) mit einer Standardabweichung von 1.09 m s^{-1} vertikale gestrichelte Linien) vor. Das 95te Perzentil liegt bei 3.46 m s^{-1} (rote vertikale Linie).

Die Verteilung der Vertikalwindgeschwindigkeiten aller Turbulenzelementen der Kategorie (i) (vgl. Abschnitt 4.1.5), welche der Vorstellung eines Aufwindschlauches entsprechen, zeigt zwei Maxima. Ein Maximum liegt bei ca. 1 m s^{-1} und das zweites bei 2.8 m s^{-1}. Das dargestellte Beispiel in Abb. 30 zeigt ebenfalls diese zwei Maxima. Werden alle Turbulenzelemente der Kategorie (i) berücksichtigt, ist das zweite Maxima jedoch wesentlich schwächer im Vergleich zum ersten ausgeprägt. Dies deutet auf einen Kernbereich mit höheren Geschwindigkeiten und einen umgebenden Bereich mit niedrigeren Geschwindigkeiten hin. Insgesamt zeigen die Aufwindschläuche unter den Elementen der vier betrachteten Kategorien auch das ausgedehnteste Geschwindigkeitsspektrum mit Werten, die von -2 m s^{-1} bis 4 m s^{-1} reichen.
Die mittlere Geschwindigkeit der Turbulenzelemente der Kategorie (ii) (geschlossene Strukturen innerhalb der Aerosolschicht) liegt mit 0.87 ± 0.13 m s^{-1} leicht über der der Strukturen der Kategorie (iii) (geschlossene Strukturen oberhalb der Aerosolschicht) mit 0.75 ± 0.11 m s^{-1}. Unter der Voraussetzung eines höheren Temperaturgradienten und somit höherer Stabilität oberhalb der Aerosolschicht, erscheint das sinnvoll.
Unter Berücksichtigung der Turbulenzelementen der Kategorie (i) bis (iii), kann zwischen der Standardabweichung und dem Mittelwert der Vertikalwindgeschwindigkeit im Turbulenzelement ein Korrelationskoeffizient von 0.64 bestimmt werden. Auf Grund der betrachteten 527 Einzelstrukturen spricht dieser Wert für einen funktionalen Zusammenhang zwischen beiden Größen. Wird angenommen, dass die mittlere Geschwindigkeit im Turbulenzelement der Aufstiegsgeschwindigkeit entspricht, während die Standardabweichung ein Maß für die Turbulenzintensität darstellt, ist eine mögliche Schlussfolgerung, dass im Mittel schneller aufsteigende Elemente auch turbulenter sind. Zwischen dem 95ten Perzentil und dem Mittelwert der Vertikalwindgeschwindigkeit in den einzelnen Turbulenzstrukturen liegt ein hoher Korrelationskoeffizient von 0.86 vor. Elemente mit höheren Aufwärtsgeschwindigkeiten weisen auch die höchsten Aufwinde auf. Diese Beobachtung steht im Einklang mit der höheren Standardabweichung der schnelleren Elemente.
Eine Korrelation zwischen der Geschwindigkeit der Aufwindstrukturen und deren Höhe ist nicht erkennbar.

4.2.5. Beziehungen zwischen den Geschwindigkeitsskalen

Analog zu den Längenskalen wurden auch die Geschwindigkeitsskalen einer Korrelationsanalyse unterzogen, um hochkorrelierte Skalen bei den weiteren Analysen nicht doppelt zu berücksichtigen.

Abb. 31 stellt die Korrelation zwischen der Wurzel der maximalen Varianz $\sigma_{w,max}$ und dem 95ten Perzentil der Vertikalwindgeschwindigkeit v_{95}, bzw. die Korrelation mit der konvektiven Geschwindigkeit w_* dar. Dabei sind $\sigma_{w,max}$ und v_{95} mit einem Koeffizienten von R=0.93 hochgradig korreliert. Die heftigsten Aufwinde treten folglich, wie zu erwarten ist, zusammen mit den höchsten Turbulenzen auf. Zwischen $\sigma_{w,max}$ und w_* kann ein Korrelationskoeffizienten von 0.67 ermittelt werden. Die lineare Regression liefert ein Verhältnis $\frac{\sigma_{w,max}}{w_*} = 0.56 \pm 0.03$, was die Ergebnisse aus Deardorff (1970) ($\frac{\sigma_{w,max}}{w_*} = 0.61 \pm 0.02$) sehr gut reproduziert. Eine qualitative Betrachtung der Relation zwischen beiden Größen zeigt jedoch eher die Tendenz zu einem nichtlinearen Zusammenhang. Eine doppeltlogarithmische Darstellung verweist auf eine Abhängigkeit von $w_* \propto \sigma_{w,max}^{0.5}$. Unter der Annahme, dass w_* in der Lage ist in einer rein konvektiven Grenzschicht die Turbulenz vollständig zu beschreiben, sollten beiden Skalen für die hier betrachteten Tage in einem festen Verhältnis zueinander stehen. Die auftretenden Differenzen können daher entweder dadurch begründet werden, dass w_* doch nicht den betrachteten konvektiven Antrieb vollständig beschreibt oder das zusätzlich andere Mechanismen aktiv waren. Da eine kombinierte Skala der konvektiven Geschwindigkeit mit der Schubspannungsgeschwindigkeit keine signifikanten Unterschiede zur konvektiven Geschwindigkeit aufweist, kommen folglich als weitere Antriebsmechanismen nur Scheraktivitäten im Bereich des Übergangs zwischen Grenzschicht und freier Atmosphäre in Frage. Wird eine Geschwindigkeitsskala gesucht, die die Turbulenz allgemein beschreibt, ist die Verwendung von $\sigma_{w,max}$ empfehlenswert. Im Folgenden sollen die beiden Skalen $\sigma_{w,max}$ und w_*, trotz einer guten Korrelation, als getrennte Konzepte weiter verwendet werden. Grund für diese Entscheidung ist der qualitativ nichtlineare Zusammenhang. Für die hier betrachteten vorrangig konvektiv angetriebenen Grenzschichten, macht eine Verwendung der Schubspannungsgeschwindigkeit als eigenstän-

dige Geschwindigkeitsskala wenig Sinn, da dadurch die turbulenzerzeugenden Mechanismen nicht adäquat beschrieben werden können.
Eine Hypothese, die in Modellen oft angewendet wird (vgl. Abschnitt 2.4), ist eine direkte Proportionalität zwischen w_* und der Aufwärtsgeschwindigkeit der Turbulenzelemente (Stull, 1973, vgl. auch Abschnitt 2.4.2). Für eine Überprüfung dieser Hypothese wurden die Geschwindigkeitsskalen w_* und $\sigma_{w,max}$ mittels kubischer glättender Splines geglättet und $\pm$ 15 min um den Zeitpunkt des Auftretens des Turbulenzelements gemittelt. Für beide Geschwindigkeitsskalen konnte jedoch keine signifikante Korrelation gefunden werden (0.17 und 0.21). Wird zusätzlich auch die mittlere Geschwindigkeit der Turbulenzelemente geglättet, ergibt sich ein schwacher Zusammenhang (0.26 für w_* und 0.45 für $\sigma_{w,max}$). Der Glättungseffekt sowie der Zusammenhang zum Maximum der Standardabweichung der Vertikalwindgeschwindigkeit ist in Abb. 32 dargestellt. Es ist fragwürdig, ob unter diesen Bedingungen getroffene Aussagen sinnvoll sind. Eine qualitative Analyse zeigt, dass die Beziehung zu w_* am besten mit einer Ursprungsgraden wiedergegeben werden kann, was mit der Hypothese einer direkten Proportionalität übereinstimmt, während die Relation zu $\sigma_{w,max}$ mit einer Geraden, die nicht durch den Ursprung verläuft oder mit einer Abhängigkeit von der Quadratwurzel von $\sigma_{w,max}$ darstellbar ist. Die hohe Variabilität der mittleren Geschwindigkeit der Turbulenzelemente (vgl. Abb. 32) spricht gegen eine Verwendung dieser Größe als Geschwindigkeitskala.
Die Verfügbarkeit von Daten der drei Messkampagnen ermöglicht auch für die Geschwindigkeitsskalen die Betrachtung eines Terraineffekts. Es wird deutlich, dass die maximale Varianz $\sigma^2_{w,max}$ in der Grenzschicht terrainunabhängig ist, hingegen die konvektive Geschwindigkeit w_*, durch den Einfluss der Grenzschichthöhe für die COPS Messkampagne insgesamt geringere Werte annimmt.

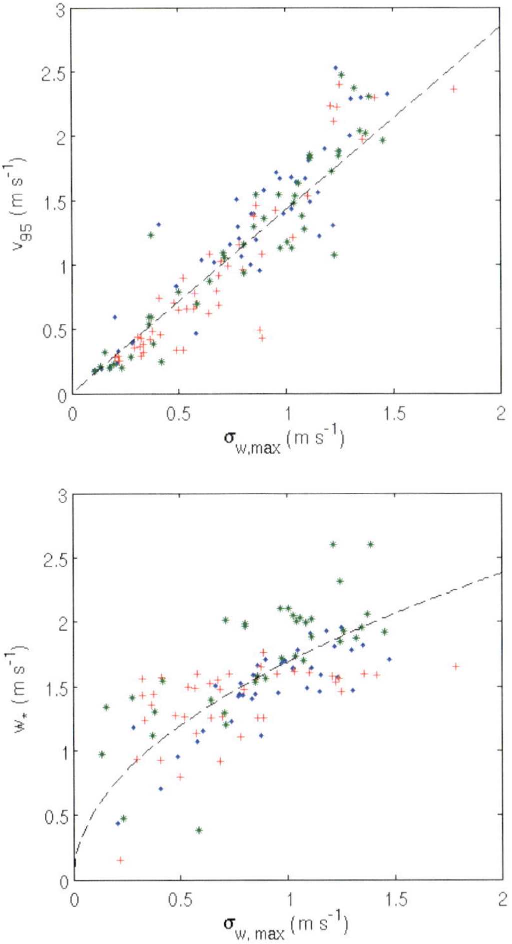

Abb. 31.: Korrelation zwischen der maximalem Standardabweichung $\sigma_{w,max}$ und dem 95ten Perzentil der Vertikalwindgeschwindigkeit (oben) und Korrelation zwischen $\sigma_{w,max}$ und der konvektiven Geschwindigkeit (unten). Die farbigen Symbole repräsentieren die 3 Messkampagnen: CSIP blaue Punkte, COPS rote Kreuze und CoBoLd grüne Sterne.

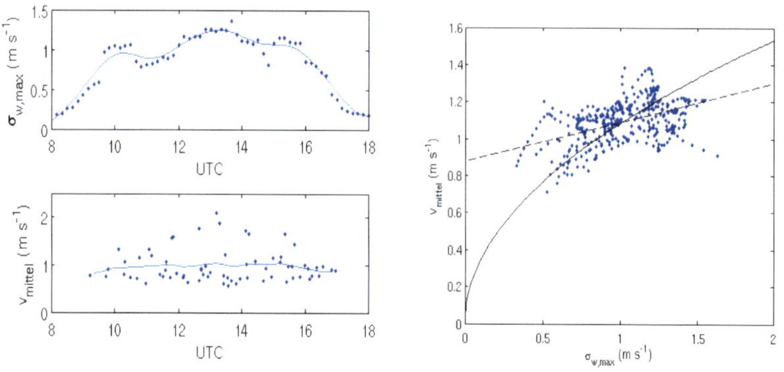

Abb. 32.: Zusammenhang zwischen der mittleren Geschwindigkeit der Strukturen der Kategorie (i) und der Geschwindigkeitsskala $\sigma_{w,max}$. Links sind beide Tagesgänge geglättet dargestellt, rechts beide Größen in Relation zueinander. Der schwache Zusammenhang kann entweder durch eine lineare Funktion (gestrichelte Linie) oder durch eine Wurzelfunktion (durchgezogene Linie) beschrieben werden.

4.3. Zusammenfassende Bewertung

Das idealisierte Bild einer konvektiven Grenzschicht beschreibt kurze Perioden mit starken Aufwärtsbewegungen, unterbrochen von längeren Perioden geprägt durch schwächere Abwärtsbewegungen (vgl. Stull, 1988). Ohne zusätzliche überlagerte Prozesse, wie großräumiges Heben bzw. Absinken oder Sekundärzirkulationen, besteht die Randbedingung des turbulenten Windfeldes darin, dass sich die vertikalen Masseflüsse durch Auf- und Abwärtsbewegungen aufheben. Die detektierten zweidimensionalen Strukturen können dieses idealisierte Bild jedoch nicht bestätigen. Es zeigt sich vielmehr eine Abfolge von teilweise sehr komplexen Einzelstrukturen, was Ergebnisse aus Hasel (2006) bestätigt. Eine Betrachtung des gesamten Windfeldes lässt hingegen die charakteristischen Züge des idealisierten Modells erkennen. Es gestaltet sich insgesamt schwierig, konkrete Aussagen zu den detektierten Turbulenzelementen zu treffen, da diese immer nur "Momentaufnahmen" darstellen können. Die Untersuchungen zeigen, dass dies mit einer sehr hohen Variabilität und entsprechend einer hohen statistischen Unsicherheit verbunden ist. Die verwendete Technik kann keine Zusammenhänge zwischen geometrischen Eigenschaften der einzelnen Turbulenzelemente mit typischen Längenskalen oder zwischen dem Windfeld der Strukturen und typischen Geschwindigkeitsskalen bestätigen.

Auf Grund der Überprüfung von Zusammenhängen der Längen- und Geschwindigkeitsskalen werden für die weiteren Analysen folgende Längenskalen verwendet: Die Grenzschichthöhe basierend auf dem Aerosol h_{aero} sowie auf der Turbulenz h_{turb}, die über die Grenzschichthöhe gemittelte horizontale integrale Längenskala l und die Obukhov Länge L_{MO}. Von den Geschwindigkeitsskalen wird die Wurzel der maximalen Varianz in der Grenzschicht $\sigma_{w,max}$ sowie die konvektive Geschwindigkeit w_* als eigenständige Geschwindigkeitsskala weiter verwendet.

Die meisten Parametrisierungen im Bereich der atmosphärischen konvektiven Grenzschicht bauen auf den beiden Skalen h und w_* auf. Diese Kombination soll deshalb als die "klassische" Kombination bezeichnet werden. Hier wird die Turbulenz indirekt über eine geometrische Größe (h) und über eine Geschwindigkeitsskala, die auf dem turbulenten Wärmefluss in Bodennähe basiert (w_*) charakterisiert. Demgegenüber steht die Kombination aus l und $\sigma_{w,max}$, die eine direkte Beschreibung der Turbulenz darstellen und zudem innerhalb der Grenzschicht erhoben werden. (l, $\sigma_{w,max}$) soll deshalb als "turbulente" Kombination bezeichnet werden.

Neben diesen beiden speziellen Kombinationen stehen vier weitere Skalenkombinationen, sowie zwei Grenzschichthöhenkonzepte (Aerosolschichthöhe und Turbulenzhöhe) für die weiteren Analysen zur Verfügung.

5. Variation der Grenzschichthöhe auf verschiedenen zeitlichen Skalen

Die Grenzschichthöhe unterliegt Schwankungen auf unterschiedlichen räumlichen und zeitlichen Skalen. Kleinskalige Schwankungen im Bereich weniger Minuten und einer räumlichen Ausdehnung von einigen zehn bis wenigen 100 Metern können direkt mit Ereignissen auf der Prozessebene des Einmischens in Verbindung gebracht werden. Die beobachteten Prozesse werden im Folgenden in einer qualitativen Analyse mit Mechanismen aus Laborstudien und numerischen Simulationen verglichen und eine stabilitätsbedingte Abfolge verschiedener Einmischregime daraus abgeleitet. Aufbauend auf diesen kleinskaligen Schwankungen der Grenzschichthöhe kann eine Abschätzung der Breite der Randzone Δh erfolgen. Die Tagesgänge der Grenzschichthöhe stellen großskalige Variationen dar, die die mittlere Auswirkung der Prozesse über Zeiträume von mehreren Stunden (Wirkungsebene des Einmischens) repräsentieren. Aus den Tagesgängen kann die Wachstumsgeschwindigkeit der Grenzschichthöhe abgeschätzt werden, die direkt mit der Einmischgeschwindigkeit w_e verbunden ist.

5.1. Kleinskalige Variationen der Grenzschichthöhe und Einmischprozesse

Unter der Annahme, dass die Schwankungen der Aerosolschichthöhe die kleinskaligen Variationen der Grenzschichthöhe wiedergeben, sind Lidar Systeme sehr gut geeignet, diese Prozesse zu erfassen. Es werden zwei Messstrategien in der Literatur unterschieden: erstens bieten vertikale Schnitte durch die Atmosphäre bei festem Azimut und variabler Elevation (Range-Height-Indicator Scans), die Möglichkeit einer direkten zweidimensionalen Darstellung der Prozesse (z.B. Boers und Eloranta, 1986). Werden viele unmittelbar aufeinander-

folgende Scans dieser Art aneinandergereiht, ist zudem eine Betrachtung von Prozessabfolgen möglich. Zweitens kann unter Verwendung der Taylorschen Hypothese der eingefrorenen Turbulenz (vgl. Anhang A) auch eine indirekte räumliche Darstellung von Vertikalmessungen zur Prozessvisualisierung verwendet werden (z.B. Haegeli et al., 2000). In dieser Arbeit wird vom zweiten Verfahren Gebrauch gemacht. Die Nutzung eines Doppler Systems ermöglicht in diesem Zusammenhang, zusätzlich zur Messung des Aerosolrückstreuverhältnisses, die Messung der Vertikalwindgeschwindigkeit und liefert damit eine wichtige zusätzliche Information zum Prozessablauf.
Um Ereignisse auf der Prozessebene geeignet darzustellen, erfolgt eine Bearbeitung des Messsignals gemäß Abb. 33. Dargestellt ist das Aerosolrückstreuverhältnis, wobei gilt, dass warme Farben (Rottöne) einem hohen Aerosolgehalt entsprechen und kalte Farben (Blautöne) einem niedrigen. Die Abszisse trägt die Einheiten einer Längenskala. Diese wurde unter der Voraussetzung der eingefrorenen Turbulenz mit Hilfe der mittleren horizontalen Windgeschwindigkeit ermittelt (vgl. Abschnitt 4.1.2). Die Messungen des Rückstreuverhältnisses und des Vertikalwindes werden durch ein gleitendes Mittel von 10 s geglättet und die Werte der einzelnen Abstandsbereiche sowohl in vertikaler (entlang des Strahls) als auch in horizontaler Richtung (entspricht den zeitlich aufeinanderfolgenden Messungen) mit den direkt angrenzenden Feldern linear interpoliert. In einem dritten Schritt wird die Farbskala so angepasst, dass kleine Änderungen des Aerosolgehalts deutlich sichtbar werden. Durch eine abschließende Glättung wird die Visualisierung zusätzlich verbessert.
Mit diesem Verfahren werden verschiedene Einzelprozesse deutlich. In den folgenden Darstellungen ist im oberen Bereich wieder das Rückstreuverhältnis dargestellt. Darunter ist die mittelwertkorrigierte vertikale Windgeschwindigkeit w_{korr} abgebildet. Warme Farben repräsentieren eine Aufwärtsbewegung, kalte Farben eine Abwärtsbewegung.
(i) Tritt im Zusammenhang mit starken Aufwinden eine Aufwölbung der Aerosolschicht auf, kann ein kausaler Zusammenhang zwischen der Turbulenzstruktur und der *Deformation der Aerosolschicht* angenommen werden (Abb. 34). Ereignisse dieser Art wurden von z.B. Linden (1973) und Baines (1975) beschrieben. Das Einmischen wird nach diesen Studien durch dünne Filamente

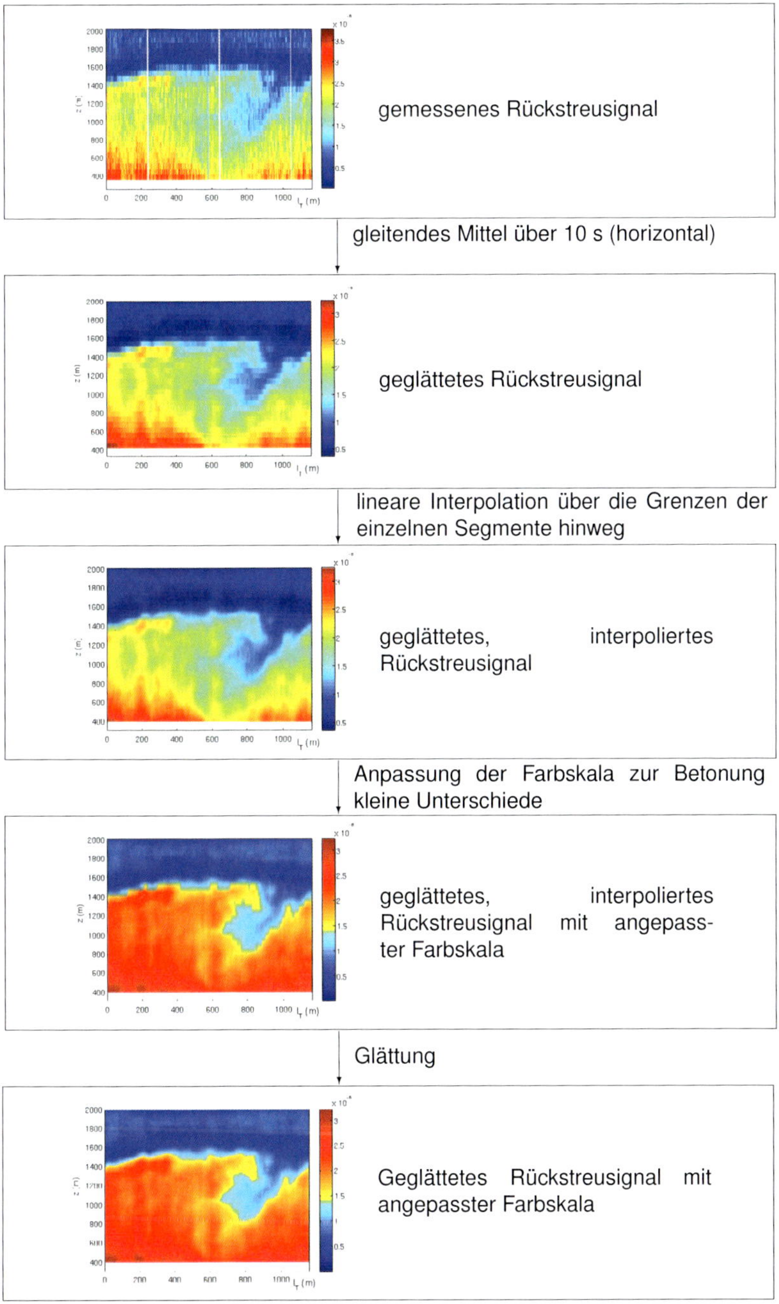

Abb. 33.: Verfahren der Visualisierung der Einzelstrukturen. In den einzelnen Abbildungen ist jeweils das unkalibrierte Aerosolrückstreusignal aufgetragen.

bewerkstelligt, die bei der Rückbildung der entstandenen Aufwölbung auftreten. Mit der vorliegenden Methodik kann dieses Einmischen weder prozessbedingt (Rückbildung kann durch die verfahrensbedingt fehlende Prozessabfolge nicht beobachtet werden) noch durch die geringen relativen Unterschiede des Aerosolgehalts visualisiert werden. Eine andere These im Zusammenhang mit der Deformation der Grenzschicht vertreten Sullivan et al. (1998). In deren numerischen Simulationen konnten ebenfalls Deformationen durch starke Aufwinde beobachtet werden, die mit starken horizontalen und abwärts gerichteten Bewegungen an den Randbereichen der Deformation verbunden waren (Abb. 34 unten). Diese Ströme können direkt "Taschen" warmer Luft nach unten transportieren, die gedehnt und möglicherweise in die Grenzschicht eingemischt werden, wobei die Bereiche der aerosolarmen Luft selbst nicht vollständig umschlossen sind. Auch die vorliegenden Messungen zeigen in vielen Fällen deutliche Bereiche abwärtsgerichteter Bewegung an den Randbereichen der Deformation. Die Simulationen wird durch reale Messungen bestätigt. Teilweise ist auch ein niedrigerer Aerosolgehalt an den Rändern beobachtbar. Dieser ist aber nicht als signifikant zu interpretieren.

(ii) Die Grenzfläche weist *wellenartige Strukturen* verschiedener Wellenlängen und Amplituden auf. Für Einmischprozesse sind in diesem Zusammenhang Wellen mit geringer Wellenlänge und Tendenz zum Brechen besonders interessant. Im Bereich der Grenzfläche werden derartige Strukturen beobachtet, die eine horizontale Ausdehnung von wenigen 10 m aufweisen (Abb. 35). Qualitativ ähnliche Formationen können in den Fotografien der Laborversuche von Deardorff et al. (1980) (Abb. 35 unten), Hannoun und List (1988) und McGrath et al. (1997) erkannt werden. Der vertikale Wind in diesen Bereichen zeigt keine besonderen Effekte. Die Ursache solch kleiner Wellen wird in der Literatur bei Scherinstabilitäten gesehen, die durch Veränderungen im Windfeld oberhalb der Grenzschicht oder auch durch Turbulenzelemente, die an der Grenzschicht entlang laufen, entstehen. Da ausschließlich der vertikale Wind gemessen wurde, ist es schwierig, derartige Scherungen nachzuweisen. Weiterhin wurden auch Wellen mit Wellenlängen im Bereich mehrerer 100 m beobachtet, die jedoch für den Einmischprozess nicht bedeutsam sind.

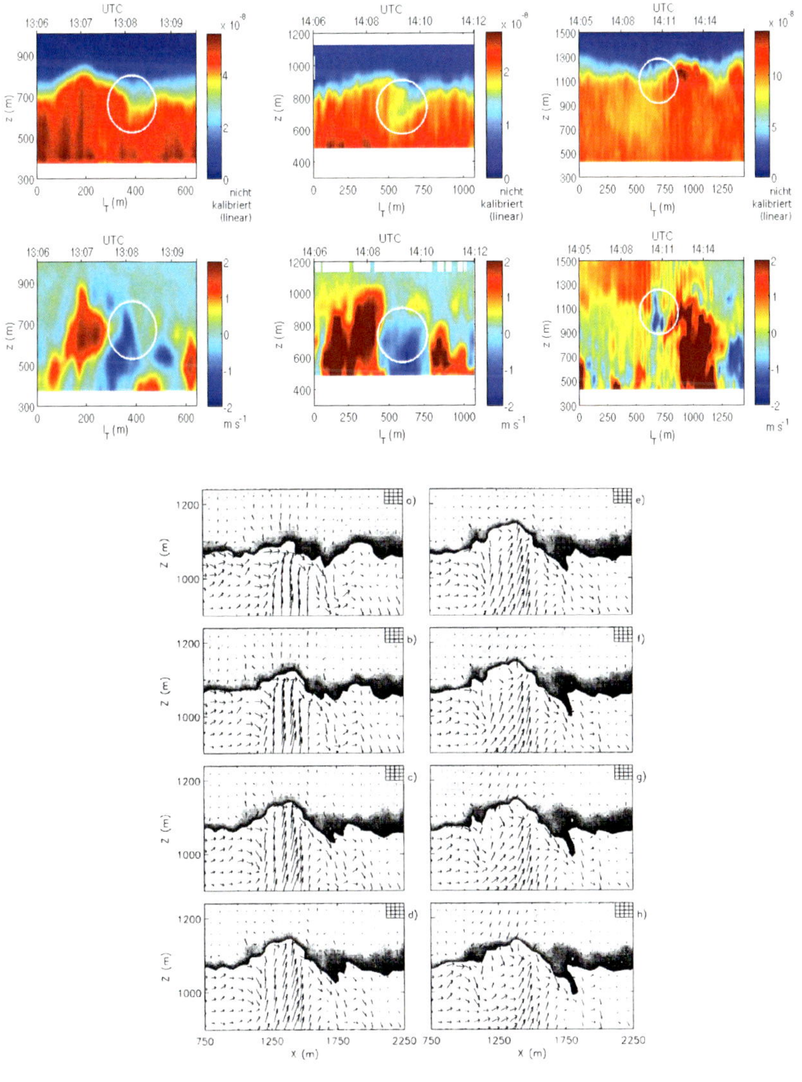

Abb. 34.: Deformation der Grenzschicht durch Aufwindschläuche an Beispielen vom 27.06.2005 (links), 05.08.2007 (mitte) und 27.08.2008 (rechts). Darunter eine Prozessabfolge aus einer Grobstruktursimulation von Sullivan et al. (1998). Die Bilder der Abfolge a) bis h) haben einen zeitlichen Abstand von 20, 45, 55, 65, 75, 85 und 95 s von a). An den Kanten der mit dem Lidar beobachteten Aufwindstrukturen sind Abwärtsbewegungen sichtbar (gekennzeichnet durch weiße Umrandung), wie sie auch in der Simulation deutlich werden. Sullivan et al. (1998) machen diese starken Abwärtsbewegung für ein Einmischen verantwortlich.

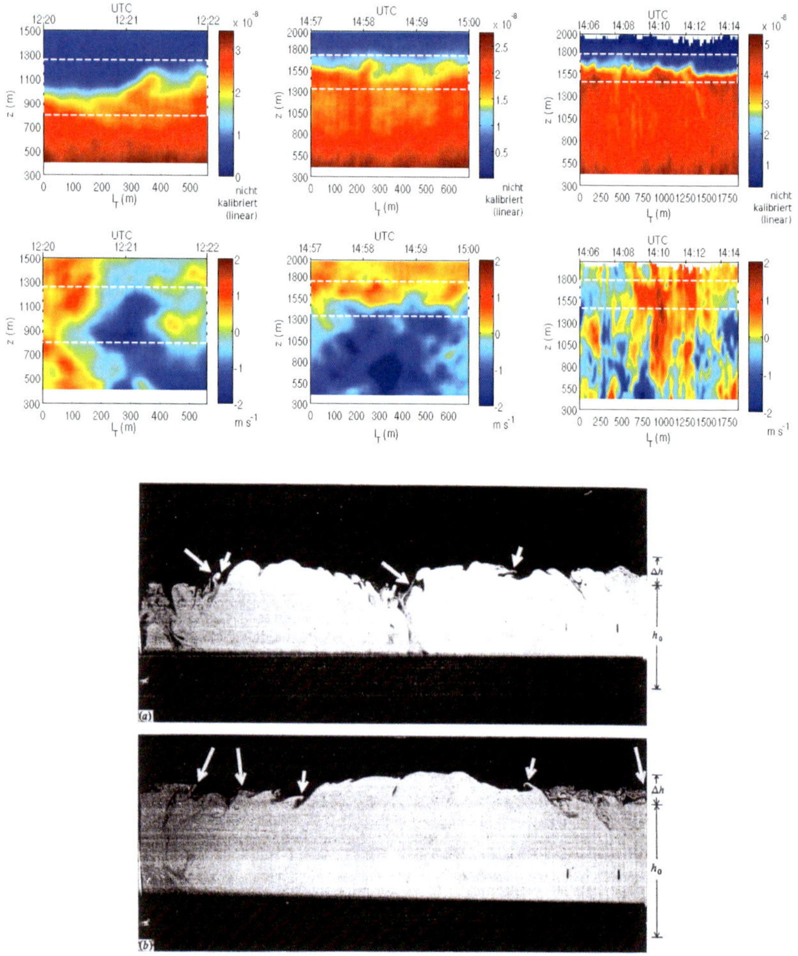

Abb. 35.: Kleine Wellenstrukturen am Übergang zwischen turbulenter und nicht-turbulenter Schicht, anhand von Beispielen vom 10.07.2005 (links und mitte) sowie vom 17.08.2008 (rechts). Zur besseren Orientierung ist der relevante Bereich durch gestrichelte Linien eingegrenzt. Darunter eine Abbildung aus den Laborversuchen von Deardorff et al. (1980), das Mischungsschichtfluid ist durch eine verdünnte milchige Lösung sichtbar. Die kurzen Pfeile markieren Regionen, in denen aktiv Einmischprozesse stattfinden.

(iii) An einigen Tagen kann ein *großräumiges Einschließen* von aerosolarmer Luft der freien Atmosphäre durch aerosolreiche Luft der Grenzschicht beobachtet werden. Dabei sind einerseits Augenblickaufnahmen des Umschließungsprozesses (Abb. 36), andererseits auch eingeschlossene Bereiche aerosolarmer Luft (Abb. 37) zu erkennen. Erstere sind in der horizontalen Größenordnung von 100 m bis 300 m, was bei einer Windgeschwindigkeit von 5 m s^{-1} einem Zeitraum von weniger als einer Minute entspricht. Für solch kurze Zeiträume kann ein Prozess als eingefroren betrachtet werden. Das Windfeld im Bereich der Einschließprozesse spiegelt den intuitiv angenommenen Überschlagsprozess oft sehr gut wider. Es können Aufwärtsbewegungen im Bereich der Verbindung zur Grenzschicht und Abwärtsbewegungen im Bereich der Spitze, die das aerosolarme Fluid umschließt, gemessen werden. Vergleichbare Prozesse wurden sowohl im Labor (McGrath et al., 1997) als auch in numerischen Simulationen (Sullivan et al., 1998) beobachtet. Eingeschlossene Blasen aerosolarmer Luft zeigen keine markanten Strukturen im Windfeld im Vergleich zu ihrer Umgebung. Auch hier fehlt die Abbildung des Untermischprozesses selbst, welcher letztendlich durch turbulente Diffusion bewerkstelligt wird.

(iv) In Ausnahmefällen tritt ein *Zerreißen der Grenzfläche* auf (Abb. 38). Dieser Prozess manifestiert sich darin, dass sich Pakete aerosolreicher Luft abgeschlossen im Bereich der aerosolarmen Luft befinden. Die Luft in diesen Bereichen kann durch schwache Turbulenz mit der Luft der freien Atmosphäre vermischt werden (Deardorff et al., 1980), oder sich später wieder mit der Grenzschicht vereinigen (McGrath et al., 1997). Die eigentlichen Einmischprozesse finden beim Abreißvorgang selbst statt, wenn die Grenzfläche aufgebrochen wird und damit dünne Filamente in den turbulenten Bereich gezogen werden. Diese fein strukturierten Bereiche können mit der hier verwendeten Technik nicht aufgelöst werden. Ebenfalls nicht identifizierbar ist der Prozess der Ausbildung und des Brechens von internen Wellen.

In Abschnitt 2.2 wurden die möglichen Einmischprozesse verschiedenen Randbedingungen zugeordnet. Um einen Zusammenhang zwischen den beobachteten Einzelprozessen und den Charakteristika der Turbulenz zu ermitteln, wurde für die wolkenfreien Tage aus CSIP und CoBoLd, sowie für den 01.08. und

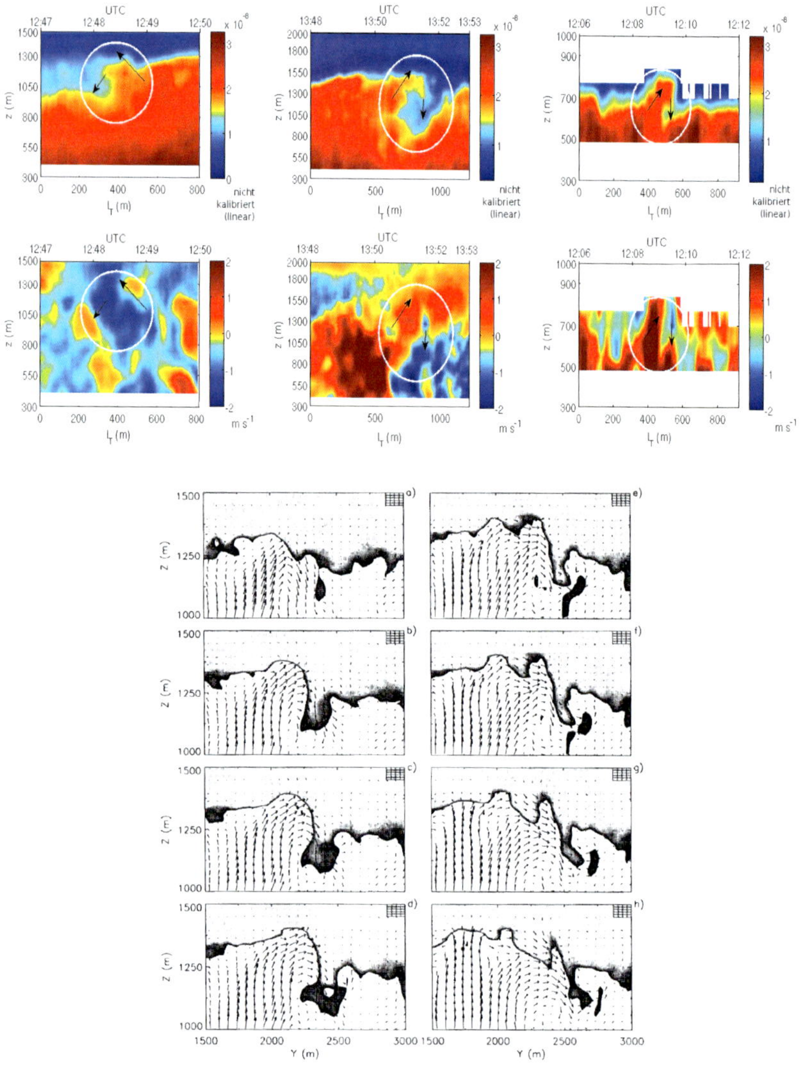

Abb. 36.: Großräumiges Einschließen von Luft aus der freien Atmosphäre. Darstellung des Umschließungsprozesses an Beispielen vom 10.07.2007 (links und mitte) sowie vom 01.08.2007 (rechts). Das Windfeld spiegelt gut die intuitiv angenommene Bewegung wider (Darstellung durch Pfeile). Darunter eine Abbildung aus Sullivan et al. (1998), im Vergleich zu Abb. 34 erfolgte diese Simulation unter der Voraussetzung einer geringeren Richardsonzahl. Die Bildfolge a) bis h) ist in einem zeitlichen Abstand von 107, 134, 161, 228, 255, 295 und 335 s von Darstellung a) entstanden. Auch hier ist das großräumige Umschließen sichtbar.

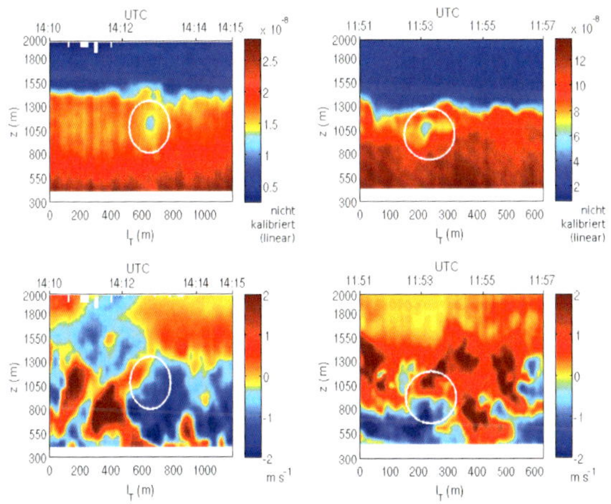

Abb. 37.: Großräumiges Einschließen von Luft aus der freien Atmosphäre. Darstellung von vollständig umschlossenen Segmenten aerosolarmer Luft an Beispielen vom 10.07.2005 (links) und 31.07.2008 (rechts). Zur Besserung Orientierung sind die Bereiche zusätzlich durch eine weiße Umrandung gekennzeichnet. Die eingeschlossene Luft wird anschließend über die Turbulenz mit der Umgebung vermischt.

den 05.08.2007 aus COPS, jeweils zwischen 10:30 UTC und 13:30 UTC, der Übergang zwischen Grenzschicht und freier Atmosphäre, aufbauend auf den visualisierten Prozessen, subjektiv in eine der drei folgenden Kategorien eingeordnet:

Kategorie 1 zeichnet sich durch einen gut definierten Übergang mit großem Gradienten von aerosolreicher zu aerosolarmer Schicht aus. Es können leichte Wellenbewegungen mit geringen Amplituden beobachtet werden. Die Grenzschicht kann gut auf einzelne Aufwindschläuche reagieren, die beobachteten Turbulenzstrukturen und die Deformationen der Grenzschicht stehen oft in einem direkten kausalen Zusammenhang. Es tritt kein großräumiges Umschließen oder Aufbrechen der Grenzschicht auf. Die Grenzschicht selbst ist homogen. Der dominierende Einmischprozess ist im Zusammenhang mit einer Deformation der Grenzschicht (Prozess i) zu sehen.

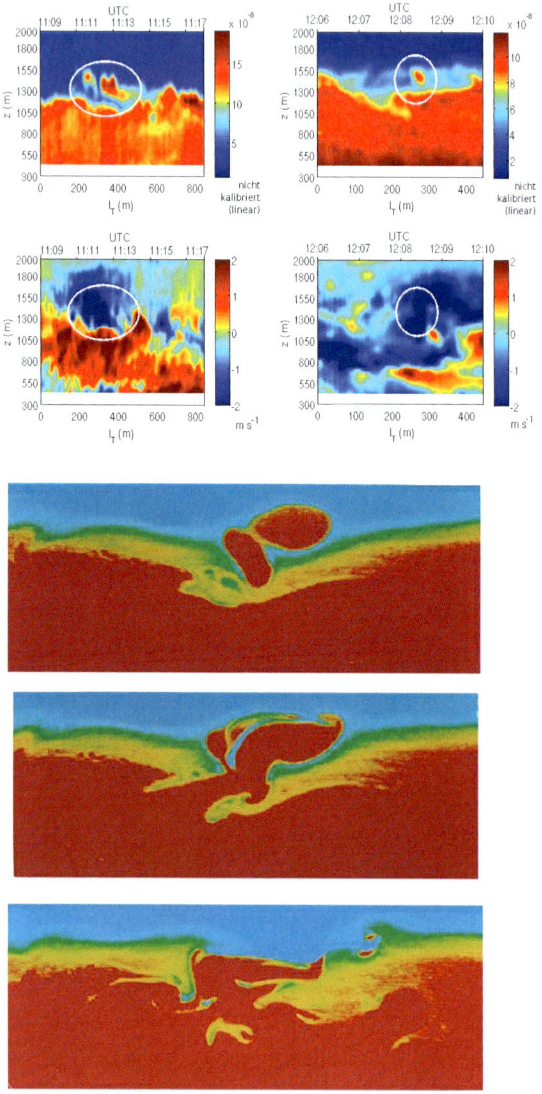

Abb. 38.: Zerreißen der Grenzfläche bei starker Turbulenz und geringer thermischer Stabilität an Beispielen vom 31.07.2008. Darunter eine Abbildung aus den Laborstudien von McGrath et al. (1997). Die Dichteunterschiede im Fluid sind durch Pseudofarben sichtbar gemacht (blau - geringe Dichte, rote - hohe Dichte).

In die *Kategorie 2* fallen variablere Grenzschichtobergrenzen mit deutlichen Wellenbewegungen verschiedener Wellenlängen. Es kann dabei i.A. kein Überschlagen und damit verbundenes großskaliges Einschließen oder Abreißen von Segmenten beobachtet werden. Der Grenzschichtoberrand steht oft nicht mehr lokal in Beziehung mit dem gemessenen aktuellen Windfeld, Deformationen können nur noch teilweise in einen direkten Zusammenhang mit konvektiven Strukturen gebracht werden. Der dominierende Einmischprozess basiert auf den beobachteten Wellenstrukturen (Prozess ii), die vermutlich durch Scherinstabilitäten erzeugt wurden, sowie teilweise auch auf einer Deformation der Grenzschicht (Prozess i).
Eine zerrissene Oberfläche mit Überschlags- und Einschließungsprozessen wird der *Kategorie 3* zugeordnet. Diese Grenzschicht ist inhomogen, das Aerosol ist nicht mehr gleichmäßig über die gesamte Grenzschicht verteilt. Eine Abgrenzung von Mischungsschicht und Randzone ist teilweise nicht möglich. Die dominierenden Einmischprozesse sind großräumiges Einschließen (Prozess iii) und Aufbrechen der Grenzschicht (Prozess iv).
In Tab. 9, 10 und 11 werden die für die einzelnen Tage ermittelten Kategorien Parametern, die in Zusammenhang mit der Turbulenz und der Stabilität stehen, gegenüber gestellt. Da die Übergänge zwischen den einzelnen Kategorien fließend sind, ist eine eindeutige Zuordnung schwierig und teilweise subjektiv. Der Temperaturgradient γ wurde aus den operationellen Radiosonden durch visuelle Anpassung eines linearen Zusammenhangs gemäß Abb. 8 (Abschnitt 3.3) ermittelt. Der dabei entstehende Fehler wurde mit $\Delta\gamma = 1{\cdot}10^{-3}$ K m^{-1} abgeschätzt. Die übrigen Parameter sind über den gesamten Zeitraum von 10:30 UTC bis 13:30 UTC gemittelt. Die Zahlenwerte in Tab. 9 zeigen, dass trotz der geringen Anzahl an Messtagen eine große Bandbreite verschiedener Stabilitätsregime mit Werten für γ von unter $1{\cdot}10^{-3}$ K m^{-1} bis $8{\cdot}10^{-3}$ K m^{-1} abgedeckt wird. Bei genauerer Betrachtung ist es möglich, aus den Daten einen Zusammenhang zwischen dem Temperaturgradienten γ und der Kategorie des Grenzschichtoberrandes abzuleiten: Glatte Grenzschichtoberränder der Kategorie 1 treten eher im Zusammenhang mit hohen Temperaturgradienten auf, während ein sehr unruhigen Grenzschichtoberrand der Kategorie 3 mit sehr geringer Stabilität verbunden ist. Auf Grund der wenigen verfügbaren Daten,

Tab. 9.: Beobachtete Einzelprozesse zwischen 11 UTC und 13 UTC und Temperatur-Parameter in der Grenzschicht

Datum	K	γ (K m^{-1}) in der freien Atmosphäre	$\overline{\theta}$ (K) in Grenzschicht	$\overline{w'\theta'_0}$ (K m s^{-1})
22.06.2005	2	$3.5 \cdot 10^{-3}$	295	0.11 ± 0.02
27.06.2005	1	$8 \cdot 10^{-3}$	292	0.19 ± 0.05
10.07.2005	3	$< 1 \cdot 10^{-3}$ +	293	0.15 ± 0.03
01.08.2007	2	$7 \cdot 10^{-3}$	297	0.20 ± 0.03
05.08.2007	2	$6 \cdot 10^{-3}$	298	0.19 ± 0.03
31.07.2008	3	$1 \cdot 10^{-3}$	302	0.36 ± 0.12
06.08.2008	2	$5 \cdot 10^{-3}$	299	0.22 ± 0.08
17.08.2008	1	$1 \cdot 10^{-3}$ *	295	0.21 ± 0.05
27.08.2008	1	$7 \cdot 10^{-3}$	296	0.21 ± 0.05

K=Kategorie

+ zweite stabilere Schicht mit $3.5 \cdot 10^{-3}$ ca. 300 m oberhalb sowohl bei lokaler als auch operationeller Radiosondenmessung erkennbar

* zweite stabilere Schicht mit $8 \cdot 10^{-3}$ ca. 750 m oberhalb

der Unsicherheit bei der Zuordnung der Kategorien sowie der Abschätzung des Temperaturgradienten durch subjektive Methoden, ist dieses Ergebnis jedoch nicht robust. Die beobachteten Stabilitätsabhängigkeit und der damit verbundene Durchlauf verschiedener Regime entspricht jedoch den Beobachtungen in Laborstudien und numerischen Simulationen (vgl. Kap 2.2). Basierend auf den zugeordneten Kategorien kann eine Prozessabfolge von Einmischprozessen mit zunehmender Stabilität als großräumiges Einschließen, Brechen von Wellen und schließlich Deformation der Grenzfläche erkannt werden. Neben γ besteht zu keiner anderen charakteristischen Größe ein derartiger Zusammenhang. Innerhalb der Messkampagnen zeigten Grenzschichten der Kategorie 3 jedoch die höchsten Werte für die Grenzschichthöhen und auch für die konvektive Geschwindigkeit w_*. Der Zusammenhang zwischen γ und der Breite der Randzone beziehungsweise der Einmischgeschwindigkeit wird im letzten Abschnitt dieses Kapitels betrachtet.

Die beobachteten Einzelprozesse und die damit verbundenen Höhenschwankungen der Grenzschicht können auch zur Überprüfung einer weiteren These verwendet werden, die in vorherigen Studien zu kleinskaligen Schwankungen der atmosphärischen Grenzschicht aufgestellt wurde (z.B. Cohn und Angevine, 2000; Haegeli et al., 2000). Nach dieser These besteht ein direkter Zu-

Tab. 10.: Beobachtete Einzelprozesse zwischen 11 und 13 UTC und Geschwindigkeitsskalen in der Grenzschicht

Datum	K	$\sqrt{U^2+V^2}$ [+] (m s^{-1})	u_* (m s^{-1})	w_* (m s^{-1})	$\sigma_{w,max}$ (m s^{-1})
22.06.2005	2	1.76 ± 0.38	0.22 ± 0.06	1.53 ± 0.11	1.44 ± 0.22
27.06.2005	1	3.22 ± 0.35	0.38 ± 0.07	1.56 ± 0.15	0.55 ± 0.06
10.07.2005	3	4.39 ± 0.47	0.47 ± 0.05	1.82 ± 0.12	1.11 ± 0.26
01.08.2007	2	2.95 ± 0.66	0.37 ± 0.08	1.60 ± 0.06	1.36 ± 0.46
05.08.2007	2	3.87 ± 0.68	0.36 ± 0.04	1.52 ± 0.12	0.33 ± 0.11
31.07.2008	3	1.82 ± 0.73	0.48 ± 0.15	2.43 ± 0.30	1.77 ± 0.24
06.08.2008	2	1.74 ± 0.67	0.40 ± 0.13	1.98 ± 0.29	1.93 ± 0.29
17.08.2008	1	2.91 ± 0.66	0.58 ± 0.13	1.99 ± 0.19	0.67 ± 0.30
27.08.2008	1	1.87 ± 0.53	0.39 ± 0.09	1.95 ± 0.19	1.05 ± 0.33

K=Kategorie

[+] ca. 3 m über Grund für CSIP und COPS, bzw. 40 m über Grund für CoBoLd

Tab. 11.: Beobachtete Einzelprozesse zwischen 11 und 13 UTC und Längenskalen in der Grenzschicht

Datum	K	integrale Längenskala l (m)	Obukhov Länge L_{MO} (m)	Aerosol-schichthöhe h_{aero} (m)	Turbulenzhöhe h_{turb} (m)
22.06.2005	2	150 ± 22	10 ± 6	950 ± 77	910 ± 37
27.06.2005	1	77 ± 11	26 ± 9	605 ± 70	602 ± 47
10.07.2005	3	176 ± 13	59 ± 15	1056 ± 148	1550 ± 66
01.08.2007	2	171 ± 55	19 ± 8	632 ± 62	626 ± 20
05.08.2007	2	139 ± 28	21 ± 7	557 ± 64	559 ± 63
31.07.2008	3	140 ± 37	35 ± 31	1343 ± 129	1880 ± 108
06.08.2008	2	206 ± 60	26 ± 25	1231 ± 144	1213 ± 59
17.08.2008	1	107 ± 17	64 ± 25	987 ± 77	667 ± 114
27.08.2008	1	138 ± 26	21 ± 15	1106 ± 105	1114 ± 124

K=Kategorie

sammenhang zwischen der Änderung der Grenzschichthöhe und dem aktuellen vertikalen Windfeld in der Grenzschicht. Die Auswertung zeigt, dass ein lokal beobachteter Anstieg der Grenzschichthöhe nicht trivial mit einem lokal vorhandenen Aufwind verbunden werden kann, bzw. ein Absinken nicht mit einem abwärts gerichteten Wind. Selbst in Grenzschichten der Kategorie 1 zeigen qualitative Analysen, basierend auf dem Rückstreuverhältnis in Kombination mit dem vertikalen Wind sowie quantitative Analysen, basierend auf der Berechnung von Perzentilen des Vertikalwindes verbunden mit linearen Regressionen der Grenzschichthöhe, keine direkte Korrelation. Es können durchaus Situationen beobachtet werden, in denen eine Konsistenz zwischen Vertikalwind und Grenzschichthöhenänderung deutlich wird, gleichzeitig existieren aber auch Situationen, in denen die Änderung der Grenzschichthöhe keiner signifikanten Struktur im Vertikalwind zugeordnet werden kann oder in denen sich das Windfeld sogar entgegengesetzt verhält. Abb. 39 gibt dafür weitere Beispiele.

Zusammenfassend kann festgestellt werden, dass die stromaufwärts eingetretenen Einwirkungen auf die Grenzschichthöhe einen größeren Einfluss auf die beobachteten Grenzschichtschwankungen zu haben scheinen, als das darunterliegende aktuelle Windfeld. Die Variationen der Grenzschichthöhe sind oft geprägt durch diese vorangegangenen Ereignisse oder entstehen durch überlagerte Wellenbewegungen, die sich an der Grenzfläche zwischen turbulenter Mischungsschicht und freier Atmosphäre ausbreiten. Kleinskalige Grenzschichtschwankungen sind folglich ohne Kenntnis des darunterliegenden vertikalen Windes schwer interpretierbar.

5.2. Abschätzung der Breite der Randzone

Die Randzone als Übergangsbereich zwischen der turbulenten Mischungsschicht und der nicht-turbulenten freien Atmosphäre wurde in Abschnitt 2.3 eingeführt. Die Abschätzung der Mächtigkeit der Randzone der atmosphärischen Grenzschicht Δh erfolgt nach den beiden dort beschriebenen Verfahren: Zum einen wird eine statistisch bestimmte Randzone aus den Schwankungen der Aerosolschichthöhe durch die Bestimmung von Perzentilen h_2 und h_0 (vgl.

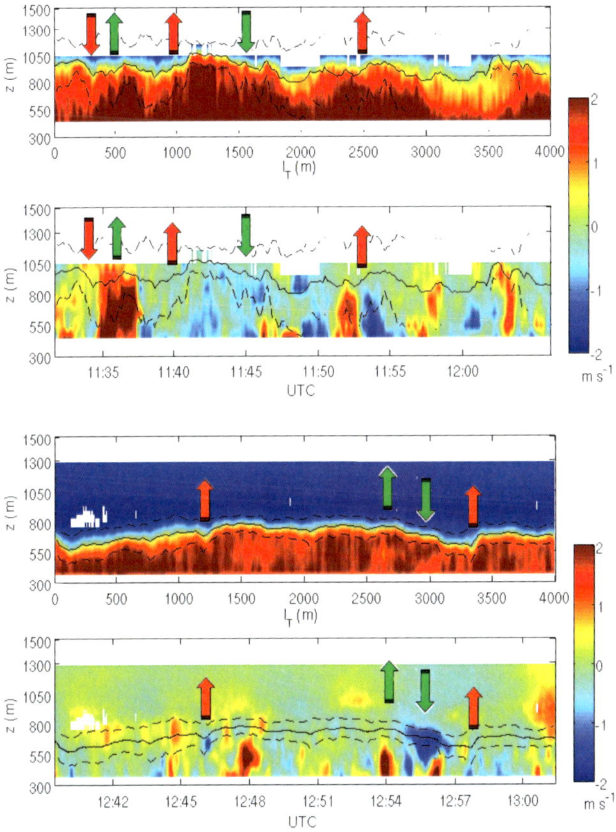

Abb. 39.: Zusammenhang zwischen Schwankungen der Grenzschichthöhe und Auf- und Abwindbereichen an Beispielen vom 22.06.2005 (oben) und 27.06.2005 (unten). Die Farbskala gibt die Vertikalwindgeschwindigkeit in m s^{-1} an. Zusätzlich sind die Aerosolschichthöhe als durchgezogene schwarze Linien und die Breite der Übergangszone als gestrichelte schwarze Linien eingetragen. Es können Bereiche beobachtet werden, in denen eine Erhöhung der Grenzschicht mit einem Aufwind korreliert ist (⇑ grün) bzw. ein Absinken verbunden mit einem Abwind (⇓ grün). Aber ebenso können Situationen gefunden worden, in denen eine Erhöhung mit einem Abwind verbunden zu sein scheint (⇑ rot) oder ein Absinken über einem Aufwind (⇓ rot) auftritt.

Abschnitt 4.2.1) und in Form der Standardabweichung σ_h abgeschätzt. Zum anderen wird die Randzone als Übergangsbereich (Übergangszone) Δh_{TZ} zwischen dem Aerosolgehalt in der gut durchmischten Schicht und dem in der freien Atmosphäre betrachtet. Sie kann dazu direkt aus dem Verfahren "Idealisiertes Profil" als einer der Anpassparameter (vgl. Abschnitt 4.1.1) gewonnen werden. Werden Perzentile verwendet, kann die Randzone unsymmetrisch um die mittlere Grenzschichthöhe angeordnet sein. Im Fall der Verwendung von σ_h und bei der Verwendung des Konzepts der Übergangszone liegt die Grenzschichthöhe in der Mitte der Randzone.

Die statistische Randzone wurde mit einem Zeitschritt von 10 min basierend auf einem Datenintervall von 60 min bestimmt. Es wurden dabei nur Intervalle berücksichtigt, die mindestens 216 Einzelwerte für die Aerosolschichthöhe h_{aero} enthalten (entspricht ca. 60% der maximal möglichen bestimmten Aerosolschichthöhen). Die einzelnen Aerosolschichthöhen erfüllen folgende Bedingungen: h_{aero} wurde aus dem Verfahren "Idealisiertes Profil" gewonnen, sie stellt keine Wolkenuntergrenzen dar, mindestens ein weiteres Verfahren hat die Grenzschichthöhe ebenfalls in einem Intervall $\pm$ 100 m um den bestimmten Höhenbereich identifiziert und die Varianz der Vertikalwindgeschwindigkeit in Höhe h_{aero} übersteigt den Schwellenwert von 0.04 m^2 s^{-2}, so dass ein Mindestmaß an Turbulenzintensität vorliegt. Die Ermittlung des Perzentils für den unteren Rand h_0 der Randzone und das für den oberen Rand h_2 erfolgte auf Basis trendbereinigter Grenzschichthöhen, wodurch die Breite der Randzone nicht durch den Tagesgang der Grenzschichthöhe beeinflusst wird. Nach den Überlegungen von Melfi et al. (1985) werden das vierte und 98te Perzentil bestimmt, sowie zusätzlich nach dem Verfahren von Cohn und Angevine (2000) das 15te und 85te Perzentil. Durch Reduzierung des Zeitintervalls von 60 min auf 30 min und 15 min, wurde zudem der Einfluss der Intervalllänge getestet. Es zeigt sich, dass für die statistischen Methoden die Breite der Randzone mit größer werdender Analysezeit zunimmt, der Tagesgang selbst jedoch nicht verändert wird, sondern lediglich ein Versatz beobachtet werden kann.

Um die Lage der Grenzschichthöhe innerhalb des Bereichs der statistischen Randzone zu ermitteln, wurden die Schwankungen der Grenzschichthöhe auf Symmetrie getestet. Es zeigt sich, dass das 50te Perzentil der mittels linearer

Regression korrigierten Höhen in 81% der Fälle bei 0 m $\pm$ 10 m liegt. In 14% der Intervalle liegt es bei über 10 m und in nur 5% bei unter 10 m. Das bedeutet, dass es unter der Annahme, dass die Grenzschichthöhe als 50tes Perzentil einer Verteilung definiert werden kann, eine sehr leichte Verschiebung von h in Richtung h_2 gibt. Alle Werte des 50te Perzentils liegen im Intervall [-50, 50] m. Abb. 40 stellte alle Aerosolschichthöhen, die die geforderten Kriterien erfüllen, abzüglich des ermittelten linearen Trends dar. Es ergibt sich insgesamt eine sehr symmetrische Verteilung der Schwankungen um Null, deren Flanken im Vergleich zur Gaussverteilung leicht überhöht sind, im Vergleich zur Lorentzverteilung zu niedrig. Basierend auf den Ergebnissen zum 50ten Perzentil und zur Verteilung der Schwankungen, soll somit $h = \frac{h_2+h_0}{2}$ angesetzt werden. Innerhalb der stündlichen Intervalle kann dabei durchaus eine leicht unsymmetrische Verteilung auftreten, wie die Beispiele aus Abb. 42 zeigen. Ursache dafür können einzelne extreme Deformationen der Grenzschichthöhe sein, die das höhere Perzentil nach oben verschieben oder auch Effekte durch sehr inhomogene Grenzschichten, die in Einzelfällen eine Detektion der Grenzschichthöhe im Bereich der Mischungsschicht verursachen und somit das untere Perzentil nach unten ziehen. Eine Korrelationsanalyse unter den verschiedenen Ansätzen der statistisch bestimmten Randzone, zeigt eine hohe Korrelation der Methoden untereinander, wie Abb. 41 und die Korrelationskoeffizienten von 0.98 für einen Zusammenhang zwischen der Standardabweichung der Grenzschichthöhen σ_h und dem Abstand zwischen dem vierten h_0 und 98ten Perzentil h_2 bzw. 0.96 für den Abstand zwischen dem 15ten und 85ten Perzentil und dem vierten und 98ten Perzentil zeigen. Zum gleichen Ergebnis kommen auch Davis et al. (1997) sowie Beyrich und Gryning (1998). Es ergeben sich folgende Regressionsgraden:

$h_2 - h_0 = (3.71 \pm 0.07)\sigma_h$ für die Verwendung des vierten und 98ten Perzentils und

$h_2 - h_0 = (2.04 \pm 0.05)\sigma_h$ für die Verwendung des 15ten und 85ten Perzentils.

Auf Grund der Verteilung der Grenzschichthöhen um den Mittelwert (vgl. Abb. 40) ist dieses Ergebnis nicht überraschend. Wird eine Gaußverteilung der Grenz-

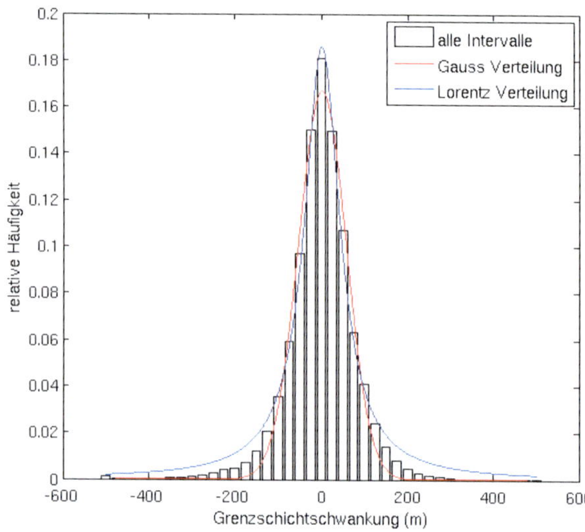

Abb. 40.: Verteilung der Schwankungen der Grenzschichthöhe aller betrachteten Tage. Zum Vergleich wurden eine Gaussverteilung (rot) sowie eine Lorentzverteilung (blau) an die Daten angepasst.

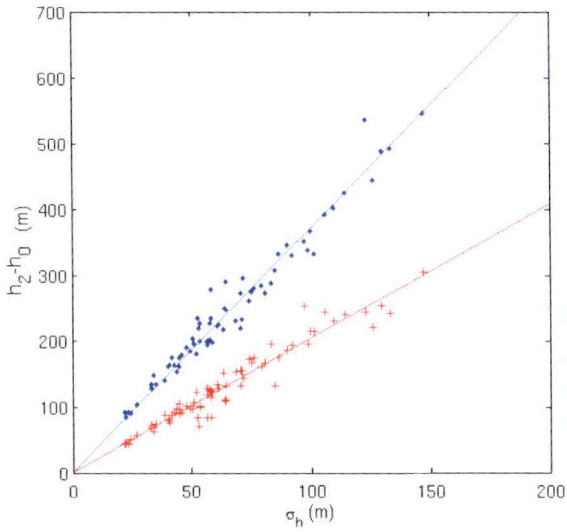

Abb. 41.: Breite der Randzone nach der statistischen Definition über das vierte bzw. 15te (h_0) und 98te bzw. 85te (h_2) Perzentil der Grenzschichthöhe h und über die Standardabweichung von h sind als blaue Punkte bzw. rote Kreuze aufgetragen. Dargestellt sind nur die statistisch unabhängigen Werte ohne zusätzliche Glättung.

schichthöhen angenommen, so liegt das Verhältnis zwischen dem Abstand des 4ten und 98ten Perzentils und der Standardabweichung bei $h_2 - h_0 = 3.8\sigma_h$. Innerhalb der Fehlergrenzen kann dieser Wert bestätigt werden. Die leichte Abweichung nach unten ist durch die überhöhten Flanken in der Verteilung erklärbar. Im Folgenden soll der Abstand zwischen dem 4ten und dem 98ten Perzentil als statistisches Konzept der Randzone weiterverwendet werden.

Die Übergangszone als zweites Konzept zur Randzone wird mit jedem Profil, wie in Abschnitt 4.1. erläutert, bestimmt und liegt somit mit einer zeitlichen Auflösung von 10 s vor. Sie ist in ihrer Breite auf den Bereich zwischen 10 m und 750 m eingeschränkt. Es können messtechnisch keine Übergangszonen bestimmt werden, deren Ausdehnung kleiner als der Abstand zwischen zwei benachbarten Abstandsbereichen ist. Abb. 42 zeigt jeweils Beispiele der Anwendbarkeit dieses Verfahrens, wobei die große Variabilität der Übergangszone deutlich wird. In den Beispielen ist zudem eine Tendenz erkennbar, dass die Übergangszone in Bereichen in denen die Grenzschicht aufgewölbt wurde, schmaler ist. In weniger als 3% aller Fälle, in denen die Übergangszone an den

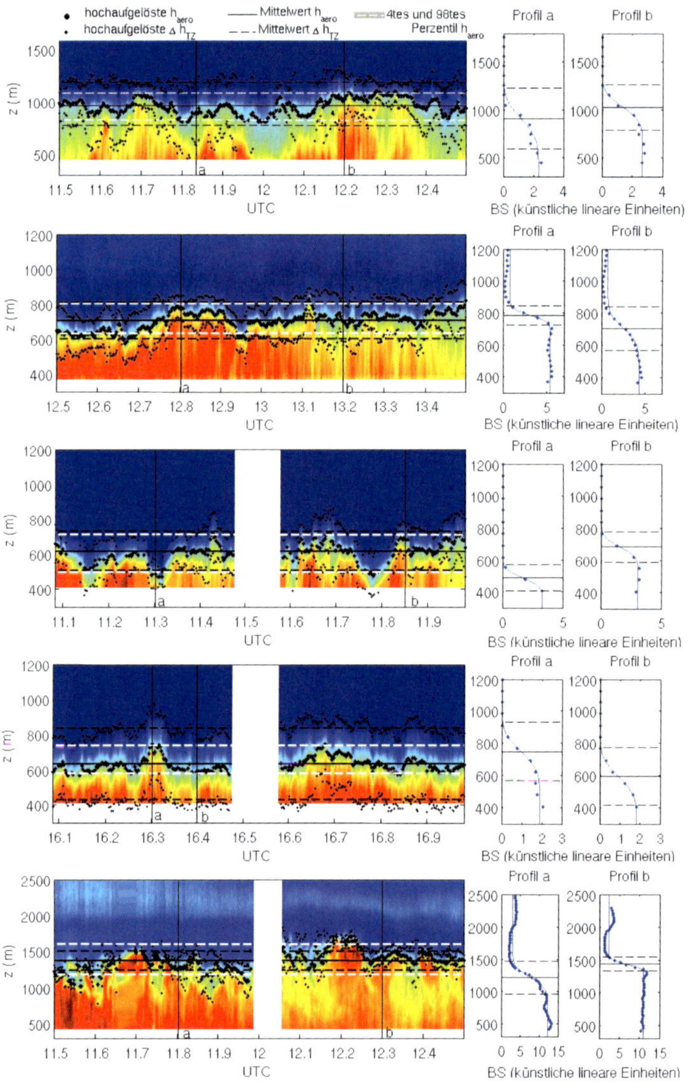

Abb. 42.: Schwankungen der Aerosolschichthöhe und der Übergangszone aus Einzelprofilen des Aerosolrückstreuverhältnisses. Von oben sind Zeitintervalle vom 22.06.2005, 27.06.2005, 01.08.2007 vormittags und nachmittags, und 31.07.2008 dargestellt. Rechts sind jeweils zwei Beispielprofile aus dem entsprechenden Intervall abgebildet, die die Abschätzung der Übergangszone verdeutlichen.

hier betrachteten Messtagen erfolgreich bestimmt werden konnte, wurde eine Übergangszone ermittelt, deren Breite kleiner als zwei Abstandsbereiche war. In fast einem Viertel der Fälle (24%) erreicht die Randzone ihren größten Wert (750 m), am 10.07.2005 sogar zu 61%. Die Ursache für diese sehr breiten Übergangszonen ist nahezu ausschließlich eine inhomogene Grenzschicht, die das Ergebnis des Anpassungsverfahrens verfälscht. Vernachlässigbar wenige Fälle zeigen eine deutlich von der Mischungsschicht und der freien Atmosphäre abgegrenzte Übergangszone, die größer als 750 m ist. In der nachfolgenden Analyse werden Fälle mit einer Übergangszone $\Delta h_{TZ} >$ 740 m nicht mehr berücksichtigt. Die Verteilung der absoluten Werte der Übergangszonen ist in Abb. 43, links dargestellt. Daten der CSIP Messkampagne weisen im Vergleich zu den Daten der beiden anderen Messkampagnen eine höhere relative Häufigkeit von betragsmäßig kleinen Übergangszonen auf. Die relativen Häufigkeiten von Werten unter 200 m werden dabei von einem Tag geprägt (27.06.2005), der sich durch eine sehr stabile Schichtung der freien Atmosphäre auszeichnet.

Eine häufiger als die absolute Breite der Randzone Δh betrachtete Größe ist das Verhältnis von Δh zur Grenzschichthöhe h. Dabei können hier die ebenfalls aus dem Verfahren "Idealisiertes Profil" bestimmten Grenzschichthöhen (Aerosolschichthöhen) verwendet werden. Die Verteilungen von $\frac{\Delta h_{TZ}}{h}$ der CSIP und CoBoLd Messkampagnen sind ähnlich, die der COPS Kampagne unterscheidet sich hingegen deutlich (Abb. 43, rechts). Die Ursache dafür liegt in erster Linie in den beobachteten geringeren Grenzschichthöhen über dem Bergstandort im komplexen Terrain begründet (vgl. Abschnitt 4.1), weniger in einer abweichenden Verteilung der Breite der Übergangszone. Werden alle drei Messkampagnen berücksichtigt, so zeigt sich eine logarithmische Normalverteilung mit einem Erwartungswert von $\frac{\Delta h_{TZ}}{h}$=0.30. Die hoch aufgelösten Werte der Breite der Übergangszone zeigen in 29% aller Fälle eine Ausdehnung von $\Delta h > 0.5h$, in 8% sogar $\Delta h > 0.8h$. In fast jedem zehnten Fall ist die Übergangszone somit breiter als die gut durchmischte Schicht, wobei die beiden letzten Werte stark von der COPS Messkampagne geprägt sind.

Für die spätere Gegenüberstellung mit den Längenskalen der Grenzschicht wurden auch die Breiten der Übergangszone über ein Zeitintervall von 60 min,

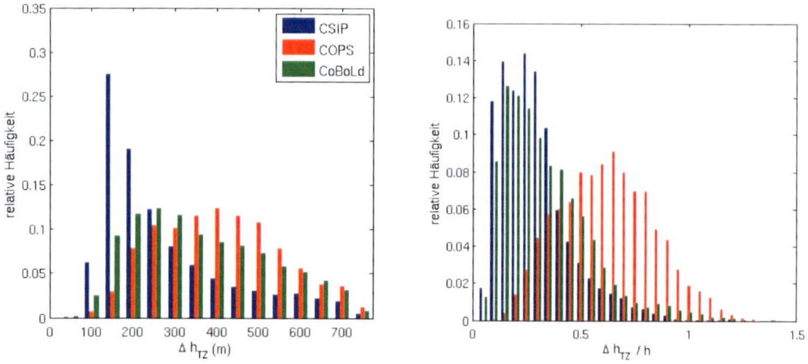

Abb. 43.: Links ist die Verteilung der absoluten Breiten der Übergangszone dargestellt, rechts die Verteilung des Verhältnisses der Breite der Übergangszone zur Aerosolschichthöhe. Beide Darstellungen sind nach den einzelnen Messkampagnen aufgeschlüsselt.

mit einem Zeitschritt von 10 min, gemittelt. Es mussten pro Zeitintervall mindestens 144 Einzelwerte (entspricht ca. 40% der maximal bestimmbaren Übergangszonen) vorliegen. Die Standardabweichung der Einzelwerte um den Mittelwert beträgt im Mittel 35%, was die hohe Variabilität der Breite dieses Konzepts der Randzone nochmals verdeutlicht. Die gemittelten Übergangszonen zeigen sich unbeeinflusst von der Intervalllänge bei Veränderung auf 30 min bzw. 15 min.

Zwischen dem Konzept der Übergangszone aus dem Aerosolprofil und dem statistischen Ansatz aus den Schwankungen der Grenzschichthöhe kann kein linearer Zusammenhang festgestellt werden (Korrelationskoeffizient 0.25). In Anhang B sind die Tagesgänge der verschiedenen Randzonenkonzepte dargestellt. Es wird deutlich, dass es sich bei der statistischen Betrachtung und dem Konzept der Übergangszone um zwei verschiedene Betrachtungsweisen handelt, die im Folgenden daher parallel weiter untersucht werden.

5.3. Tageszeitliche Variation der Grenzschichthöhe und Einmischgeschwindigkeit

In Hochdruckgebieten durchläuft die Grenzschichthöhe einen gut bekannten Tagesgang, der im wesentlichen durch den Wärmefluss von der Erdoberfläche und durch die Einmischprozesse an der Oberkante der Grenzschicht geprägt ist (vgl. Abschnitt 2.2). Typische Tagesgänge in Hochdruckgebieten zeigen geringe Höhen der turbulenten Schicht am Morgen, welche bedingt durch die noch vorhandene oder bereits vom Boden abgehobene stabile nächtliche Grenzschicht nur langsam anwächst. Nach der Erosion der stabilen nächtlichen Schicht nimmt die Grenzschichthöhe rasch zu. Entgegengesetzt dazu findet in Hochdruckgebieten ein großskaliges Absinken statt. In den Nachmittagsstunden, mit abnehmendem Antrieb führt dieses zu einer konstanten Höhe der konvektiven Grenzschicht. Abb. 44 stellt die ermittelten geglätteten Tagesgänge der Aerosolschichthöhe und der Turbulenzhöhe für die betrachteten Tage der drei Messkampagnen dar. Deutlich ist zu erkennen, dass die Grenzschichthöhen während der COPS Messkampagne durchweg geringere Höhen über Grund zeigen, als die der CSIP und CoBoLd Messkampagne (vgl. Abschnitt 4.1). Auffällig sind signifikant abweichende Tagesgänge der Grenzschichthöhe an drei Tagen:

1. 14.07.2007: Schon sehr früh können an diesem Tag vergleichsweise hohe Aerosolschichthöhen gemessen werden, in denen auch der angesetzte Schwellenwert der Turbulenz bereits überschritten wird. Ursache dafür können advektive Effekte sein.

2. 15.07.2007: Bedingt durch den Durchzug einer mesoskaligen Konvergenzzone (Kalthoff et al., 2009) zeigt dieser Tag einen signifikant abweichenden Verlauf sowohl in der Aerosolschichthöhe als auch in der Turbulenzhöhe. Werte vor 14 UTC sind dabei nicht durch konvektive Turbulenz gesteuert und werden deshalb für diesen Tag vernachlässigt.

3. 31.07.2008: Ein deutlicher Einbruch der Aerosolschichthöhe und der Turbulenzhöhe um ca. 15 UTC stehen im Widerspruch zum typischen Verlauf

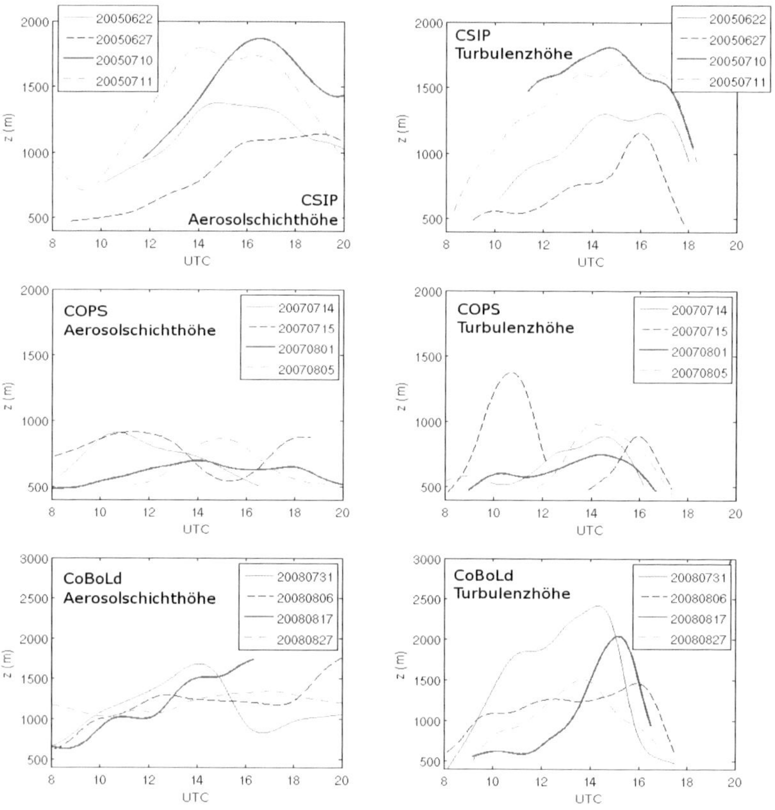

Abb. 44.: Tageszeitliche Variation der Aerosolschichthöhe (links) und der Turbulenzhöhe (rechts) jeweils für CSIP, COPS und CoBoLd (von oben nach unten).

der Grenzschichthöhe. Für den 31.07.2008 werden aus diesem Grund Werte nach 13 UTC nicht mehr berücksichtigt.

Basierend auf den zeitlichen Änderungen kann eine Wachstumsgeschwindigkeit der Grenzschichthöhe $\frac{\partial h}{\partial t}$ definiert werden. Diese ist unter der Voraussetzung $\vec{v} \cdot \nabla h = 0$, durch die Geschwindigkeit w_L, die großräumiges Heben und Absinken beschreibt, nach

$$w_e = \frac{\partial h}{\partial t} - w_L \qquad [81]$$

direkt mit der Einmischgeschwindigkeit w_e verbunden. Die Abschätzung von $\frac{\partial h}{\partial t}$ aus den Messdaten erfolgte durch lineare Regression an die geglätteten Aerosolschichthöhen und Turbulenzhöhen über ein Zeitintervall von 10 min, sowie an die ungeglätteten Aerosolschichthöhen für ein Zeitintervall von 60 min. Der Zeitschritt für die Bestimmung beträgt 10 min. Ein statistischer Fehler wurde aus dem 95% Konfidenzintervall der Anpassung abgeschätzt. Basierend auf den geglätteten Aerosolschichthöhen werden Werte der Wachstumsgeschwindigkeit in der Größenordnung 0 bis 10 cm s^{-1} erreicht. Basierend auf den ungeglätteten Aerosolschichthöhen und auch auf den geglätteten Turbulenzhöhen sind Werte bis 20 cm s^{-1} möglich. Für Wachstumsgeschwindigkeiten basierend auf den ungeglätteten Aerosolschichthöhen liegt der Fehler überwiegend in der Größenordnung von 1.5 cm s^{-1}, teilweise höher. Das bedeutet, dass relative Fehler von 100% und mehr auftreten können. Für die nachfolgenden Auswertungen wurden Werte mit einem Fehler größer als 2.5 cm s^{-1} verworfen. Im Fall der geglätteten Größen ist der Fehler ein bis zwei Größenordnungen kleiner. In Anhang B sind Tagesgänge der Wachstumsgeschwindigkeit für alle Tage dargestellt.

Zwischen den Wachstumsgeschwindigkeiten aus den geglätteten und den ungeglätteten Aerosolschichthöhen besteht ein Korrelationskoeffizient von 0.67. Die Korrelation zwischen der Wachstumsgeschwindigkeit basierend auf den geglätteten Aerosolschichthöhen und Turbulenzhöhen ist mit einem Korrelationskoeffizienten von 0.26 deutlich geringer. Dieser Wert liegt bereits in einer Größenordnung, die mit einer Irrtumswahrscheinlichkeit von unter 2% für eine statistische Unabhängigkeit der beiden Merkmale steht. Die abweichenden Tagesgänge der beiden Konzepte der Grenzschichthöhe (vgl. Abschnitt 4.1)

haben somit weitreichende Konsequenzen. Während die Grenzschichthöhen selbst noch gut korreliert waren, unterscheiden sich die resultierenden Wachstumsraten so deutlich, dass kein Zusammenhang mehr erkennbar ist.
Großskaliges Heben oder Absinken w_L macht den Unterschied zwischen der Wachstumsgeschwindigkeit $\frac{\partial h}{\partial t}$ und der Einmischgeschwindigkeit w_e aus. Die Abschätzung dieser Größe aus Messdaten ist schwierig. Boers et al. (1984) und Boers und Eloranta (1986) und auch Nelson et al. (1989) nutzten ein großflächiges Messnetz von Windmessstationen in 4 m Höhe über Grund. Yi et al. (2001) schätzten das Absinken im Hochdruckgebiet aus Änderungen der Höhe der Restschicht ab. Beyrich und Gryning (1998) nutzten die Erwärmungsraten über der Grenzschicht sowie vertikale Verschiebungen von Diskontinuitäten in Temperatur und Feuchte. Die Abschätzungen von Driedonks (1982) bauen auf einem großskaligen Modell auf. In dieser Arbeit können Vertikalwindgeschwindigkeiten aus den Lidarmessungen außerhalb der turbulenten Bereiche prinzipiell für eine Abschätzung von w_L verwendet werden. Bis auf eine Ausnahme (27.06.2005) liegen jedoch nicht ausreichend viele Messungen oberhalb der Grenzschicht vor. Am 27.06.2005 kann zwischen 10 UTC und 14 UTC aus der Gaußverteilung der Vertikalwindgeschwindigkeiten auf Höhenniveaus oberhalb der Grenzschicht ein Erwartungswert von -1.55 cm s^{-1} abgeschätzt werden. Dies bestätigt die Ergebnisse früherer Studien, in denen Werte von w_L= -1.6 $\pm$ 1.0 cm s^{-1} (Boers und Eloranta, 1986), -0.7 bis -6.6 cm s^{-1} (Nelson et al., 1989) und -1.5 cm s^{-1}, typischerweise -0.5 cm s^{-1} in 1000 m (Beyrich und Gryning, 1998) abgeschätzt wurden. Abschätzungen großskaliger Prozesse aus den Vertikalwindgeschwindigkeiten des Lidars zwischen 22 UTC und 5 UTC führen teilweise zu widersprüchlichen Resultaten und großen Schwankungsbreiten und werden deshalb nicht verwendet.
Der Effekt des großskaligen Hebens und Absinkens auf die Einmischgeschwindigkeit wird in der Literatur kontrovers diskutiert. Angevine et al. (1994) bezeichnen in ihrer Studie den Absinkprozess als den grundlegenden Mechanismus für die beobachtete Entwicklung der Grenzschichthöhe. In den Studien von Boers et al. (1984) und Boers und Eloranta (1986) liegt w_L im Mittel bei ca. 50% der Einmischgeschwindigkeit. Yi et al. (2001) schätzten die Reduktion der Grenzschichthöhe durch das Absinken auf 20-60%. Binder (1997) verweist auf

keinen systematischen Einfluss von großräumigen Hebungs- bzw. Absinkprozessen, merkt jedoch an, dass ein betragsmäßiger Anteil von bis zu 36% der Wachstumsgeschwindigkeit erreicht werden kann. Driedonks (1982) hingegen vernachlässigen den Effekt von w_L vollständig.

Auf Grund der Größenordnung der abgeschätzten Wachstumsgeschwindigkeiten soll in dieser Arbeit ein Effekt von w_L vereinfacht berücksichtigt werden. Auf Grund der nicht vorhandenen Möglichkeiten einer guten Abschätzung des großskaligen Absinkens bei den betrachteten Hochdrucklagen wird w_L im Folgenden durch einen festen Wert von -1 cm s^{-1} repräsentiert. Dies entspricht der mittleren Größenordnung bisheriger Studien.

Werte der Einmischgeschwindigkeit $w_e = \frac{\partial h}{\partial t} - w_L$ kleiner als 0 cm s^{-1} werden für weitere Auswertungen nicht berücksichtigt, da die Einmischgeschwindigkeit selbst nur für positive Werte definiert ist. Zusätzlich wurde eine obere Grenze von 20 cm s^{-1} eingeführt, um Ausreißer zu vernachlässigen, dies entspricht weniger als 1% aller vorhandenen Werte.

5.4. Stabilitätsabhängigkeit der Breite der Randzone und der Einmischgeschwindigkeit

In Abschnitt 5.1. wurde deutlich, dass der Einmischprozess abhängig vom Temperaturgradienten γ, als ein Maß für die Stabilität der freien Atmosphäre, durch verschiedene Regime gekennzeichnet ist. Die Breite der Randzone und die Einmischgeschwindigkeit werden in diesem Abschnitt deshalb auf einen quantitativen Zusammenhang mit γ untersucht. Analog zur Charakterisierung der Grenzschichtoberkante in Abschnitt 5.1 wurden die wolkenfreien Tage aus CSIP und CoBoLd sowie der 01.08. und der 05.08.2007 aus COPS zwischen 10:30 und 13:30 UTC analysiert. Die Werte der Breite der Randzone sowie der Einmischgeschwindigkeit werden über diesen Zeitraum gemittelt. Die Schwankungsbreite ergibt sich aus der Standardabweichung der Einzelwerte.

Abb. 45 stellt den Zusammenhang zwischen der Breite der Randzone und der Stabilität dar. Es können Korrelationskoeffizienten von -0.77 für die statistische Randzone und -0.43 für die Übergangszone gefunden werden. Für die sta-

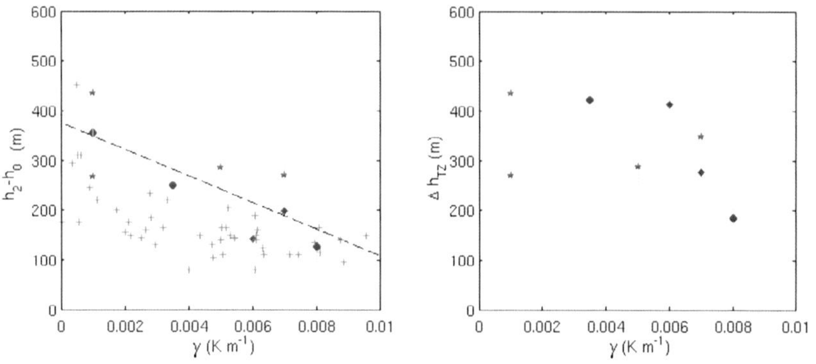

Abb. 45.: Zusammenhang zwischen dem Temperaturgradienten in der freien Atmosphäre und der Breite der statistischen Randzone $h_2 - h_0$ (links) bzw. der Übergangszone Δh_{TZ} (rechts) für die Messtage aus CSIP (blaue Punkte), COPS (rote Rauten) und CoBoLd (grüne Sterne). Zusätzlich sind Daten von Boers und Eloranta (1986) als Kreuze eingetragen.

tistische Randzone besteht somit ein deutlicher Zusammenhang, der mit der Funktion

$$h_2 - h_0 = (-26.6 \pm 19.5)10^3 \left[\frac{m^2}{K}\right] \gamma + (376 \pm 100)[m]$$

beschrieben werden kann. Für die Übergangszone ergibt sich lediglich eine Tendenz von geringeren Ausdehnungen bei höherer Stabilität.

Abb. 46 zeigt den Zusammenhang zwischen der Einmischgeschwindigkeit und dem Temperaturgradienten in der freien Atmosphäre für die beiden Grenzschichtkonzepte, die auf geglätteten Tagesgängen aufbauen. Für die Einmischgeschwindigkeit, basierend auf der geglätteten Aerosolschichthöhe, besteht ebenfalls ein deutlicher Zusammenhang, der mit der Relation

$$w_e = (-0.55 \pm 0.13)10^3 \left[\frac{m^2}{s\,K}\right] \gamma + (6.7 \pm 0.7) \left[\frac{m}{s}\right]$$

beschrieben werden kann und einen Korrelationskoeffizienten von -0.97 aufweist. Wird die Einmischgeschwindigkeit basierend auf der Turbulenzhöhe verwendet, verringert sich der Korrelationskoeffizient auf -0.41. Es besteht nur noch ein schwacher Zusammenhang mit einer Tendenz von geringerer Einmischgeschwindigkeit bei höherer Stabilität.

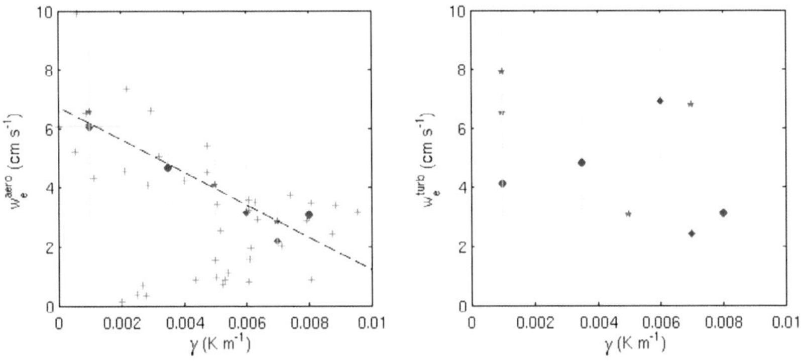

Abb. 46.: Zusammenhang zwischen dem Temperaturgradienten in der freien Atmosphäre und der Einmischgeschwindigkeit basierend auf den geglätteten Aerosolschichthöhen w_e^{aero} (links) bzw. auf den geglätteten Turbulenzhöhen w_e^{turb} (rechts). Zusätzlich sind Daten von Boers und Eloranta (1986) als Kreuze eingetragen.

Sowohl für die Breite der Randzone als auch für die Einmischgeschwindigkeit sind in Abb. 45 und 46 Vergleichswerte aus Boers und Eloranta (1986) eingetragen. Neben den Zahlenwerten aus den Laborstudien von Deardorff et al. (1980) werden diese in Studien zum Einmischprozess oft als Referenz verwendet (Nelson et al., 1989; Batchvarova und Gryning, 1994; Sun et al., 2005). Es ist erkennbar, dass sich die Daten dieser Studie in der gleichen Größenordnung wie die Messergebnisse aus Boers und Eloranta (1986) befinden und auch die gleiche Abhängigkeit aufweisen. Es wird aber auch deutlich, dass die Randzone in dieser Arbeit systematisch breiter abgeschätzt wurde. Die Ursache dafür liegt im Verfahren zu deren Bestimmung begründet. Hier wurde das vierte und das 98te Perzentil der Verteilung einzelner Grenzschichthöhen zur Abschätzung der Randzone verwendet. In Boers und Eloranta (1986) fand dagegen eine visuelle Abschätzung auf Basis von Range-Height-Indikator Scans statt, die sich an den höchsten detektierten Aufwindfahnen (es konnte dabei nur das Aerosolrückstreuverhältnis bestimmt werden) und prozentual überdeckten Bereichen orientierte. Im Fall der Einmischgeschwindigkeiten kann kein systematischer Unterschied zwischen den Werten dieser Studie und denen aus Boers und Eloranta (1986) festgestellt werden. Da die Werte von

Boers und Eloranta (1986) zusätzlich auf großskaliges Heben und Absinken korrigiert wurden, ist Abb. 46 auch ein Beleg dafür, dass die Größenordnung des Absinkens mit -1 cm s^{-1} richtig abgeschätzt wurde.
Beide angegebenen funktionalen Zusammenhänge gelten nicht für neutrale Schichtung ($\gamma \rightarrow 0$) oder stark stabile Schichtung ($\gamma >$ 0.008 K m^{-1}). Bei neutraler oder labiler Schichtung der freien Atmosphäre haben die Konzepte von Randzone und Einmischgeschwindigkeit keine Bedeutung. Bei hoher Stabilität hingegen wird die Einmischgeschwindigkeit ausschließlich durch molekulare Diffusion bestimmt und tendiert somit gegen Null. Für die Breite der Randzone wird das Auftreten eines endlichen Grenzwertes im Fall stark stabiler Schichtung der freien Atmosphäre in der Literatur kontrovers diskutiert (vgl. Kapitel 6.2.1), negative Werte sind jedoch grundsätzlich nicht sinnvoll.
Werden die Ergebnisse der Abhängigkeit der Breite der Randzone bzw. der Einmischgeschwindigkeit von der Stabilität auf die Resultate in Abschnitt 1 dieses Kapitels übertragen, wird deutlich, dass die unterschiedlichen beobachteten Einmischprozesse auch mit unterschiedlichen Breiten der Randzone und verschiedenen Einmischraten verbunden werden können. Grenzflächenoberränder der Kategorie 1, die durch Deformation und damit verbundene Einmischprozesse bestimmt sind, weisen die geringsten Randzonenbreiten und auch die niedrigsten Einmischgeschwindigkeiten auf. Grenzflächen mit Oberränder der Kategorie 2 und 3 zeigen eine Steigerung der Effizienz des Einmischens durch den Übergang auf andere Einzelprozesse. Das Brechen kleiner Wellen bis hin zum großräumigen Umschließen und kompletten Aufreißen der Grenzfläche erweitert den Bereich der Grenzschicht, in dem Einmischprozesse stattfinden können und erhöht deutlich die Einmischgeschwindigkeit.

6. Parametrisierung des Einmischprozesses

Im Rahmen der Ähnlichkeitstheorie ist es möglich, Variablen in dimensionslosen Gruppen zusammenzufassen (Stull, 1988; Buckingham, 1914), die im besten Fall die Auffindung von universellen empirischen Zusammenhängen erlauben. Zur Parametrisierung des Einmischprozesses werden derartige Zusammenhänge zur Beschreibung der Breite der Randzone Δh und der Einmischgeschwindigkeit w_e verwendet. Die in Kapitel 4 abgeleiteten Längen- und Geschwindigkeitsskalen eignen sich zur Bildung der dimensionslosen Gruppen besonders, da diese die antreibenden Prozesse für das Grenzschichtwachstum gut beschreiben.

Nur wenige Ansätze gehen von einer direkten Proportionalität der Einmischgeschwindigkeit bzw. der Breite der Randzone zu einer entsprechenden Skala aus. Funktionale numerische Zusammenhänge werden typischerweise mit der Richardsonzahl aufgestellt. Problematisch bei Relationen zur Richardsonzahl ist die Verwendung des Temperatursprungs am Übergang der Grenzschicht zur freien Atmosphäre, da für die Messung dieser sehr variablen Größe momentan nur hochauflösende Radiosondenaufstiege zur Verfügung stehen. Wie die Ergebnisse in Absatz 3 dieses Kapitels belegen, kann alternativ zum Temperatursprung auch der Anstieg der potentiellen Temperatur in der freien Atmosphäre verwendet werden. Einen weiteren Schritt gehen Modelle, die beide beschreibenden Größen des Einmischprozesses (Δh und w_e) in einer Relation zusammenfassen. In diesem Kapitel werden empirische Relationen früherer Studien vorgestellt und insbesondere zum Auffinden der zur Beschreibung des Einmischvorgangs geeignetsten Skalen überprüft.

6.1. Parametrisierungen ohne Berücksichtigung der Stabilität

Funktionalen Zusammenhänge, die auf einer direkten Proportionalität der Breite der Randzone bzw. der Einmischgeschwindigkeit zu einer Längen- bzw. einer Geschwindigkeitsskala beruhen, berücksichtigen die Stabilität nicht explizit. Im Folgenden werden Ansätze dieser Art für die in Abschnitt 4.3. beschriebenen Skalen untersucht.

6.1.1. Randzone

Während im Bereich der atmosphärischen Grenzschicht Relationen zwischen der Breite der Randzone Δh und der Höhe der Grenzschicht h häufig verwendet werden, ist in der Fluiddynamik und den in diesem Zusammenhang durchgeführten Laborstudien dieser Ansatz eher unüblich. Eine sehr häufig verwendete Beziehung zwischen der Grenzschichthöhe und der Breite der Randzone entstammt den Sprungmodellen erster Ordnung: Wird ein festes Verhältnis des turbulenten Wärmeflusses am Boden $\overline{w'\theta'}_0$ zum turbulenten Wärmefluss im Bereich der Übergangszone $\overline{w'\theta'}_h$ angenommen, so folgt aus einfachen geometrischen Überlegungen (vgl. Abb. 4)

$$c = \frac{\overline{w'\theta'}_h}{\overline{w'\theta'}_0} = \frac{\Delta h}{2h - \Delta h} = \frac{h}{h_0} - 1, \qquad [82]$$

und aufgelöst:

$$\frac{\Delta h}{h} = \frac{2c}{1+c} = \alpha. \qquad [83]$$

Der Parameter c wurde in vielen Veröffentlichungen empirisch bestimmt (vgl. Abschnitt 2.4.1). Zusammenfassend nimmt c Werte im Intervall [0.1, 0.4] an, was bedeutet, dass das Verhältnis von Randzone zu Grenzschichthöhe im Intervall [0.2, 0.6] liegen muss. Van Zanten et al. (1999) erwähnen, dass ein für die Grobstruktursimulationen typischer Wert bei 0.4 liegt. Die Beschreibungen der Randzone (vgl. Abschnitt 2.3) sprechen für die Möglichkeit höherer Verhältnisse. Es wird bereits aus dieser Aufzählung deutlich, dass die Annahme eines festen Verhältnisses nur eingeschränkt gelten kann, sondern dass sich vielmehr eine situationsabhängige Relation ergeben muss. Eine Analyse wurde auf Basis der 60 min Intervalle für beide Randzonenkonzepte (statistisch

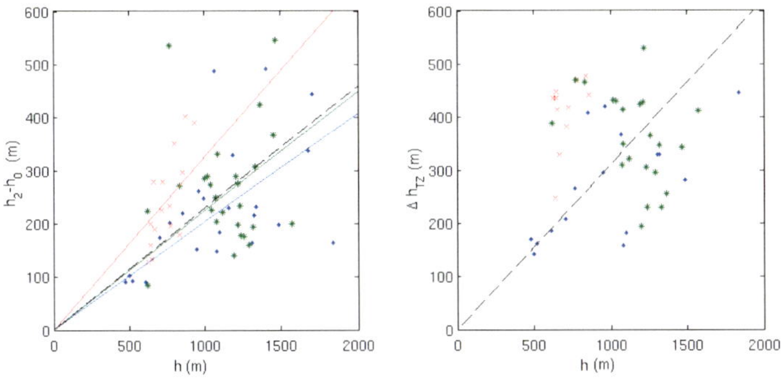

Abb. 47.: Korrelation zwischen der Breite der statistischen Randzone (links) bzw. der Übergangszone (rechts) und der Grenzschichthöhe für das Konzept der Aerosolschichthöhe (ungeglättet), aufgelöst nach Messkampagnen (CSIP: blaue Punkte, COPS: rote Kreuze, CoBoLd grüne Sterne). Zusätzlich ist die lineare Regression für die einzelnen Messkampagnen (farbige durchgezogene Linien), sowie für alle Daten eingetragen (schwarze gestrichelte Linie). Es sind nur statistisch unabhängige Werte dargestellt.

definierte Randzone und Übergangszone) durchgeführt. Es wurde sowohl das Konzept der Aerosolschichthöhe, als auch das der Turbulenzhöhe berücksichtigt. Werden geglättete Grenzschichthöhen betrachtet, so erfolgt auch eine Glättung der Randzone mit Hilfe von glättenden kubischen Splines. Die Korrelationskoeffizienten werden auf Basis aller Werte bestimmt, was effektiv einem Mittelwert über alle möglichen Kombinationen statistisch unabhängiger Punkte entspricht. Abb. 47 stellt das Ergebnis aufgelöst nach Messkampagnen dar.
Es ergibt sich ein Korrelationskoeffizient zwischen statistisch definierter Randzone und Aerosolschichthöhe (geglättet) von 0.42 (ungeglättet: 0.40), bzw. zur Turbulenzhöhe von 0.57. Eine leichte Korrelation liegt vor, wobei die Turbulenzhöhe das geeignetere Konzept ist. Eine lineare Regression ergibt, unabhängig vom verwendeten Konzept für die Grenzschichthöhe, einen funktionalen Zusammenhang von

$$h_2 - h_0 = (0.23 \pm 0.03)h.$$

Dies ergibt einen Wert für den Parameter c von 0.13, was niedriger als der üblicherweise verwendete Wert von 0.2 ist, jedoch die Ergebnisse einzelner anderer Studien bestätigt (z.B. Davis et al., 1997: c = 0.12 $\pm$ 0.01). Für die

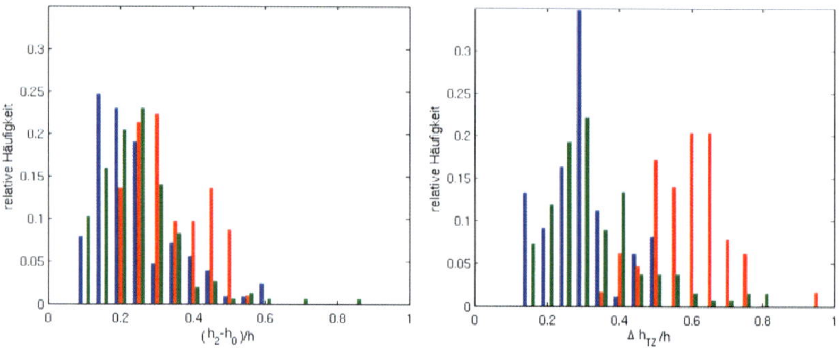

Abb. 48.: Verteilung des Verhältnisses zwischen der Breite der statistischen Randzone (links) bzw. der Übergangszone (rechts) und der Aerosolschichthöhe. Für das Histogramm wurden alle Werte mit einem Zeitschritt von 10 min verwendet, die Farben entsprechen den drei Messkampagnen: CSIP blau, COPS rot, CoBoLd grün.

Übergangszone liegt der Korrelationskoeffizient für beide Konzepte der Grenzschichthöhe betragsmäßig unter 0.05. Es kann somit kein linearer Zusammenhang zwischen der Breite der Übergangszone und der Grenzschichthöhe festgestellt werden.

Die Verteilung des Verhältnisses zwischen der Breite der Randzone und der Grenzschichthöhe $(h_2 - h_0)/h$ bzw. $\Delta h_{TZ}/h$ wird in Abb. 48 nochmals als Histogramm dargestellt. Sowohl für die statistische Randzone (Abb. 48, links) als auch für die Übergangszone (Abb. 48, rechts) kann die Verteilung mit einer logarithmischen Normalverteilung beschrieben werden, wobei die statistische Randzone einen geringeren Erwartungswert und eine geringere Streuung im Vergleich zur Übergangszone aufweist. Auffällig ist das abweichende Verhalten der Werte über dem Bergstandort der COPS Kampagne (in Abb. 48 rot dargestellt). Durch das Stauchen der Grenzschicht über der Hornisgrinde (vgl. Abschnitt 4.1) ergeben sich hier geringere Grenzschichthöhen über Grund. Jedoch scheint es keinen Effekt auf die Breite der Randzone zu geben, wie auch schon die Betrachtungen zur hochaufgelösten Übergangszone in Abschnitt 5.3 ergeben haben. Für Werte von $\frac{\Delta h}{h} > 0.67$ übersteigt die Ausdehnung der Randzone die der Mischungsschicht (h_0), was für die Übergangszone bei COPS beobachtet wurde, selten jedoch für die beiden anderen Messkampagnen.

Eine Systematik des Verhältnisses zwischen Breite der Randzone und Grenzschichthöhe beruhend auf unterschiedlichen Zeiten oder Antrieben, wie z.B. in Stull (1988) oder Haegeli et al. (2000), kann auf Basis der vorliegenden Daten nicht gefunden werden.
Die integrale Längenskala l ist eine vielfach verwendete Längenskala in der Fluiddynamik. Crapper und Linden (1974) konnten für $\frac{\Delta h}{l}$ ein festes Verhältnis von 1 bis 1.5 ermitteln, das unabhängig von der Richardsonzahl war. Auch Deardorff (1983) verwendet ein festes Verhältnis von 1 zur Parametrisierung. Ein ebenfalls stabilitätsunabhängiges Verhältnis, jedoch mit einem kleineren numerischen Wert von 0.27$\pm$0.04 fanden McGrath et al. (1997). Andere Studien, wie z.B. Hannoun und List (1988), zeigen hingegen eine Abhängigkeit von der Richardsonzahl.
Für die zur Verfügung stehenden Daten wurde ein Korrelationskoeffizient von 0.29 zwischen l und der statistisch definierten Randzone und 0.08 zwischen l und der Übergangszone ermittelt. Es stehen ca. 70 statistisch unabhängige Wertepaare zur Verfügung, womit die Hypothese einer Unabhängigkeit der Merkmale $h_2 - h_0$ und l verworfen werden muss, es besteht somit ein Zusammenhang. Im Fall der Übergangszone stehen die beiden Größen Δh_{TZ} und l hingegen in keinem erkennbaren Verhältnis zueinander, hier kann die Hypothese einer statistischen Unabhängigkeit mit einer Irrtumswahrscheinlichkeit von unter 2% bestätigt werden. Die Verteilung des Verhältnisses von $\frac{\Delta h}{l}$ (Abb. 49) folgt, wie im Fall der Grenzschichthöhen, einer Lognormalverteilung, wobei der Erwartungswert bei 1.5 für die statistische Randzone und 2.1 für die Übergangszone liegt. Im Mittel können somit die Ergebnisse früherer Studien bestätigt werden, für eine allgemeine Beschreibung ist die Annahme eines festen Verhältnisses jedoch nicht ausreichend. Für die integrale Längenskala ergibt sich, im Gegensatz zur Grenzschichthöhe als Längenskala, kein Effekt durch den Gipfelstandort im komplexen Terrain der COPS Kampagne. Die normierten Übergangszonen zeigen leicht höhere Werte, jedoch keine abweichende Verteilung.
Die Obukhov Länge L_{MO}, als dritte berücksichtigte Längenskala, zeigt für beide Randzonenkonzepte Korrelationskoeffizienten von betragsmäßig unter 0.15, womit die Breite der Randzone und L_{MO} als statistisch unabhängig für den be-

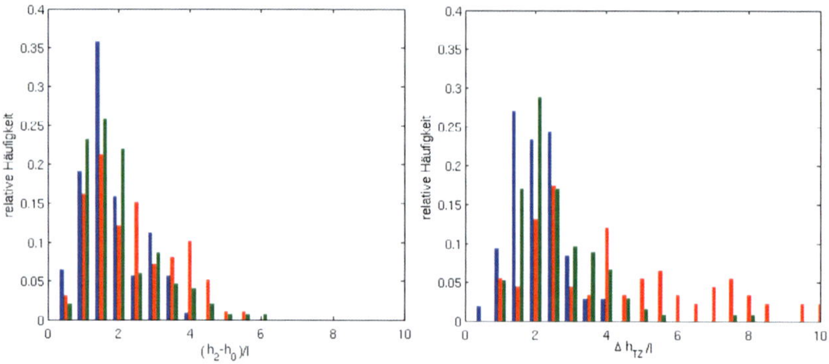

Abb. 49.: Verteilung des Verhältnisses zwischen der Breite der statistischen Randzone (links) bzw. der Übergangszone (rechts) und der über die Grenzschichthöhe gemittelten integralen Längenskala. Für das Histogramm wurden alle Werte mit einem Zeitschritt von 10 min verwendet, die Farben entsprechen den drei Messkampagnen: CSIP blau, COPS rot, CoBoLd grün.

trachteten Datensatz gewertet werden können. Das Verhältnis zwischen Randzonenbreite und Obukhov Länge kann ebenfalls durch eine Lognormalverteilung beschrieben werden, wobei ein Erwartungswert von 7.1 für die statistische Randzone und 9.8 für die Übergangszonen die Verteilung am besten repräsentieren.

Zusammenfassend lässt sich sagen, dass feste Verhältnisse zwischen der Breite der Randzone und den getesteten Längenskalen nicht bestätigen werden. Es zeigen sich typischerweise logarithmische Normalverteilungen, deren Erwartungswerte mit Verhältnissen aus früheren Studien übereinstimmen. Im Fall der Verwendung der Grenzschichthöhe als Längenskala zeigen sich Terraineffekte, nicht jedoch bei Verwendung der integralen Längenskala.

6.1.2. Einmischgeschwindigkeit

Die Einmischhypothese (Turner, 1986) sagt aus, dass die mittlere Einströmgeschwindigkeit über den Rand einer turbulenten Region proportional zu einer charakteristischen Geschwindigkeit ist. Im Bereich des Einmischens in Strahlströme oder Auftriebsströme ergibt sich dabei, abhängig vom Strömungstyp,

ein konstantes Verhältnis (MTT Modell, Screenivas und Prasad, 2000). Anders als für die Breite der Randzone, gibt es in der Literatur jedoch keine Ansätze, die ein festes, von den Bedingungen im Fluid unabhängiges Verhältnis der Einmischgeschwindigkeit zu einer Geschwindigkeitsskala beim Einmischen in eine turbulente Schicht vorhersagen. Entsprechende Tests mit den verwendeten Geschwindigkeitsskalen bestätigen dieses Ergebnis. Es konnte sowohl im Zusammenhang mit der Wurzel der maximalen Varianz der Vertikalwindgeschwindigkeit $\sigma_{w,max}$, als auch mit der konvektiven Geschwindigkeit w_* lediglich für das Konzept einer Einmischgeschwindigkeit basierend auf der geglätteten Aerosolschicht zu w_* ein Korrelationskoeffizient von betragsmäßig größer als 0.3 ermittelt werden. Die Verteilung der Verhältnisse entspricht wiederum einer logarithmischen Normalverteilung. Es sind für $\sigma_{w,max}$ keine und für die konvektive Geschwindigkeit nur sehr leichte Terraineffekte beobachtbar. Letztere sind bedingt durch die Grenzschichthöhe, die direkt in w_* einfließt.
Die Annahmen der Einmischhypothese können folglich mit den überprüften Geschwindigkeitsskalen für den betrachteten Prozess nicht bestätigt werden.

6.2. Parametrisierungen mit der Richardsonzahl als Maß für die Stabilität

Die Richardsonzahl Ri repräsentiert ein Verhältnis zwischen Turbulenz dämpfenden und Turbulenz generierenden Einflüssen. Für die Parametrisierung des Einmischprozesses wird eine Schicht-Richardsonzahl eingesetzt. Explizit fließen in diesen dimensionslosen Parameter eine Längen- und Geschwindigkeitsskala sowie der Temperatursprung $\Delta\theta$ am Übergang zwischen der turbulenten und der nicht-turbulenten Schicht ein:

$$Ri = g\frac{\Delta\theta}{\overline{\theta}}\frac{L}{V^2}. \qquad [84]$$

Eine Analyse des Zusammenhangs zwischen der Breite der Randzone, bzw. der Einmischgeschwindigkeit und der Richardsonzahl ist nur für die Tage möglich, an denen die für die Ermittlung des Temperatursprungs notwendigen hochaufgelösten Profile der potentiellen Temperatur für die jeweiligen Messorte vorliegen. Die operationellen Radiosonden geben auf Grund einer schlechteren vertikalen Auflösung nicht die Möglichkeit diesen Temperatursprung abzuschätzen.

6.2.1. Randzone

Die am häufigsten verwendete Beziehung zwischen der Richardsonzahl und der Breite der Randzone lautet

$$\frac{\Delta h}{L} = aRi^{-b} + c \qquad [85]$$

mit $a, b, c \geq 0$. Es ist möglich, diese Relation zwischen $\frac{\Delta h}{L}$ und Ri für $L = h$ mit Hilfe des Modells eines aufsteigenden Luftpakets abzuleiten, wobei, je nach verwendetem Erhaltungssatz, für den Exponenten b Werte von 1 (Stull, 1973) bzw. 0.5 (Boers, 1989) gefunden werden (vgl. Abschnitt 2.4.2). Der von Null abweichende Grenzwert der normierten Breite der Randzone für sehr große Ri (hohe Stabilität)

$$\lim_{Ri \to \infty} \frac{\Delta h}{L} = c \qquad [86]$$

ist ein empirisches Resultat, welches besagt, dass auch im Fall sehr großer Temperatursprünge und der damit verbundenen extrem hohen Stabilität eine endliche Ausdehnung der Randzone vorhanden ist. Eine physikalische Begründung im Sinne der eigentlichen Definition der Randzone gibt es für dieses Ergebnis nicht, da abgesehen von rein molekularer Diffusion effektiv kein Fluid über eine solche Grenze gemischt werden kann. Praktisch ist der endliche Wert von c durch die Ableitung der Randzone aus den Schwankungen der Grenzschichthöhe (statistisches Randzonenkonzept) jedoch ersichtlich, da eine komplett glatte Oberfläche nicht realistisch ist.

Tab. 12 stellt empirische Studien und die gefundenen Resultate für die Parameter a, b und c vor. In allen Fällen wurden die Skalen (h, w_*) verwendet, Ri entspricht somit der konvektiven Richardsonzahl Ri_*. Zusätzlich findet sich in Deardorff (1983) eine leicht abweichende Formulierung basierend auf einer Reanalyse der Labordaten von Deardorff et al. (1980): $\frac{\Delta h}{h} = (1 + 1.9Ri_q)^{-0.4}$ mit $Ri_q = g\frac{\Delta\rho}{\rho}\frac{l}{q^2}$, wobei $q^2 = u'^2 + v'^2 + w'^2$. In dieser Studie werden somit zumindest für Ri turbulente Skalen verwendet. Im Grenzfall $Ri_q \to 0$ erreicht die

Tab. 12.: Parameter für die Relation 85 zwischen der Breite der Randzone und der Höhe der Grenzschicht

Veröffentlichung	Studientyp	a	b	c
Deardorff et al. (1980)	Labor, konvektive Turbulenz (Normierung mit h_0)	1.31	1	0.21
Boers und Eloranta (1986)	Bodengebundenes Lidar in konvektiver Grenzschicht	1.57	1	0.23
Davis et al. (1997)	Flugzeugmessungen mit Lidar in konvektiver Grenzschicht	1.5	0.5	0
Boers (1989)	Reanalyse von Labordaten von Deardorff et al. (1980) und Lidardaten von Boers und Eloranta (1986)	1.23	0.5	0
Nelson et al. (1989), Gryning und Batchvarova (1994)	Daten von Deardorff et al. (1980) im Zusammenhang mit Reanalyse in Deardorff (1983)		0.25	
Sullivan et al. (1998)	Grobstruktursimulation der konvektiven Grenzschicht		1	
Fedorovich et al. (2004)	Grobstruktursimulation der konvektiven Grenzschicht		0.5	

Breite der Randzone die Ausdehnung der Grenzschicht, bei sehr hoher Stabilität $Ri_q \to \infty$ hingegen nimmt sie einen Wert von Null an. Deardorff (1983) argumentiert folglich gegen einen asymptotischen Grenzwert. Die Ergebnisse bisheriger Studien (Tab. 12) machen deutlich, dass die Potenz b einen größeren Wertebereich zwischen 0.25 und 1 abdeckt und nicht einheitlich bestimmt werden konnte. Beyrich und Gryning (1998) verweisen in ihrer Studie auf Basis von Sodarmessungen sogar darauf, keinen Zusammenhang zwischen der normierten Breite der Randzone und der Richardsonzahl ermitteln zu können. Dieses Ergebnis und die Unsicherheiten in der empirischen und auch theoretischen Bestimmung der Potenz b, veranlasste Sun et al. (2005) zu der Hypothese, dass die Richardsonzahl möglicherweise nicht der geeignete Parameter zur Beschreibung der Stabilitätsabhängigkeit der normierten Randzone ist.

Um einen Vergleich mit den vorliegenden empirischen Resultaten zu ermöglichen, wurde die klassische Skalenkombination (h, w_*) unter Verwendung der Aerosolschichthöhe und dem Konzept der statistischen Randzone betrachtet.

Die Breite der Randzone, die Höhe der Mischungsschicht und die konvektive Geschwindigkeit wurden jeweils über $\pm$ 30 min um den Aufstiegszeitpunkt der lokalen Radiosonde gemittelt. Die Abschätzung des Temperatursprungs erfolgte durch visuelle Schätzung gemäß Abb. 8. Abb. 50 stellt die gefundenen Ergebnisse im Zusammenhang mit Ergebnissen aus der Literatur dar. Die Datenlage dieser Studie ist schwach und zeigt zusätzlich starke Schwankungen, so dass auf deren Basis keine, der in Tab. 12 dargestellten Relationen bestätigt oder widerlegt werden kann. Die Daten fügen sich jedoch gut in die vorhandenen Datensätze von Deardorff et al. (1980) und Boers und Eloranta (1986) ein. Auf eine Darstellung mit anderen Skalen soll auf Grund der unsicheren Bestimmung von $\Delta\ theta$ sowie der nicht vorhandenen Werte für die CoBoLd Kampagne (auf Grund der fehlenden Radiosondenaufstiege) verzichtet werden.

6.2.2. Einmischgeschwindigkeit

Aufbauend auf den Modellen zum Einmischprozess kann äquivalent zur Breite der Randzone auch für die Einmischgeschwindigkeit eine Relation zur Richardsonzahl postuliert werden

$$\frac{w_e}{V} = \alpha Ri^{-\beta}. \qquad [87]$$

Im Gegensatz zur Randzone wird in diesem Fall kein Grenzwert $\neq 0$ für sehr hohe Stabilität angesetzt. In Tab. 13 werden Werte verschiedener Autoren für die Parameter α und β aufgelistet. Es ist erkennbar, dass der Wert des Exponenten β typischerweise bei 1 oder 1.5 liegt. Werte unter 0.9, wie sie im Fall der Breite der Randzone gefunden wurden, treten im Zusammenhang mit w_e nicht auf. Die Einmischgeschwindigkeit scheint somit stärker von der Stabilität abhängig zu sein als die Breite der Randzone. Eine sehr ausführliche Übersicht über experimentelle Studien bis 1990 gibt Fernando (1991), die Ergebnisse werden in Tab. 13 zusammenfassend als Intervall angegeben. Die dort vorgestellten Laborexperimenten, Studien in der Atmosphäre, in Seen und im Ozean sowie numerischen Simulationen deutet zudem auf eine Abhängigkeit des Exponenten β vom vorherrschenden Einmischprozess hin. Ebenso ermit-

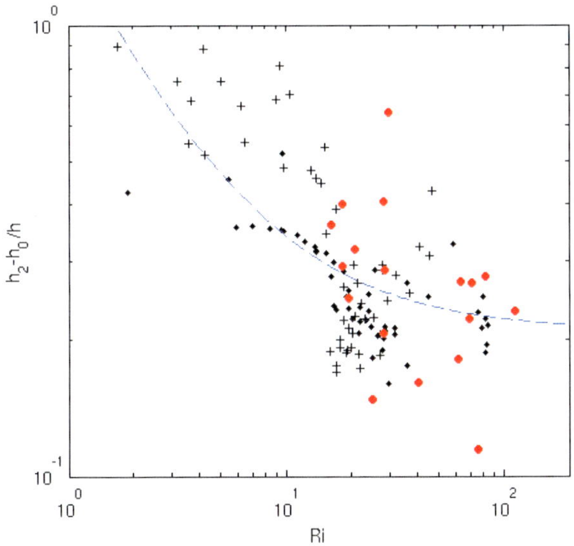

Abb. 50.: Zusammenhang der normierten Breite der Randzone mit der Richardsonzahl. Zur Normierung wurde die klassische Skalenkombination (h, w_*) verwendet, für die Grenzschichthöhe das Konzept der Aerosolschichthöhe sowie für die Randzone des Konzept der statistischen Randzone. Die Relation nach Deardorff et al. (1980) ist als blaue gestrichelte Linie dargestellt. Zusätzlich zu den Messdaten aus CSIP und COPS (große rote Punkte) sind die Daten von Boers und Eloranta (1986) (schwarze Kreuze) und die Messungen von Deardorff et al. (1980) (kleine schwarze Punkte) eingetragen.

Tab. 13.: Parameter für einen Zusammenhang gemäß Gleichung 87 zwischen der Richardsonzahl und der normierten Einmischgeschwindigkeit für verschiedene Geschwindigkeitsskalen V.

Veröffentl.	Studientyp	α	β	V
Deardorff et al. (1980)	konvektive Mischung in Wassertank	0.25	1	w_*
Deardorff et al. (1980)	konvektive Mischung in Wassertank, alternativer Fit	1.1	1.5	w_*
Turner (1986)	Laborexperiment oszillierendes Gitter	-	1.5	σ_u
Linden (1973)	Laborexperiment aufschlagende Wirbelringe	0.6	1.5	u_w^+
Baines (1975)	Laborexperiment Aufwindschläuche	-	1.5	u_A^{++}
Hannoun und List (1988)	Laborexperiment oszillierendes Gitter		1.5	σ_u
Fernando (1991)	Zusammenfassung Laborexperimente, ohne Scherung		1-1.75	w_*
Fernando (1991)	Zusammenfassung Laborexperimente, mit Scherung		0.9-2	u_*
Sullivan et al. (1998)	Grobstruktursimulation, konvektive Grenzschicht	0.2	1	w_*
Strang und Fernando (2001)	Laborexperiment mit Scherung, Auffindung von 3 Regimes		0/2.6/1.3	ΔV
Fedorovich et al. (2004)	Grobstruktursimulation, konvektive Grenzschicht		1-1.5	w_*

$^+$ Geschwindigkeit Wirbelring
$^{++}$ Längsachsengeschwindigkeit Aufwindschlauch

telte Deardorff (1983) in seinem Modell einen Zusammenhang zwischen der Einmischgeschwindigkeit und der Richardsonzahl, der zwei verschiedene Regime berücksichtigt: für $Ri_q \leq 0.52$ gilt $\frac{w_e}{q} = 0.66 - 0.52 Ri_q$, für $Ri_q > 0.52$ dagegen $\frac{w_e}{q} = 0.28 Ri_q^{-1.34} - \; exp(-5(Ri_q - 0.52))$, wobei wieder $Ri_q = g\frac{\Delta\rho}{\rho}\frac{l}{q^2}$ gilt. Auch die neueren Ergebnisse von Strang und Fernando (2001) (vgl. Tab. 13) verweisen auf das Vorhandensein verschiedener Einmischregime und damit verbundener verschiedener Exponenten. Ein mögliches Modell, das eine Änderung des Exponenten berücksichtigt, schlagen Sun und Wang (2008) vor. Hier wird der Exponent $\beta = 1$ gesetzt und der Parameter α zusätzlich über das Verhältnis zwischen der Breite der Randzone und Grenzschichthöhe parametrisiert:

$$\frac{w_e}{w_*} = \alpha' \frac{\Delta h}{h} Ri^{-1}. \qquad [88]$$

Für große Richardsonzahlen (hohe Stabilität) gilt mit der Beziehung von Boers (1989) $\frac{\Delta h}{h} \propto Ri^{-0.5}$, womit sich für das Verhältnis zwischen Einmischgeschwindigkeit und konvektiver Geschwindigkeit $\frac{w_e}{w_*} \propto Ri^{-1.5}$ ergibt. Für schwach stabile Schichtung hingegen argumentieren Sun und Wang (2008), dass das Verhältnis zwischen der Breite der Randzone und der Grenzschichthöhe nicht mehr durch die Richardsonzahl kontrolliert wird und somit $\frac{w_e}{w_*} \propto Ri^{-1}$ gilt. Es erscheint zusammenfassend möglich, dass die beiden am häufigsten gefundenen Exponenten von 1 und 1.5 einfach das Resultat verschiedener Einmischregime sind, in denen die Parameter ermittelt wurden.

Analog zu den Betrachtungen der Randzone wurden für eine Überprüfung der Relation nach Gleichung 87 mit den hier verwendeten Messdaten die Einmischgeschwindigkeit und die relevanten Skalen $\pm$ 30 min um den Aufstiegszeitpunkt der Radiosonde gemittelt. Abb. 51 stellt die Ergebnisse für eine Skalenkombination $(h,\, w_*)$ im Zusammenhang mit den Resultaten aus Deardorff et al. (1980) und Boers und Eloranta (1986) dar. Wie im Fall der Breite der Randzone fügen sich die Ergebnisse gut ein, weisen aber eine starke Streuung auf, die eine Bestätigung empirischer Werte für α und β nicht ermöglicht. Auch hier soll auf eine Ausdehnung der Studie auf weitere Skalen verzichtet werden.

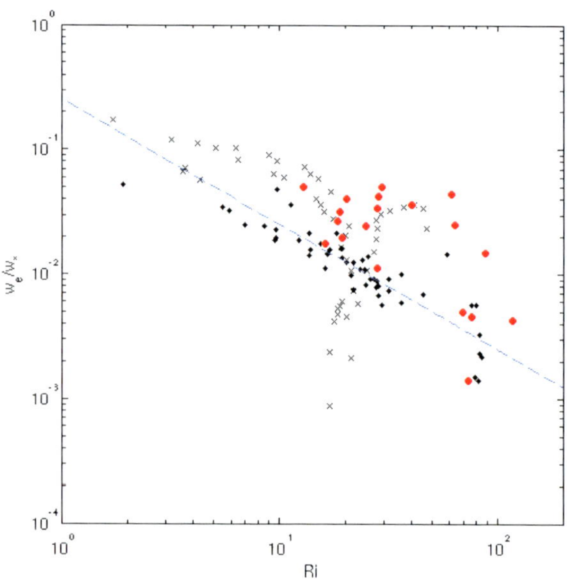

Abb. 51.: Korrelation der normierten Einmischgeschwindigkeit mit der Richardsonzahl. Zur Normierung wurde die klassische Skalenkombination (h, w_*) verwendet, für die Grenzschichthöhe und somit auch für die Einmischgeschwindigkeit das Konzept der Aerosolschichthöhe. Symbole wie Abb. 50.

6.3. Parametrisierungen auf Basis des Temperaturgradienten in der freien Atmosphäre

6.3.1. Substitution der Richardsonzahl

Die Richardsonzahl wird unter Verwendung des Temperatursprungs $\Delta\theta$ am Übergang zwischen Grenzschicht und freier Atmosphäre bestimmt. Während die Messung bzw. das Auslesen dieser Größe in Laborstudien und numerischen Simulationen kein Problem darstellt, ist dessen Ermittlung in der atmosphärischen Grenzschicht nicht einfach. Die Bestimmung des Temperatursprungs erfordert hier eine sehr hoch aufgelöste Messung des Profils der potentiellen Temperatur, was mit dem derzeitigen Stand der Messtechnik nicht mit Verfahren der Fernerkundung, sondern ausschließlich durch in-situ Messmethoden möglich ist. Die beste Höhenauflösung bieten dabei langsam aufsteigende Radiosonden, die aber selbst während spezieller Intensivmessphasen bestenfalls mit einer zeitlichen Auflösung von ein bis zwei Stunden zur Verfügung stehen. Außerhalb dieser Zeiten sind diese Messungen im Allgemeinen nicht verfügbar. Zusätzlich besteht der entscheidende Nachteil, dass nur eine Augenblicktaufnahme des Profils gemessen wird, die sich stark vom Profil wenige Minuten später in Folge lokaler Prozesse und veränderter Advektion, unterscheiden kann. Eine Mittelung wäre notwendig, ist aber sowohl aus messtechnischen als auch aus Kostengründen nicht realisierbar. Die aus den Radiosondenmessungen abgeleiteten Abschätzungen des Temperatursprungs sind somit insgesamt nicht zuverlässig. Die starken Schwankungen der einzelnen Punkte in Abb. 50 und 51 spiegeln diese Problematik wider.

Für die atmosphärische Grenzschicht erscheint somit die Verwendung eines räumlich und zeitlich weniger variablen Parameters sinnvoll. Auf eine Möglichkeit verweisen die Arbeiten von Tennekes (1973), Boers und Eloranta (1986) und Batchvarova und Gryning (1990), die alle eine direkte Proportionalität zwischen dem Temperatursprung $\Delta\theta$ und dem Temperaturgradienten in der freien Atmosphäre γ annehmen. Aufbauend auf diesen Überlegungen und auch auf den Ergebnissen aus Abschnitt 5.4 sollen deshalb zwei dimensionslose Stabilitätsparameter basierend auf γ betrachtet werden.

Erstens schlagen Sun et al. (2005) einen Parameter

$$S = \frac{\gamma L}{\theta} \qquad [89]$$

vor, wobei in der Veröffentlichung explizit $L = h$ verwendet wird. Grundlage für diesen Ansatz bildet eine starke Korrelation zwischen $\frac{\Delta h}{\Delta \theta}$ und γ, die in den Messdaten von Deardorff et al. (1980) und Boers und Eloranta (1986) nachgewiesen wurde (vgl. Abschnitt 2.4.2). Im Unterschied zur Richardsonzahl beinhaltet der Parameter S explizit keine Geschwindigkeitsskala.
Zweitens kann in Anlehnung an die Überlegungen von Deardorff (1979) ein Stabilitätsparameter

$$\tilde{Ri} = g \frac{\gamma}{\theta} \frac{L^2}{V^2} \qquad [90]$$

betrachtet werden, der sowohl eine Längenskala als auch eine Geschwindigkeitsskala enthält. Im Unterschied zur Richardsonzahl wird die Längenskala bei $\tilde{Ri}$ durch die Anforderung der Dimensionslosigkeit stärker gewichtet. Beide Stabilitätsparameter S und $\tilde{Ri}$ wurden bereits in früheren Studien erwähnt, jedoch wurde bisher noch nicht explizit ihre Verwendbarkeit als Substitution für die Richardsonzahl Ri geprüft.
Für eine erste qualitative Bewertung dieser Parameter erfolgte eine Betrachtung des Zusammenhangs von S bzw. $\tilde{Ri}$ und der normierten Breite der statistischen Randzone bzw. der normierten Einmischgeschwindigkeit unter Verwendung der klassischen Skalenkombination $(h,\ w_*)$. Es wurden die wolkenfreien Tage aus CSIP und CoBoLd sowie der 01. und der 05.08.2007 aus COPS analysiert. Die Bestimmung des Temperaturgradienten γ fand durch visuelle Anpassung eines linearen Anstiegs an den Verlauf der potentiellen Temperatur oberhalb der Grenzschicht aus den operationellen Radiosonden statt. Analog zu den Überlegungen in Abschnitt 5.1 kann dieser für ein Zeitfenster zwischen 10:30 und 13:30 UTC als repräsentativ angesehen werden. Für die Grenzschichthöhe wurde das Konzept der Aerosolschichthöhe angesetzt. Unter diesen Bedingungen können die Werte von Deardorff et al. (1980) und Boers und Eloranta (1986) vergleichend hinzugezogen werden. In Abb. 52 sind die Relationen zwischen den beiden Stabilitätsparametern und der normierten Breite der Randzone bzw. der normierten Einmischgeschwindigkeit dargestellt. In allen vier Teilabbildungen zeigen die Wertepaare aus der aktuellen Studie eine

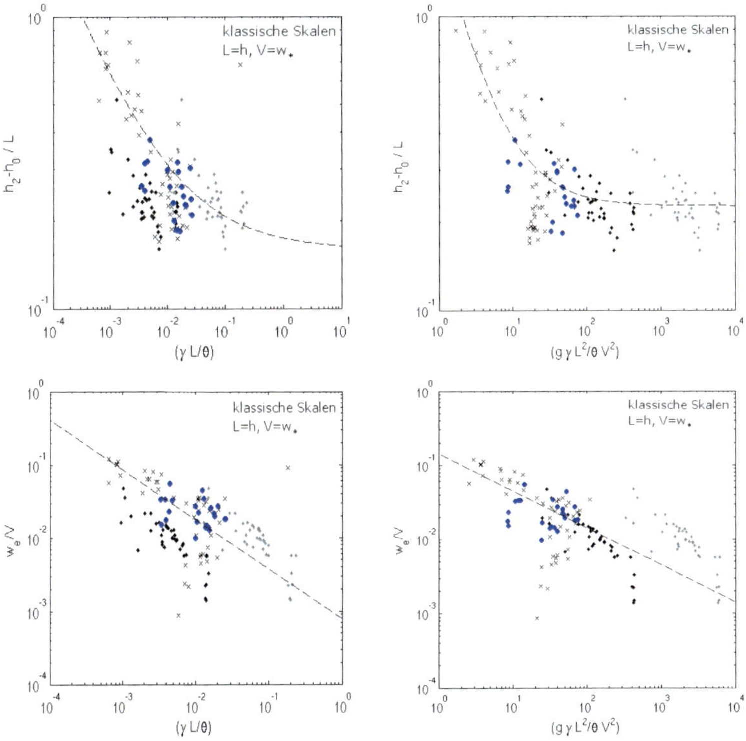

Abb. 52.: Zusammenhang zwischen der normierten Breite der Randzone (oben) bzw. der Einmischgeschwindigkeit (unten) und dem Stabilitätsparameter $S = \frac{\gamma L}{\theta}$ (links) bzw. $\tilde{Ri} = g\frac{\gamma}{\theta}\frac{L^2}{V^2}$ (rechts). Zusätzlich zu den Werten der aktuellen Studie (blaue Punkte) sind die Ergebnisse aus Deardorff et al. (1980) unter Verwendung der angegeben Temperaturwerte in der Mischungsschicht (graue Punkte) und mit berechneten Werten aus dem Koeffizienten der thermischen Ausdehnung (schwarze Punkte) sowie die Ergebnisse aus Boers und Eloranta (1986) (schwarze Kreuze) eingetragen. Die schwarzen gestrichelten Linien geben Anpassungen an die Literaturwerte wieder.

geringere Streuung als unter Verwendung der Richardsonzahl (vgl. Abb. 50 und 51). In allen Fällen fügen sie sich zudem gut in die bestehenden Datensätze ein. Für die Daten aus Deardorff et al. (1980) sind jeweils zwei Punktgruppen dargestellt. Einerseits erfolgte eine Bestimmung von S bzw. $\tilde{Ri}$ unter Verwendung der Mischungsschichttemperatur (grau), analog zum Vorgehen in Sun et al. (2005), andererseits unter Abschätzung einer Temperatur aus dem thermischen Expansionskoeffizienten β_T (schwarz), für den in der Atmosphäre $\beta_T = \frac{1}{\theta}$ gilt, im Laborversuch jedoch andere Verhältnisse vorliegen. In Bezug auf den Parameter S erlauben die Daten von Deardorff et al. (1980) im ersten Fall eine Erweiterung des Boersschen Datensatzes zu größeren Werten von S, im zweiten Fall erhöhen sie eher die Streuung der Werte. Anders bei der Bestimmung des Parameters $\tilde{Ri}$: In diesem Fall unterscheiden sich die Werte aus Deardorff et al. (1980) deutlich von denen aus Boers und Eloranta (1986), falls die Mischungsschichttemperatur verwendet wird. Im zweiten Fall ergänzen sich die Daten hingegen gut.

Grundsätzlich eignen sich beiden Parameter S und $\tilde{Ri}$, um einen Parametrisierung der normierten Breite der Randzone und der Einmischgeschwindigkeit analog zur Richardsonzahl zu ermöglichen. Die experimentellen Daten von Deardorff et al. (1980) und Boers und Eloranta (1986), die zur Auffindung der verbreitetsten Parametrisierungen im Zusammenhang mit der Richardsonzahl geführt haben, zeigen keine höhere Streuung als im Zusammenhang mit Ri und es lassen sich deutliche Zusammenhänge zwischen der Breite der Randzone bzw. der Einmischgeschwindigkeit und den dimensionlosen Parametern erkennen. Durch die zuverlässigere Bestimmung der Stabilitätsparameter S und $\tilde{Ri}$ ist nun die Erstellung von verlässlicheren funktionalen Zusammenhängen sowie deren Modifikation durch die Verwendung verschiedener Skalen sinnvoll möglich.

6.3.2. Randzone

Eine Korrelation zwischen dem Parameter S und der Breite der Randzone wurde in Anlehnung an die Ergebnisse von Sun et al. (2005) explizit auf einen funktionalen Zusammenhang der Form

$$\frac{\Delta h}{L} \propto S^{-0.5} \qquad [91]$$

geprüft. Abb. 53 stellt das Ergebnis für beide Randzonenkonzepte, jeweils für die klassische Skalenkombination (h, w_*) sowie für die turbulenten Skalen (l, $\sigma_{w,max}$), dar. Die drei Konzepte der Einmischgeschwindigkeit (eine Bestimmung erfolgte jeweils auf Basis ungeglätteter und geglätteter Aerosolschichthöhen und geglätteter Turbulenzhöhen) unterscheiden sich nicht systematisch.
Für das Konzept der geglätteten Aerosolschichthöhe (Abb. 53 dunkelblaue Punkte) kann unter Verwendung der klassischen Skalen ein Korrelationskoeffizient zwischen der normierten statistischen Randzone und $S^{-0.5}$ von 0.51[1] gefunden werden (Abb. 53 a). Für die turbulenten Skalen ergibt sich hingegen ein Korrelationskoeffizient von 0.75[2] (Abb. 53 c). Durch den Übergang von (h, w_*) auf (l, $\sigma_{w,max}$) kommt es folglich zu einer Verbesserung der Korrelation und ein funktionaler Zusammenhang tritt qualitativ deutlicher hervor. Letzteres ist auch dadurch bedingt, dass die integrale Längenskala im Vergleich zur Grenzschichthöhe eine prozentual größere Bandbreite aufweist, wodurch sowohl auf der Abszisse als auch auf der Ordinate ein größerer Wertebereich durchlaufen wird. In Abschnitt 5.1 wurden abhängig von den beobachteten Einmischprozessen drei verschiedene Kategorien des Grenzschichtoberrands definiert. Im Fall der statistisch bestimmten Randzone kann kein unterschiedliches Verhalten bezüglich der drei Kategorien festgestellt werden. Der Gesamttrend wird jedoch durch die beiden Grenzschichten mit einem Oberrand der Kategorie 3 bestimmt (Abb. 53 a und c, eingekreiste Bereiche). Für die Übergangszonen wird ein abweichendes Verhalten für den darstellbaren Tag mit einer Grenzschicht der Kategorie 3 deutlich, dessen Übergangszonen vergleichsweise zu schmal erscheinen (Abb. 53 b und d). Dadurch bedingt liegen die Korrelationskoeffizienten für beide Skalenkombinationen betragsmäßig unter 0.3. Die

[1] ungeglättete Aerosolschichthöhe: 0.46, Turbulenzhöhe: 0.40
[2] ungeglättete Aerosolschichthöhe: 0.70, Turbulenzhöhe: 0.79

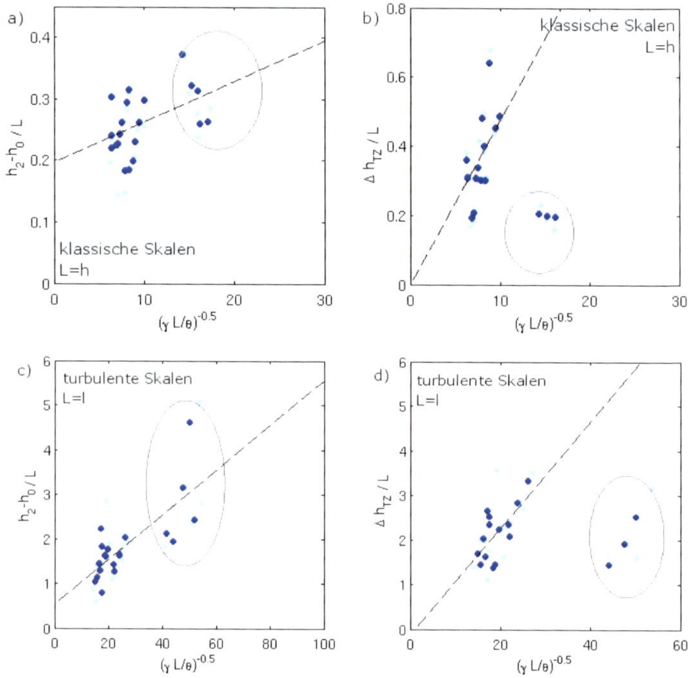

Abb. 53.: Zusammenhang zwischen $S = \frac{\gamma L}{\theta}$ und der normierten Breite der statistisch bestimmten Randzone (links) bzw. der Übergangszone (rechts) bei Verwendung der klassischen Skalen (oben) und der turbulenten Skalen (unten). Die umrandeten Gebiete sind die beiden Tage mit einem Grenzschichtoberrand der Kategorie 3. Die Farben grenzen die Konzepte der Grenzschichthöhe ab: hellblau basierend auf der ungeglätteten Aerosolschichthöhe, dunkelblau auf der geglätteten Aerosolschichthöhe und hellrot basierend auf der Turbulenzhöhe. Es sind nur die statistisch unabhängigen Werte der drei Messkampagnen CSIP, COPS und CoBoLd dargestellt.

Anpassung eines linearen Zusammenhangs zwischen der normierten Breite der Randzone und $S^{-0.5}$ führt zu folgenden Ergebnissen:

$$\frac{h_2 - h_0}{h} = (6.6 \pm 5.9)10^{-3}S^{-0.5} + (0.20 \pm 0.06)$$
$$\frac{\Delta h_{TZ}}{h} = (47.5 \pm 51.4)10^{-3}S^{-0.5} + (0.0 \pm 0.40)$$

bzw.

$$\frac{h_2 - h_0}{l} = (50.4 \pm 21.0)10^{-3}S^{-0.5} + (0.53 \pm 0.61)$$
$$\frac{\Delta h_{TZ}}{l} = (113.3 \pm 13.0)10^{-3}S^{-0.5} + (0.0 \pm 1).$$

Beide Relationen zeigen bezüglich der statistischen Randzone einen Beitrag für große S, d.h. für hohe Temperaturgradienten und damit verbundene hohe Stabilität. Für das Konzept der Übergangszone ergibt sich hingegen $\lim_{S\to\infty} \frac{\Delta h_{TZ}}{L} = 0$. Der numerische Wert des Verhältnisses zwischen der Breite der Randzone und der Grenzschichthöhe von 0.2 kann für das Konzept der statistischen Randzone bestätigt werden.
Es sei an dieser Stelle auf die Entstehung der großen Fehler der Anpassparameter verwiesen: Durch die ausschließliche Verwendung statistisch unabhängiger Punkte können nur sehr wenige Werte (ca. 20), die zudem stark schwanken, in die lineare Regression einfließen. Die gewonnenen Resultate weisen deshalb Fehler von teilweise mehr als 100% auf. Die dargestellten Zahlenwerte sollen deshalb nicht als absolute Parametrisierungen verstanden werden, sondern nur als Orientierungswerte für Größen dienen, für die bisher noch keine Literaturangaben vorliegen. Für die Gewinnung gesicherter numerischer Zahlenwerte ist eine Betrachtung von acht Tagen nicht ausreichend. Bei 20 Wertepaaren sind zudem Merkmale mit einer Korrelation unter 0.51, mit einer Irrtumswahrscheinlichkeit von 2% als statistisch unabhängig zu bewerten (vgl. Anhang A).
In Anlehnung an die Modelle und Parametrisierungen unter Verwendung der Richardsonzahl kann für den neuen Stabilitätsparameter $\tilde{Ri}$ die Hypothese

$$\frac{\Delta h}{L} \propto \tilde{Ri}^{-n_1} \qquad [92]$$

aufgestellt werden. Abb. 54 stellt die normierten Randzonen in einer doppeltlogarithmischen Darstellung gegen den Parameter $\tilde{Ri}$ für die klassische Skalenkombination und die turbulenten Skalen dar. Zur besseren Orientierung sind zusätzlich Relationen für n_1 = 0.25 (blau), 0.5 (rot) und 1 (schwarz) eingetragen. Es sind keine systematischen Unterschiede zwischen den drei Konzepten der Einmischgeschwindigkeit zu erkennen.

In Abb. 54 a und c ist ersichtlich, dass im Fall der statistischen Randzone für die turbulenten Skalen eine geringere Streuung der einzelnen Werte vorliegt und auch der funktionale Zusammenhang im Vergleich zur Verwendung der klassischen Skalen wieder deutlicher hervortritt. Qualitativ ergibt sich zwischen der statistischen Randzone und Ri unter Verwendung der klassischen Skalen ein Exponent n_1 kleiner als 0.5, während für die Übergangszonen, unter Vernachlässigung von Grenzschichten mit einem Oberrand der Kategorie 3 (vgl. Abschnitt 5.1), ein Exponent n_1 größer als 0.5 angenommen werden kann. Eine lineare Regression an einen funktionalen Zusammenhang der Form

$$\log\left(\frac{\Delta h}{L}\right) = n_1 \log(\tilde{Ri}) + const. \quad [93]$$

wurde verwendet, um den Exponenten n_1 durch lineare Regression zu ermitteln. Dabei ist kein endlicher Grenzwert der normierten Breite der Randzone für hohe Stabilität, d.h. große $\tilde{Ri}$ berücksichtigt, was tendenziell zu einer geringeren Potenz als unter Berücksichtigung eines endlichen Grenzwertes führt (vgl. Abschnitt 6.4). Es ergeben sich Werte von $n_1 = -0.12 \pm 0.11$ für die statistische Randzone bzw. $n_1 = -0.76 \pm 0.59$ für die Übergangszone. In allen Fällen ist der Exponent kleiner als 1, womit die Ansätze von Boers (1989), Gryning und Batchvarova (1994) und Fedorovich et al. (2004), die im Zusammenhang mit Ri gefunden wurden (vgl. Tab. 12), bestätigt werden können. Werden die turbulenten Skalen zur Normierung verwendet, kann qualitativ ein Exponent von 0.5 für beide Konzepte angesetzt werden. Die lineare Regression liefert $n_1 = -0.33 \pm 0.06$ bzw. $n_1 = -0.32 \pm 0.08$.

Für eine bessere Vergleichbarkeit erfolgt eine Korrelationsanalyse unter Verwendung eines einheitlichen Wertes von n_1 = 0.5. Es ergibt sich eine Steigerung des Korrelationskoeffizienten für die statistische Randzone im Zusammenhang mit der geglätteten Aerosolschichthöhe von 0.46 auf 0.85(3) beim

3 ungeglättete Aerosolschichthöhe: 0.42 auf 0.78; Turbulenzhöhe: 0.33 auf 0.85

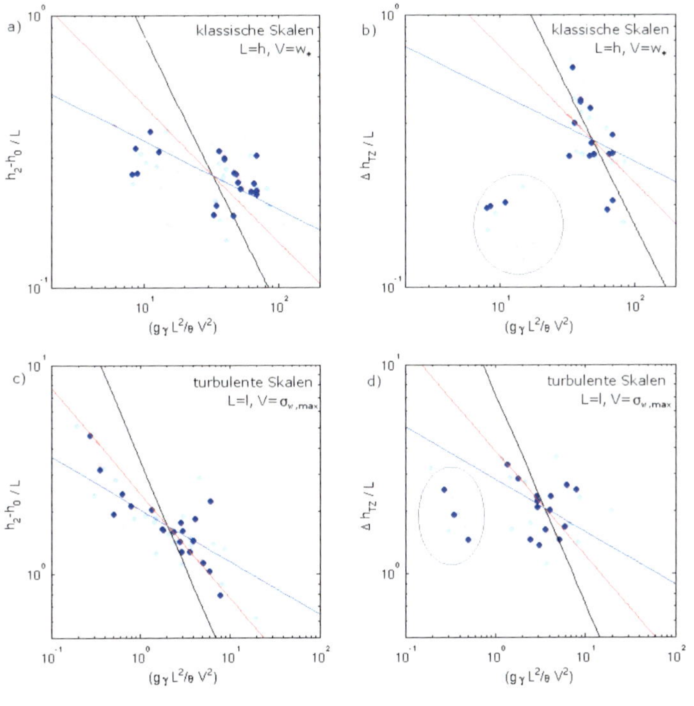

Abb. 54.: Zusammenhang zwischen $\tilde{Ri} = g\frac{\gamma}{\theta}\frac{L^2}{V^2}$ und der normierten Breite der statistischen Randzone (links) bzw. der Übergangszone (rechts) bei Verwendung der klassischen Skalen (oben) und der turbulenten Skalen (unten). Die umrandeten Gebiete sind die beiden Tage mit einem Grenzschichtoberrand der Kategorie 3. Die Farben grenzen die Konzepte der Grenzschichthöhe ab: hellblau basierend auf ungeglätteter Aerosolschichthöhe, dunkelblau auf geglätteter Aerosolschichthöhe und hellrot basierend auf Turbulenzhöhe. Es sind nur die statistisch unabhängigen Werte der drei Messkampagnen CSIP, COPS und CoBoLd dargestellt. Durchgezogene Linien geben eine Relation mit n_1 = 0.25 (blau), n_1 = 0.5 (rot) und n_1 = 1 (schwarz) wieder.

Übergang von den klassischen Skalen (h, w_*) auf die turbulenten Skalen (l, $\sigma_{w,max}$) (Abb. 54 a und c). Für die Übergangszone ergibt sich hingegen keine bedeutsame Veränderung des Korrelationskoeffizienten (Abb. 54 b und d). Eine Anpassung des Zusammenhangs $a\tilde{Ri}^{-0.5}+b$ zeigt die Größenordnung der Parameter:

$$\frac{h_2-h_0}{h} = (0.29\pm 0.26)\tilde{Ri}^{-0.5}+(0.21\pm 0.05)$$
$$\frac{h_2-h_0}{l} = (1.60\pm 0.50)\tilde{Ri}^{-0.5}+(0.58\pm 0.43).$$

Beide Regressionen bestätigen das Ergebnis von Deardorff et al. (1980) und Boers und Eloranta (1986) über das Vorhandsein eines positiven Grenzwertes $\lim_{\tilde{Ri}\to\infty}\frac{\Delta h}{L}$. Auch die Größenordnung von $\Delta h/h \to 0.2$ kann reproduziert werden.

6.3.3. Einmischgeschwindigkeit

Analog zur Breite der Randzone können auch Parametrisierungen im Zusammenhang mit der Einmischgeschwindigkeit betrachtet werden. Die Ergebnisse unter Verwendung des Stabilitätsparameters S sind in Abb. 55 dargestellt. Sowohl für die klassischen Skalen als auch für die turbulenten Skalen ist für alle drei Einmischgeschwindigkeitskonzepte eine große Streuung erkennbar. Für das Konzept der ungeglätteten Aerosolschichthöhe und auch für das der Turbulenzhöhen zeigen sich für beide Skalenkombinationen Korrelationskoeffizienten, die betragsmäßig unter 0.3 liegen. Es existiert somit kein linearer Zusammenhang zwischen der normierten Einmischgeschwindigkeit und $S^{-0.5}$. Wird w_e basierend auf den geglätteten Aerosolschichthöhen bestimmt, kann eine leichte Verbesserung des Korrelationskoeffizienten zwischen $\frac{w_e}{V}$ und $S^{-0.5}$ von 0.36 auf 0.52 beim Übergang von (h, w_*) auf (l, $\sigma_{w,max}$) ermittelt werden. Diese geringfügige Erhöhung ist jedoch auf Grund der geringen Anzahl von Wertepaaren nicht signifikant. Ein Wert von 0.52 liegt bei der gegebenen Anzahl an statistisch unabhängigen Datenpunkten an der Grenze, für die gilt, dass die beiden betrachteten Merkmale überhaupt in einer reproduzierbaren Relation zueinander stehen. Für einen linearen Zusammenhang zwischen $\frac{w_e}{w_*}$

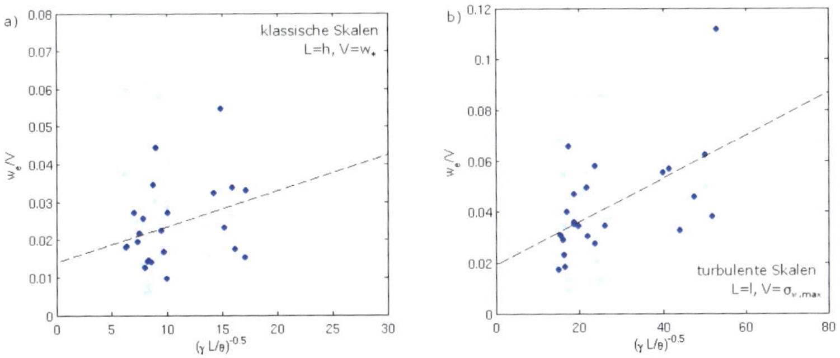

Abb. 55.: Zusammenhang zwischen $S = \frac{\gamma L}{\theta}$ und der normierten Einmischgeschwindigkeit unter Verwendung der klassischen Skalen (links) und der turbulenten Skalen (rechts). Die Farben grenzen die Konzepte der Grenzschichthöhe ab: hellblau basierend auf ungeglätteter Aerosolschichthöhe, dunkelblau auf geglätteter Aerosolschichthöhe und hellrot basierend auf Turbulenzhöhe. Es sind nur statistisch unabhängigen Werte dargestellt.

und $S^{-0.5}$ ist die Korrelation zu gering. Für die Verwendung der turbulenten Skalen gilt

$$\frac{w_e}{\sigma_{w,max}} = (8.5 \pm 5.6)10^{-4} S^{-0.5} + (1.9 \pm 1.7)10^{-2}.$$

Der Parameter S ist im Zusammenhang mit dem vorliegenden Datensatz nicht zur Parametrisierung der Einmischgeschwindigkeit geeignet.

In Anlehnung an die bestehenden Parametrisierungen der Einmischgeschwindigkeit mit der Richardsonzahl (vgl. Abschnitt 6.2.2) ist für den Stabilitätsparameter $\tilde{Ri}$ ebenfalls ein Ansatz

$$\frac{w_e}{V} \propto \tilde{Ri}^{-n_2} \qquad [94]$$

möglich. Der Exponent n_2 kann sich dabei vom Exponenten n_1, der im Zusammenhang mit der Breite der Randzone definiert wurde (Gl. 92), unterscheiden. Abb. 56 stellt die Relationen unter Verwendung der klassischen Skalen (h, w_*) sowie der turbulenten Skalen (l, $\sigma_{w,max}$) dar. Die drei Konzepte der Einmischgeschwindigkeit unterscheiden sich dabei qualitativ nicht. Es wird auch hier, wie im Fall der normierten Breite der Randzone, eine Reduktion der Streuung verbunden mit einer Verbesserung der Erkennbarkeit eines funktionales

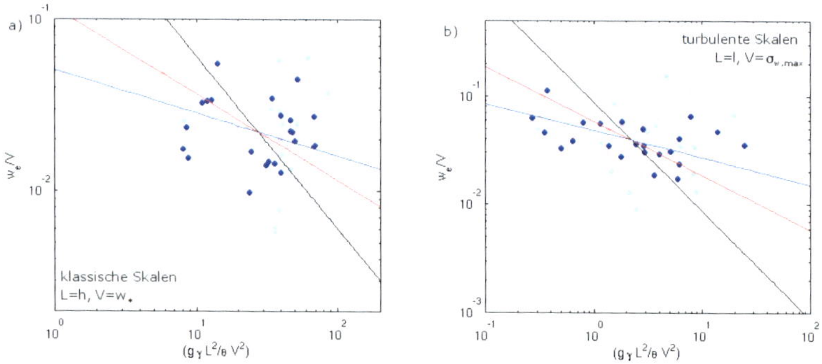

Abb. 56.: Zusammenhang zwischen $\tilde{Ri} = g\frac{\gamma}{\theta}\frac{L^2}{V^2}$ und der Einmischgeschwindigkeit unter Verwendung der klassischen Skalen (links) und der turbulenten Skalen (rechts). Hellblau basierend auf ungeglätteter Aerosolschichthöhe, dunkelblau auf geglätteter Aerosolschichthöhe und hellrot basierend auf Turbulenzhöhe. Es werden nur statistisch unabhängige Werte der drei Messkampagnen CSIP, COPS und CoBoLd dargestellt. Durchgezogene Linien geben eine Relation mit n_1 = 0.25 (rot), n_1 = 0.5 (blau) und n_1 = 1 (schwarz) wieder.

Zusammenhangs deutlich. Es kann für die Einmischgeschwindigkeit qualitativ ein Exponent n_2 von kleiner als 1 abgeschätzt werden, was den Ergebnissen früherer Studien, die Exponenten von n_2 = 1 oder 1.5 im Zusammenhang mit der konvektiven Richardsonzahl ermittelt haben, widerspricht. Eine Regression an einen Zusammenhang

$$\log\left(\frac{w_e}{V}\right) = n_2 \log(\tilde{Ri}) + const. \qquad [95]$$

liefert Koeffizienten von n_2 = 0.07 für die klassische Skalenkombination und 0.15 für die turbulenten Skalen im Zusammenhang mit einer Einmischgeschwindigkeit basierend auf den geglätteten Aerosolschichthöhen, wobei subjektiv auch ein Exponent von 0.25 bis 0.5 den Verlauf qualitativ gut beschreibt (Abb. 56). Wie im Fall des Stabilitätsparameters S kann auch für $\tilde{Ri}^{-0.5}$ nur für das Konzept der geglätteten Aerosolschichthöhe ein Korrelationskoeffizient größer als betragsmäßig 0.3 ermittelt werden. Die Möglichkeit einer leichten Erhöhung der Korrelation von 0.20 auf 0.46 beim Übergang von $(h,\ w_*)$ auf $(l,\ \sigma_{w,max})$ bestätigt die turbulenten Skalen als die bessere Wahl zur Bildung der dimensionslosen Gruppen (Abb. 56 a auf b). Die Größenordnung der gefundenen Korrelationskoeffizienten spricht für keinen deutlichen Zusammenhang.

Unter der Annahme $n_2 = 0.5$ kann eine Relation

$$\frac{w_e}{\sigma_{w,max}} = (21.0 \pm 16.1)10^{-3}\tilde{Ri}^{-0.5} + (26.0 \pm 15.0)10^{-3}$$

an die Daten angepasst werden.

Zusammenfassend erweist sich der Stabilitätsparameter $\tilde{Ri}$ als die bessere Wahl zwischen den beiden betrachteten dimensionslosen Parametern S und $\tilde{Ri}$. Sowohl mit Messdaten früherer Studien, als auch für die aktuellen Wertepaare, ergeben sich besser die Verteilung erklärende funktionale Zusammenhänge. Für beide Parameter, Breite der Randzone als auch Einmischgeschwindigkeit, kommt es zu einer Erhöhung der Korrelation durch den Übergang von den klassischen Skalen (h, w_*) auf die turbulenten Skalen (l, $\sigma_{w,max}$). Teilweise wird ein funktionaler Zusammenhang für die verhältnismäßig wenigen statistisch unabhängigen Punkte erst durch die neue Skalierung erkennbar.

6.4. Einfache Relationen zwischen der Breite der Randzone und der Einmischgeschwindigkeit

Ausgehend von den Verbindungen der Breite der Randzone sowie der Einmischgeschwindigkeit zu den Bedingungen im Medium, repräsentiert durch Stabilitätsparameter wie die Richardsonzahl oder auch daran angelehnte Parameter wie S und $\tilde{Ri}$, kann eine Relation zwischen Δh und w_e abgeleitet werden. Unter Verwendung von Gleichung 92 und 94 ergibt sich:

$$\frac{\Delta h}{L} \propto \left(\frac{w_e}{V}\right)^{\frac{n_1}{n_2}} = \left(\frac{w_e}{V}\right)^{\alpha}. \qquad [96]$$

Unter der Annahme, dass beide Größen mit gleicher Potenz vom verwendeten Stabilitätsparameter abhängen ($n_1 = n_2$, $\alpha = 1$), besteht somit ein linearer Zusammenhang zwischen der normierten Breite der Randzone und der normierten Einmischgeschwindigkeit. Im ersten Teil von Tab. 14 werden empirisch gefundene Parameter für eine solche Relation aufgelistet.

Möglich ist jedoch auch ein abweichendes Verhalten der beiden Parameter n_1 und n_2. Eine Betrachtung von Tab. 12 ergibt häufig einen Wert für n_1 unter eins, während für die Einmischgeschwindigkeit viele Autoren einen Wert von n_2 über eins angeben (vgl. Tab. 13). Damit ergibt sich ein Exponent α von kleiner als

Tab. 14.: Relationen zwischen Einmischgeschwindigkeit w_e und der Breite der Randzone Δh

Veröffentlichung	Studientyp	gefundene Relation
Deardorff et al. (1980)	Laborexperiment konvektiv erzeugte Turbulenz	$\frac{\Delta h}{h} = 0.21 + 5.24 \frac{w_e}{w_*}$
Boers und Eloranta (1986)	Daten von Deardorff et al. (1980)	$\frac{\Delta h}{h} = 0.19 + 5.35 \frac{1}{w_*} \left(\frac{dh}{dt} - w_L \right)$
Boers und Eloranta (1986)	Messdaten Lidar	$\frac{\Delta h}{h} = 0.09 + 5.5 \frac{1}{w_*} \left(\frac{dh}{dt} \right)$
Boers und Eloranta (1986)	Messdaten Lidar	$\frac{\Delta h}{h} = 0.005 + 5.75 \frac{1}{w_*} \left(\frac{dh}{dt} - w_L \right)$
Deardorff et al. (1980)	Laborexperiment konvektiv erzeugte Turbulenz, alternativer Fit	$\frac{\Delta h}{h} = 1.23 \left(\frac{w_e}{w_*} \right)^{2/3} + 0.21$
Melfi et al. (1985)	Daten von Deardorff et al. (1980)	$\frac{\Delta h}{h} \sim 3 \left(\frac{w_e}{w_*} \right)^{0.5}$
Beyrich und Gryning (1998)	Messdaten Sodar	$\frac{\Delta h}{h} \propto \left(\frac{w_e}{w_*} \right)^{0.24}$
Deardorff (1983)	Reanalyse Deardorff et al. (1980)	$\frac{\Delta h}{h} \propto \left(\frac{w_e}{w_*} \right)^{0.3}$

eins. Empirisch ermittelte Werte für von eins abweichende Exponenten sind im zweiten Teil von Tab. 14 wiedergegeben. Durchgängig wurde keine Relation ermittelt, in der die Breite der Randzone stärker auf Ri reagiert hätte als die Einmischgeschwindigkeit. Ausgehend von den empirisch gefundenen Relationen früherer Studien zu Relationen zwischen der normierten Breite der Randzone $\frac{\Delta h}{L}$ beziehungsweise der normierten Einmischgeschwindigkeit $\frac{w_e}{V}$ und der Richardsonzahl, ergibt sich eine mögliche Potenz $\alpha \in [0.17, 1]$. Nelson et al. (1989) kommen in ihrer Arbeit zum Ergebnis, dass dieser Bereich im Verlaufe des Tages auch effektiv durchlaufen wird. Die Ergebnisse dieser Arbeit aus Kapitel 5 deuten darauf hin, dass die Potenz möglicherweise abhängig vom vorherrschenden Einmischprozess ist. Die Analysen in Abschnitt 6.3 weisen tendenziell auf einen linearen Zusammenhang zwischen der normierten Breite der Randzone und der normierten Einmischgeschwindigkeit hin.

Im Gegensatz zu den Betrachtungen in den beiden vorhergehenden Kapiteln kann für die Überprüfung eines Zusammenhangs zwischen $\frac{\Delta h}{L}$ und $\frac{w_e}{V}$ nun der gesamte Zeitraum von 8 bis 18 UTC verwendet werden, da die Einschränkung durch die wenigen jedoch für die Betrachtungen der Stabilitätsparametern notwendigen Radiosondenaufstiege entfällt. Um bestehende Parametrisierungen zu überprüfen und Kombinationen aufzudecken, die zu höheren Korrelationen zwischen $\frac{\Delta h}{L}$ und $\frac{w_e}{V}$ führen und sich somit besser als Skalen zur Beschreibung des Einmischprozesses eignen, wurden verschiedene Skalenkombinationen getestet. Aufgrund seiner großen Schwankungen wurde das Konzept der ungeglätteten Aerosolschichthöhe zur Abschätzung der Einmischgeschwindigkeit vernachlässigt und nur die beiden Konzepte basierend auf geglätteten Größen verwendet. Diese eigenen sich besser, um grundsätzliche Zusammenhänge zu identifizieren. Durch die zusätzliche Unterscheidung zwischen der statistischen Randzone und der Übergangszone ergeben sich somit jeweils vier Wertepaare für jede betrachtete Kombination der Skalen.

Die Einzelbetrachtungen der Breite der Randzone und der Einmischgeschwindigkeit haben klar gezeigt, dass beide von den Bedingungen im Medium abhängen. Es kommt zu einer Verbreiterung der Randzone bzw. zu einem Anwachsen der Einmischgeschwindigkeit bei geringerer Stabilität des Übergangs, bzw. der freien Atmosphäre. In einem ersten Schritt soll ohne die zusätzliche Verwendung von Skalen überprüft werden, ob sich auch ein klarer Zusammenhang zwischen den beiden Größen selbst ergibt. Dafür werden die hier als Einheitsskalen bezeichnete Längenskala $L_e = 1$ m und die Geschwindigkeitsskala $V_e = 1$ m s^{-1} definiert. Die Relation zwischen den so normierten Größen unter Verwendung der Aerosolschichthöhe ist in Abb. 57, Teilabbildung a) und b) dargestellt.

Im Bereich der statistischen Randzone fügen sich die Werte über dem Bergmessort aus der COPS Kampagne (rote Quadrate in Abb. 57, a) gut in den gesamten Datensatz ein, für die Übergangszone werden bei den COPS Daten höhere Werte für Δh bei gleicher Einmischgeschwindigkeit erreicht (rote Quadrate in Abb. 57, b). Es können Korrelationskoeffizienten von 0.60 bzw. 0.09 für einen Zusammenhang zwischen der statistische Randzone bzw. der Übergangszone und der Einmischgeschwindigkeit ermittelt werden. Unter Vernachlässigung der COPS Werte steigen die Korrelationskoeffizienten auf 0.64 und 0.19. Ein Zusammenhang ist damit für die statistischen Randzonen nachgewiesen, im Fall der Übergangszonen sind beide Werte statistisch nicht signifikant für einen linearen Zusammenhang.

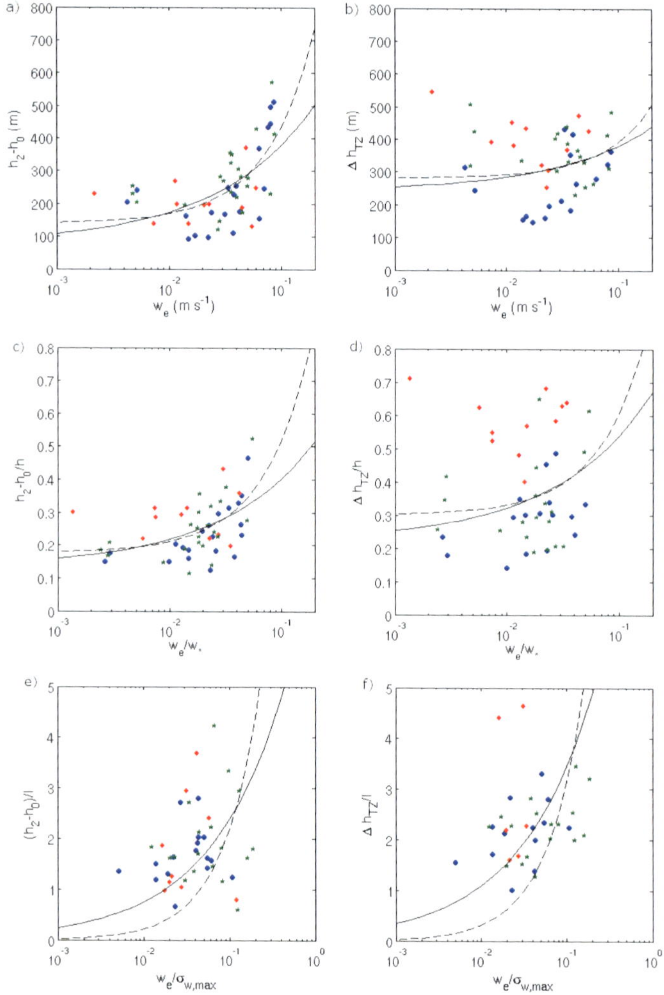

Abb. 57.: Zusammenhang zwischen der normierten Breite der Randzone und der normierten Einmischgeschwindigkeit. Die Normierung erfolgte mit den Einheitsskalen (oben), den klassischen Skalen (mitte) bzw. den turbulenten Skalen (unten). Links ist jeweils das Konzept der statistischen Randzone, rechts das der Übergangszone dargestellt. Die Abschätzung der Einmischgeschwindigkeit erfolgte für die vier oberen Abbildungen über die geglätteten Aerosolschichthöhen, für die beiden unteren mit dem der geglätteten Turbulenzhöhen. Zusätzlich sind die Zusammenhänge $\frac{\Delta h}{L} = \left(\frac{w_e}{V}\right)^{\alpha} + \beta$ mit $\alpha =$ 1 als gestrichelte Linie und 0.5 als durchgängig Linie eingezeichnet. Die Farben und Symbole geben die drei Messkampagnen wieder: CSIP blaue Punkte, COPS rote Quadrate, CoBoLd grüne Sterne.

Ein funktionaler Zusammenhang zwischen der normierten Breite der Randzone und der normierten Einmischgeschwindigkeit kann mit oder ohne endlichen Grenzwert für Δh bei $w_e \to 0$ angepasst werden. Dabei zeigt sich, dass falls kein endlicher Grenzwert angesetzt wird, ein Zusammenhang mit der Potenz $\alpha = 0.5$

$$\frac{h_2 - h_0}{1\,m} = a\left(\frac{w_e}{1\,m\,s^{-1}}\right)^{0.5}$$

eine höhere Güte (vgl. Anhang A) der Anpassung (0.27) im Vergleich zu einer Potenz von 1 (-0.04) aufweist. Der Parameter a wurde dabei zu $a = 1300 \pm 125$ (für $\alpha = 0.5$, bzw. 5600$\pm$600 für $\alpha = 1$) bestimmt. Wird unter der Voraussetzung des Nichtvorhandenseins eines Grenzwertes für die Breite der Randzone bei $w_e \to 0$ frei eine Potenz ermittelt, so ergibt sich für das statistische Konzept der Randzone ein Wert von 0.49 $\pm$ 0.19. Im Gegensatz dazu führt ein endlicher Grenzwert zu einer höheren Güte (Steigerung von 0.33 auf 0.43) falls ein linearer Zusammenhang

$$\frac{h_2 - h_0}{1\,m} = a\left(\frac{w_e}{1\,m\,s^{-1}}\right)^{1} + b$$

angepasst wird. Abb. 58 verdeutlicht diesen Effekt. Die Anpassparameter wurden dabei mit $a = 3000 \pm 900$ und $b = 140 \pm 40$ (für $\alpha = 1$ bzw. $a = 900 \pm 350$ und $b = 90 \pm 70$ für $\alpha = 0.5$) bestimmt.

Werden die klassischen Skalen für die Normierung verwendet, weisen die Punkte eine größere Streuung auf (Abb. 57, Teilabbildung c und d). Die COPS Daten über dem Bergstandort zeigen insbesondere für die Übergangszonen ein von den Messungen im flachen Terrain deutlich abweichendes Verhalten (rote Quadrate in Abb. 57, d), was auf die geringere Höhe der Grenzschichthöhe über Grund zurückgeführt werden kann. In Abb. 59 werden die gefundenen Relationen für die statistische Randzone, unter Vernachlässigung der COPS Werte, nochmals im Zusammenhang zu den Ergebnissen von Deardorff et al. (1980) und Boers und Eloranta (1986) dargestellt. Die Wertepaare $\left(\frac{h_2 - h_0}{h}, \frac{w_e}{w_*}\right)$ fügen sich im Vergleich zu den mit den Einheitsgrößen normierten (Abb. 58) besser in die Struktur früherer Studien ein. Die Korrelationskoeffizienten zwischen der Breite der Randzone und der Einmischgeschwindigkeit wurden zu

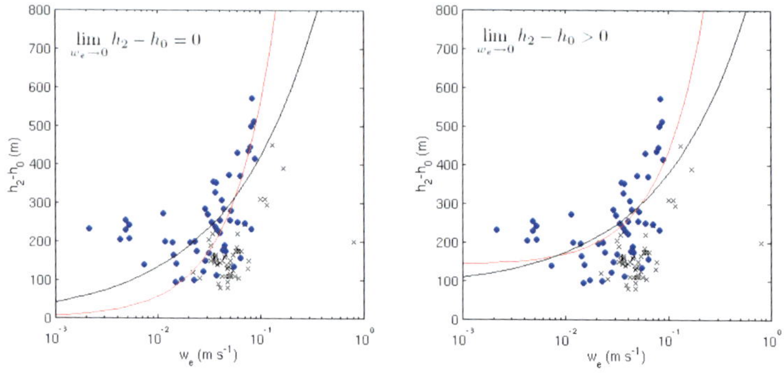

Abb. 58.: Anpassung eines funktionalen Zusammenhangs zwischen der Breite der Randzone und der Einmischgeschwindigkeit. Links erfolgte die Anpassung an einen Zusammenhang ohne einen endlichen Wert für die Randzone bei $w_e \to 0$, rechts mit einem solchen Grenzwert. In beiden Fällen ist in schwarz der Zusammenhang für eine Potenz von 0.5, in rot von 1 dargestellt. Zusätzlich sind Werte aus Boers und Eloranta (1986) in Form von Kreuzen eingezeichnet.

0.47 bzw. -0.08 (statistische Randzone bzw. Übergangszone) bestimmt. Werden die COPS Werte vernachlässigt ergeben sich Werte von 0.61 für die statistische Randzone und 0.37 für die Übergangszone. Letzterer Wert spricht bei der vorliegenden Anzahl an statistisch unabhängigen Messpunkten für eine statistische Unabhängigkeit der beiden betrachteten Merkmale. Es kann somit kein linearer Zusammenhang zwischen der normierten Übergangszone und der normierten Einmischgeschwindigkeit daraus abgeleitet werden.

Auch hier wird deutlich, dass der bessere funktionale Zusammenhang von der Verwendung eines endlichen Grenzwertes der Breite der Randzone abhängt. Mit dem Ansatz, dass analog zur Einmischgeschwindigkeit auch die Breite der Randzone gegen Null läuft, ergibt sich qualitativ eine höhere Güte der Anpassung mit einer Potenz von 0.5 (0.32) im Vergleich zu einer Potenz von 1 (-0.25). Es ergeben sich folgende Koeffizienten:

$$\frac{h_2 - h_0}{h} = (1.6 \pm 0.2) \left(\frac{w_e}{w_*}\right)^{0.5}.$$

$$\frac{h_2 - h_0}{h} = (8.9 \pm 1.2) \left(\frac{w_e}{w_*}\right)^{1}.$$

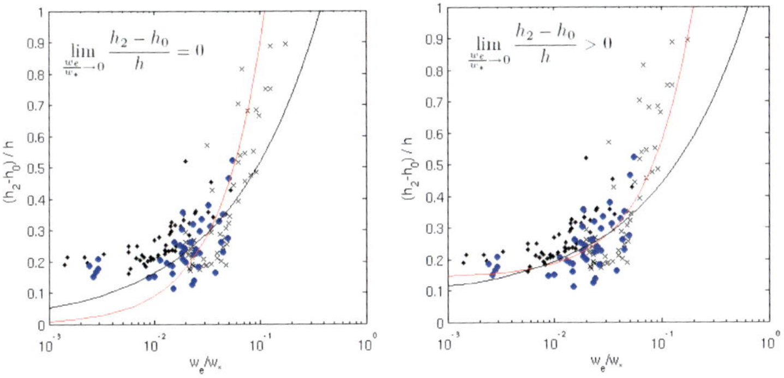

Abb. 59.: Anpassung eines funktionalen Zusammenhangs zwischen der Breite der Randzone und der Einmischgeschwindigkeit unter Vernachlässigung der Messwerte aus der COPS Kampagne. Links erfolgte die Anpassung an einen Zusammenhang ohne einen endlichen Wert für die Randzone bei $w_e \to 0$, rechts mit einem solchen Grenzwert. In beiden Fällen ist in rot der Zusammenhang für eine Potenz von 1, in schwarz von 0.5 dargestellt. Zusätzlich sind Werte aus Boers und Eloranta (1986) in Form von Kreuzen sowie die aus Deardorff et al. (1980) als kleine schwarze Punkte eingezeichnet.

Ein freier Fit führt auf eine Potenz von 0.43 ± 0.23. Damit können die neueren Ergebnisse von Deardorff (1983) und Melfi et al. (1985) bestätigt werden, die eine Potenz in dieser Größenordnung angeben. Wird ein endlicher Grenzwert angenommen, passt sich ein linearer Zusammenhang besser an die Daten an (Güte der Anpassung 0.47 statt 0.42 bei Potenz 0.5). Die angepassten Funktionen sind hier

$$\frac{h_2-h_0}{h} = (1.1 \pm 0.4)\left(\frac{w_e}{w_*}\right)^{0.5} + (0.09 \pm 0.07)$$

$$\frac{h_2-h_0}{h} = (4.3 \pm 1.5)\left(\frac{w_e}{w_*}\right)^{1} + (0.14 \pm 0.06).$$

Ein Vergleich der Parameter mit den Werten in Tab. 14 zeigt eine gute Übereinstimmung mit den Ergebnissen früherer Studien.

Ein Übergang auf die turbulenten Skalen (l, $\sigma_{w,max}$) bewirkt für einen Zusammenhang zwischen der Breite der Randzone und der Einmischgeschwindigkeit keine durchgängige Verbesserung der Korrelation (Abb. 57, e und f). Die COPS Werte zeigen kein abweichendes Verhalten mehr, insgesamt ergibt sich jedoch eine große Streuung.

Tab. 15.: Übersicht Korrelationskoeffizienten für einen linearen Zusammenhang zwischen der Breite der Randzone und der Einmischgeschwindigkeit. Es stehen jeweils ca. 30 bis 40 statistisch unabhängige Werte zur Verfügung. Die jeweils zwei angegebenen Wertepaare stellen das Konzept der statistischen Randzone (jeweils links) und der Übergangszone (rechts), sowie die Aerosolschichthöhe (oben) und die Turbulenzhöhe (unten) dar.

	h		l		L_{MO}		1	
1							0.64	0.19
							0.10	0.39
$\sigma_{w,max}$	0.59	0.37	0.46	0.31	0.16	0.07		
	0.19	0.42	0.14	0.55	-0.03	0.14		
w_*	0.61	0.37	0.43	0.26	0.29	0.16		
	0.22	0.48	0.11	0.60	0.07	0.23		

Tab. 15 gibt eine Übersicht über alle bestimmten Korrelationskoeffizienten, jeweils ohne die Verwendung der COPS Werte. Abgesehen von der Normierung mit den Einheitsskalen werden die höchsten Korrelationskoeffizienten bei zwei sehr unterschiedlichen Kombinationen erreicht: Einerseits unter Verwendung der Aerosolschichthöhe und dem Konzept der statistischen Randzone (Tab. 15, hellblau), andererseits unter Verwendung der Übergangszone normiert mit der integralen Längenskala und dem Konzept der Turbulenzhöhen für die Einmischgeschwindigkeit (Tab. 15, hellrot). Auffällig ist, dass die statistische Randzone durchgängig Korrelationskoeffizienten kleiner als betragsmäßig 0.22 im Zusammenhang mit der aus der Turbulenzhöhe abgeleiteten Einmischgeschwindigkeit zeigt (Tab. 15, gelb). Diese Kombination erscheint daher nicht sinnvoll. Korrelationen mit der Obukhov Länge sind durchgängig schlechter im Vergleich zu denen der beiden anderen Längenskalen. Zwischen den beiden Geschwindigkeitsskalen ergeben sich keine signifikanten Unterschiede. Im Gegensatz zu den Ergebnissen in Abschnitt 6.3, ist hier keine durchgängige Verbesserung der Korrelation durch den Übergang von den klassischen Skalen auf die turbulenten Skalen nachweisbar. Die klassische Skalenkombination in Verbindung mit den Konzepten der Aerosolschichthöhe und einer statistischen Randzone scheint die geeignetste Wahl darzustellen, um einen direkten Zusammenhang zwischen der Breite der Randzone und der Einmischgeschwindigkeit zu beschreiben. Eine Betrachtung neuer Konzepte zeigt keine deutliche Verbesserung.

6.5. Relation zwischen der Breite der Randzone und der Einmischgeschwindigkeit mit Berücksichtigung der Stabilität

Ein erweiterter Ansatz für eine Relation zwischen der Breite der Randzone und der Einmischgeschwindigkeit wird in Gryning und Batchvarova (1994) aufbauend auf der Reanalyse der Daten von Deardorff et al. (1980) und Boers und Eloranta (1986) hergeleitet: Die Einmischgeschwindigkeit wird als Geschwindigkeitskala für die Richardsonzahl Ri verwendet:

$$Ri_{we} = g\frac{\Delta\theta}{\overline{\theta}}\frac{h}{w_e^2}. \qquad [97]$$

Diese neu definierte Richardsonzahl Ri_{we} wird anschließend analog Gleichung 85 genutzt, um das Verhältnis zwischen der Breite der Randzone und der Einmischgeschwindigkeit zu beschreiben:

$$\frac{\Delta h}{L} = a_{we}Ri_{we}^{-b_{we}} + c_{we} \qquad [98]$$

wobei Gryning und Batchvarova (1994), unter Verwendung der Grenzschichthöhe als Längenskala, die Parameter a_{we} = 3.3, b_{we} = 1/3 und c_{we} = 0.2 ermittelten. Beyrich und Gryning (1998) konnten die vorgeschlagene Relation bestätigen.

Abb. 60 stellt den Zusammenhang zwischen $\frac{\Delta h}{h}$ und Ri_{we} unter Verwendung des Konzepts der statistischen Randzone und der geglätteten Aerosolschichthöhe dar. Die Datenbearbeitung erfolgte analog Abschnitt 6.2.1. Zu Vergleichszwecken sind wieder zusätzlich die Ergebnisse aus Deardorff et al. (1980) und Boers und Eloranta (1986) eingetragen. Es wird deutlich, dass die Werte einen eindeutigen Trend von höheren Randzonenbreiten bei geringeren Ri_{we} widerspiegeln. Auch streuen die Literaturwerte weniger stark als bei der Verwendung der konvektiven Richardsonzahl Ri_* (vgl. Abb. 50).

Nach den Betrachtungen in Abschnitt 6.3 kann auch hier eine Modifikation des Parameters Ri_{we} durch eine Verwendung des Temperaturgradienten in der freien Atmosphäre γ anstatt des Temperatursprungs $\Delta\theta$ sinnvoll sein. Abb. 61 zeigt die Auswirkung dieses neuen Parameters

$$\tilde{Ri}_{we} = g\frac{\gamma}{\overline{\theta}}\frac{L^2}{w_e^2} \qquad [99]$$

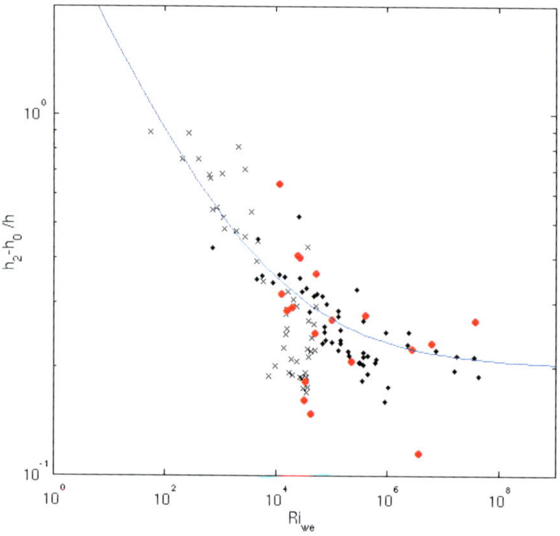

Abb. 60.: Zusammenhang zwischen der Breite der Randzone und einer auf der Einmischgeschwindigkeit basierenden Richardsonzahl Ri_{we}. Die Ergebnisse dieser Arbeit wurden als große rote Punkte dargestellt. Die Ergebnisse aus Deardorff et al. (1980) als kleine schwarze Punkte, die aus Boers und Eloranta (1986) als schwarze Kreuze. Die von Gryning und Batchvarova (1994) ermittelte Relation ist als blaue Linie eingetragen.

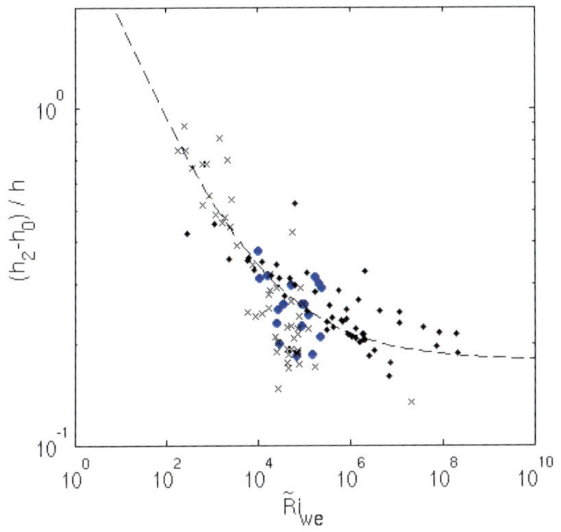

Abb. 61.: Zusammenhang zwischen der Breite der Randzone und einem auf der Einmischgeschwindigkeit basierenden Stabilitätsparameter $\tilde{Ri}_{we}$. Die Ergebnisse dieser Arbeit wurden als große blau Punkte dargestellt. Die Ergebnisse aus Deardorff et al. (1980) als kleine schwarze Punkte, die aus Boers und Eloranta (1986) als schwarze Kreuze. Die gestrichelte Linie gibt eine Anpassung an die Literaturwerte wieder.

unter Verwendung der Längenskala $L = h$. Die Datenbearbeitung erfolgte analog Abschnitt 6.3. Es zeigt sich eine geringere Streuung der Werte dieser Studie im Vergleich zur Verwendung von Ri_{we}. Ein Zusammenhang zwischen $\frac{\Delta h}{h}$ und $\tilde{Ri}_{we}$ wird im Zusammenspiel mit den Ergebnissen aus Deardorff et al. (1980) und Boers und Eloranta (1986) sehr deutlich.

Analog zum Vorgehen in Abschnitt 6.3 wurde auch hier der Einfluss eines Wechsels der Längenskala von der Grenzschichthöhe h auf die integrale Längenskala l untersucht. Abb. 62 zeigt den Effekt, wieder im Zusammenhang mit dem Konzept der statistischen Randzone und unter Verwendung der geglätteten Aerosolschichthöhen bzw. der Turbulenzhöhen. Es wird deutlich, dass die Punkte für $L = l$ weniger stark streuen als für $L = h$. Ein funktionaler Zusammenhang tritt selbst bei den wenigen zur Verfügung stehenden Punkten hervor. Unter Verwendung der Parametrisierung von Gryning und Batchvarova

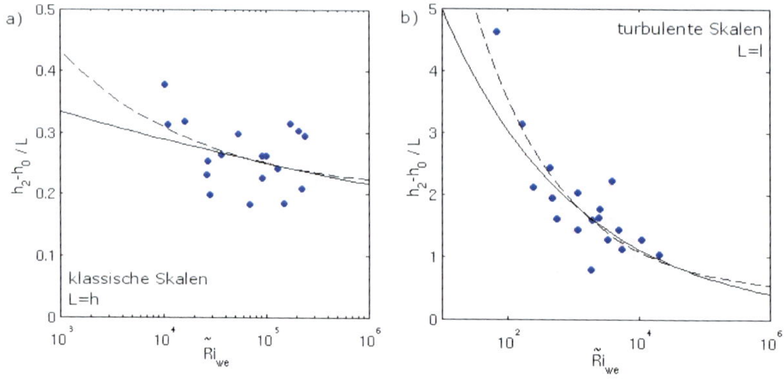

Abb. 62.: Zusammenhang zwischen der Breite der statistischen Randzone und $\tilde{Ri}_{we}$. Links für die Verwendung der Grenzschichthöhe $L = h$ als Längenskala, rechts für die der integralen Längenskala $L = l$. Die gestrichelte Linie gibt zusätzlich einen angepassten funktionalen Zusammenhang $\frac{\Delta h}{L} \propto \tilde{Ri}_{we}^{-1/3}$ wieder, die durchgezogene Linie den mit der im Sinne der Minimierung der kleinsten Fehlerquadrate optimalen Potenz b_{we} unter der Voraussetzung $c_{we} = 0$. Die hellen roten Punkte geben den Zusammenhang unter Verwendung des Konzepts der Turbulenzhöhe, die blauen für das Konzept der Aerosolschichthöhe an.

(1994) kann eine Steigerung des Korrelationskoeffizienten zwischen $\frac{h_2-h_0}{L}$ und $\tilde{Ri}_{we}^{-1/3}$ von 0.41 auf 0.77[(4)] erzielt werden, indem die integrale Längenskala anstatt der Grenzschichthöhe zur Normierung verwendet wird. Es ergibt sich ein funktionaler Zusammenhang von

$$\frac{h_2-h_0}{h} = (2.34 \pm 2.63)\tilde{Ri}_{we}^{-1/3} + (0.20 \pm 0.07)$$

bzw.

$$\frac{h_2-h_0}{l} = (14.60 \pm 4.25)\tilde{Ri}_{we}^{-1/3} + (0.40 \pm 0.48).$$

Der Vorteil der Relation 98 bzw. modifizierten Varianten davon, liegt in der expliziten Berücksichtigung der Stabilität im Zusammenhang zwischen der Breite der Randzone und der Einmischgeschwindigkeit. Aus diesem Grund hat diese

[4] Werden die Turbulenzhöhen verwendet ergibt sich eine Steigerung von 0.35 auf 0.74; für die Übergangszone liegt der Korrelationskoeffizient für beide Grenzschichthöhenkonzepte und beide Skalenkombinationen unter betragsmäßig 0.40.

Beziehung das höchste Potential, einen Prozess, der stark von der Stabilität abhängig ist (vgl. Abschnitt 5.1), gut zu parametrisieren. Andererseits werden nun immer zwei der drei untersuchten Größen $[\Delta h, w_e, \Delta\theta]$ bzw. $[\Delta h, w_e, \gamma]$ notwendig, um die dritte zu beschreiben. Dies trifft nicht auf die Relationen 85, 87 und 96 zu.

Im Verlauf dieses Kapitels nahm die Komplexität der funktionalen Zusammenhänge zu und erreichte schließlich in diesem Abschnitt, mit der Vereinigung aller drei Kenngrößen des Einmischprozesses sein Maximum. Gleichzeitig wurden auch die Zusammenhänge deutlicher. Dies spiegelt die Problematik des Einmischprozesses wieder: es ist die Kenntnis vieler Größen notwendig, um funktionale Zusammenhänge ausreichend gut zu beschreiben.

7. Zusammenfassende Diskussion und Ausblick

Zu Beginn dieser Arbeit wurden drei Fragen formuliert:

1. Welche Einzelprozesse, die Einmischen bewirken, können am Oberrand der atmosphärischen Grenzschicht beobachtet werden? Stehen diese Einzelprozesse in einem Zusammenhang zur Stabilität der Schichtung in der freien Atmosphäre?

2. Für Parametrisierungen des Einmischprozesses in der atmosphärischen Grenzschicht ohne Scherung werden vorrangig die Grenzschichthöhe und die konvektive Geschwindigkeit, die eine Funktion des turbulenten Wärmeflusses am Boden darstellt, verwendet. Grundlage für diese Parametrisierungen sind Annahmen von Relationen zwischen den vorherrschenden Längenskalen und Geschwindigkeitsskalen. Sind diese Relationen konsistent mit den Ergebnissen neuer hochaufgelöster Messungen?

3. Im Bereich der Fluiddynamik werden mit der integrale Längenskala und der Varianz der Geschwindigkeit zwei Skalen, die die Turbulenz direkter beschreiben, verwendet. Kann eine Verbesserung der Parametrisierung des Einmischprozesses in der atmosphärischen Grenzschicht durch die Verwendung dieser "turbulenten" Skalen erzielt werden?

Zur Beantwortung dieser Fragestellungen wurde ein für das Studium von Einmischvorgängen neues Fernerkundungsinstrument, ein Doppler Lidar, eingesetzt. In dieser Arbeit wurde gezeigt, dass die Möglichkeiten dieses Instruments, das einerseits eine Prozessvisualisierung ermöglicht und gleichzeitig auch eine Charakterisierung der Turbulenz zulässt, sowohl in inhomogenen Gelände ohne hohe Vegetation (CSIP, 2005) und mit teilweise hoher Vegetation (CoBoLd, 2008), als auch in orographisch strukturiertem Gelände (COPS, 2007) umsetzbar sind.

Die beiden zentralen Kenngrößen des Einmischprozesses, die Breite der Randzone zwischen turbulenter Mischungsschicht und freier Atmosphäre und die Einmischgeschwindigkeit, die das Anwachsen der Grenzschicht wiedergibt, wurden aus den Messdaten abgeleitet. Grundlage dafür war die bestimmte Grenzschichthöhe, welche einerseits mit einer Technik basierend auf dem Aerosolrückstreuverhältnis und andererseits unter Verwendung des Profils der Varianz der Vertikalwindgeschwindigkeit ermittelt wurde. Erstere zeichnet sich durch eine sehr hohe zeitliche Auflösung aus, die es ermöglicht, kleinskalige Variationen der Grenzschichthöhe auch quantitativ zu erfassen. Das zweite Konzept hingegen ist direkt mit der Turbulenz verbunden. Es wird deutlich, dass sich die Höhe der Aerosolschicht und die Turbulenzhöhe zeitweise unterscheiden und als zwei getrennte Konzepte der Grenzschichthöhe interpretiert werden können.

Für die atmosphärische Randzone wurden ebenfalls zwei Konzepte angewendet: eine statistische Definition aufbauend auf den Schwankungen der Grenzschichthöhe sowie die Definition einer Übergangszone, in dieser Arbeit der Übergang des Aerosolrückstreuverhältnisses vom Wert innerhalb der Mischungsschicht auf den Wert der freien Atmosphäre. Die beiden Konzepte der Randzone zeigen teilweise stark unterschiedliche Tagesgänge und wurden deshalb getrennt voneinander betrachtet. Die Einmischgeschwindigkeit wurde über die Änderung der Aerosolschichthöhe bzw. der Turbulenzhöhe definiert. Ein zusätzlicher Offset von 1 cm s^{-1} berücksichtigt das typische großskalige Absinken in Hochdruckgebieten.

Zur Beantwortung der ersten zentralen Frage dienten qualitative Studien, die mit Hilfe einer geeigneten Darstellung des Aerosolrückstreusignals und der vertikalen Windgeschwindigkeit am Oberrand der atmosphärischen Grenzschicht durchgeführt wurden. Einzelprozesse, die ein Einmischen bewirken, sind aus Studien im Labor bekannt (z.B. Carruthers und Hunt, 1986): (i) Großräumiges Umschließen von Umgebungsfluid durch das turbulente Fluid; (ii) Scher-Instabilitäten; (iii) Deformation der Grenzschicht durch auftreffende Wirbel und (iv) das Brechen von internen Wellen. Es war nun möglich, drei verschiedene Regime für den Randbereich der atmosphärischen Grenzschicht zu unterscheiden. Diese zeichnen sich durch unterschiedliche Einmischprozesse aus und können zusätzlich auch mit unterschiedlichen Temperaturgradienten in der freien Atmosphäre und somit mit unterschiedlicher Stabilität verbunden werden: Bei sehr schwacher Stabilität kann ein großräumiges Einschließen von aerosolarmen Fluid der freien Atmosphäre durch das Mischungsschichtfluid beobachtet werden. Teilweise kann es in diesen sehr "unruhigen" Grenzschichten auch zum Abreißen von größeren Segmenten des Mischungsschichtfluids kommen. Mit größer werdendem Temperaturgradienten in der freien Atmosphäre und damit verbundener zunehmender Stabilität verschwinden diese Prozesse und das Einmischen wird durch wellenartige Strukturen am Oberrand der Grenzschicht von wenigen 10 m horizontaler Ausdehnung, die möglicherweise durch Scherinstabilitäten verursacht werden, bestimmt. Ein beobachtbarer kausaler Zusammenhang zwischen einzelnen starken Turbulenzelementen und Deformationen der Grenzschicht tritt erst bei hoher Stabilität, verbunden mit großen Temperaturgradienten in der freien Atmosphäre auf. In diesen Fällen kann teilweise ein deutlicher Abwärtstransport von aerosolarmer Luft an den Rändern der Deformation gezeigt werden. Auch die Breite der Randzone und die Einmischgeschwindigkeit können in direkte Verbindung zum Temperaturgradienten der freien Atmosphäre γ gebracht werden. Es wurde ein Korrelationskoeffizient von -0.97 für die Einmischgeschwindigkeit basierend auf den Aerosolschichthöhen, sowie ein Korrelationskoeffizient von -0.77 im Zusammenhang mit der Breite der statistischen Randzone ermittelt. Der Zusammenhang zwischen breiterer Randzone und höherer Einmischgeschwindigkeit bei geringerer Stabilität ist erkennbar. Die verschiedenen Einmischprozesse wirken folglich unterschiedlich effektiv. Zusammenfassend konnte für die atmosphärische Grenzschicht das Durchlaufen verschiedener Einmischregime abhängig von der Stabilität aufgezeigt werden. Die Identifizierung einzelner Prozesse ist möglich.

Parallel zu den Untersuchungen auf der Prozessebene, erfolgte eine Charakterisierung der Turbulenz in den betrachteten Grenzschichten. Zur Beschreibung der Turbulenz und zur späteren Analyse von funktionalen Zusammenhängen im Rahmen der Ähnlichkeitstheorie wurden verschiedene Längen- und Geschwindigkeitsskalen in der konvektiven atmosphärischen Grenzschicht betrachtet. Durch den zusätzlichen Einsatz von Bodenstationen konnten folgende

Längenskalen ermittelt werden: die Grenzschichthöhe h; die integrale Längenskala l; die Wellenlänge λ_{max}, an der das Spektrum der Vertikalwindgeschwindigkeit ein Maximum aufweist; die Obukhov Länge L_{MO}; sowie geometrische Eigenschaften der Turbulenzelemente. Die Turbulenzelemente selbst wurden mit Hilfe eines bedingten Detektionsverfahrens als zweidimensionale Objekte ermittelt. Das damit verbundene Feld an Aufwindstrukturen setzt sich aus unterschiedlichen, teilweise sehr komplexen Einzelstrukturen zusammen, die in ihrem Auftreten und in ihren geometrischen Eigenschaften, wie vertikale und horizontale Ausdehnung oder maximale Höhe, keiner offensichtlichen Systematik folgen. In der hier verwendeten Eulerschen Betrachtungsweise mit der Annahme der Taylorschen Hypothese der eingefrorenen Turbulenz, kann somit das idealisierte Modell von deutlichen Aufwindschläuchen, unterbrochen von längeren Perioden mit Abwinden in den betrachteten Grenzschichten im Allgemeinen nicht beobachtet werden. Die integralen Längenskalen l und auch die Wellenlänge λ_{max} können als unabhängig vom Höhenniveau innerhalb der Grenzschicht und deshalb über die Grenzschicht gemittelt betrachtet werden. Beide Skalen sind eher schwach (R=0.51 bzw. 0.52) mit der Grenzschichthöhe korreliert, zeigen jedoch eine starke Korrelation (R=0.84) untereinander. Die Obukhov Länge ist mit keiner der anderen Skalen korreliert und kann als eigenständige Längenskala verwendet werden.

Im Bereich der Geschwindigkeitsskalen zur Beschreibung der konvektiv erzeugten Turbulenz, wurde das 95te Perzentil der Vertikalwindgeschwindigkeit v_{95}; die Wurzel der maximalen Varianz der Vertikalwindgeschwindigkeit in der Grenzschicht $\sigma_{w,max}$; die konvektive Geschwindigkeit w_* und die Schubspannungsgeschwindigkeit $u_{*,0}$; sowie die mittlere und maximale Geschwindigkeit innerhalb der detektierten Turbulenzelemente ermittelt. Eine Analyse verschiedener Perzentile des Vertikalwindes ergab in diesem Zusammenhang eine Bestätigung des allgemein angenommenen Bildes von weniger und stärkeren Aufwinden im Vergleich zu häufigeren aber schwächeren Abwinden. Es wurde eine sehr hohe Korrelation zwischen v_{95} und $\sigma_{w,max}$ gefunden (R=0.93), die verdeutlicht, dass die maximalen Aufwinde mit der stärksten Turbulenz verbunden sind. Die Schubspannungsgeschwindigkeit in Bodennähe spielt für die betrachteten Tage keine Rolle. Eine kombinierte Skala mit der konvektiven Geschwindigkeit verursacht einen Versatz um ca. 5% im Vergleich zu w_*, jedoch keine Änderung im systematischen Verhalten. Die konvektive Geschwindigkeit ist mit einem Korrelationskoeffizienten von 0.67 mit der Wurzel der maximalen Varianz korreliert. Eine qualitative Betrachtung zeigte jedoch eine deutliche Tendenz zu einem nichtlinearen Zusammenhang. Deshalb wurden beide Geschwindigkeitsskalen für die weitere Analyse verwendet. Die Geschwindigkeiten basierend auf den Turbulenzelementen zeigen, wie die geometrischen Eigenschaften auch, ein zu variables Verhalten, um sie als geeignet zur Verwendung als Geschwindigkeitsskala zu bewerten.

Insgesamt können zur Beantwortung der zweiten Frage folgende Schlüsse gezogen werden: Zusammenhänge der verbreiteten Längenskalen l, λ_{max} und L_{MO} mit der Grenzschichthöhe können nur bedingt bestätigt werden. Möglicherweise ist die verwendete Datenlage zu gering bzw. unter zu variablen Bedingungen gemessen, um typische Relationen herauszuarbeiten. Andere Ursachen könnten sein, dass die Zusammenhänge doch komplexer sind, als bisher in den Modellen angenommen. Es dürften auch in der atmosphärischen Grenzschicht mehr Einflussfaktoren eine Rolle spielen, als in Laborstudien berücksichtigt werden konnten. Erwähnenswert ist die Bestätigung des Modells von Kristensen et al. (1989): Der Zusammenhang zwischen l und λ_{max} wurde gut reproduziert. Die Unterschiede zwischen der konvektiven Geschwindigkeit, die ausschließlich einen Ansatz für konvektiv erzeugte Turbulenz darstellt, und der maximalen Varianz in der Grenzschicht, die keine spezifische Turbulenzquelle berücksichtigt, können entweder dadurch erklärt werden, dass die konvektiv erzeugte Turbulenz doch nicht vollständig durch w_* beschrieben ist oder dass keine rein konvektiven Grenzschichten vorlagen. Bestehende Konzepte einer Proportionalität zwischen den geometrischen Eigenschaften bzw. charakteristischen Geschwindigkeiten der Turbulenzelemente mit Längen- bzw. Geschwindigkeitsskalen können mit dem verwendeten Verfahren nicht bestätigt werden. Insbesondere die bisher fehlende Systematik der detektierten Turbulenzelemente bedarf in diesem Zusammenhang einer weiteren Betrachtung.

Die Ergebnisse der Prozessvisualisierung und der Charakterisierung der Turbulenz wurden anschließend zusammengeführt, um eine geeignete Parametrisierung des Einmischprozesses zu finden. Zur Evaluation verschiedener funk-

tionaler Zusammenhänge für die Breite der Randzone bzw. für die Einmischgeschwindigkeit, wurden in einem ersten Schritt funktionale Zusammenhänge ohne die explizite Berücksichtigung der Stabilität getestet. Für die Einmischgeschwindigkeit war bezüglich w_* und $\sigma_{w,max}$ keine Korrelation zu einem der beiden Konzepte der Grenzschichthöhe nachweisbar. Für die Breite der Randzone konnte ein schwacher Zusammenhang mit den Längenskalen h und l aufgezeigt werden. Es ergaben sich Lognormalverteilungen der Verhältnisse. Wurde die Grenzschichthöhe als Längenskala verwendet, so traten deutliche Unterschiede zwischen den in dieser Arbeit betrachteten Messkampagnen auf. Über dem Messort Hornisgrinde, der dem höchsten Punkt im betrachteten orographisch strukturierten Terrain entspricht, erreichte die Grenzschichthöhe über Grund signifikant geringere Höhen als es im flachen Terrain der Fall war. Dieses Verhalten überträgt sich auch auf die konvektive Geschwindigkeit. Die Breite der Randzone, die integrale Längenskala und auch $\sigma_{w,max}$ reagieren dagegen nicht in dieser Weise.
Den einfachen Proportionalitäten überlegen sind funktionale Zusammenhänge zwischen der Breite der Randzone bzw. der Einmischgeschwindigkeit mit Parametern, die sowohl mit der Stabilität, als auch den Längen- und Geschwindigkeitsskalen verbunden sind. Zur Parametrisierung des Einmischens wird dabei typischerweise die Richardsonzahl Ri angesetzt. Problematisch ist die Verwendung des Temperatursprungs am Übergang zwischen turbulenter und nicht-turbulenter Schicht, da eine zuverlässige Messung in der atmosphärischen Grenzschicht nur schwer möglich ist. Es konnte gezeigt werden, dass ein Stabilitätsparameter auf Basis des Temperaturgradienten γ in der freien Atmosphäre, der weniger variabel und lokal beeinflusst ist, eine analoge Aussagekraft besitzen. Als geeignetster Parameter hat sich dabei

$$\tilde{Ri} = g \frac{\gamma}{\theta} \frac{L^2}{V^2} \qquad [100]$$

erwiesen. Mit Hilfe dieses Parameters konnte die dritte zentrale Frage dieser Arbeit bearbeitet werden.
Für den Zeitraum von 10:30 UTC bis 13:30 UTC kann unter Verwendung der operationellen Radiosonden, eine Erhöhung des Korrelationskoeffizienten zwischen der normierten Einmischgeschwindigkeit $\frac{w_e}{V}$ und $\tilde{Ri}^{-0.5}$ beim Übergang

von den klassischen Skalen (h, w_*) auf die turbulenten Skalen (l,$\sigma_{w,max}$) von 0.21 auf 0.46 gefunden werden. Eine analoge Analyse der normierten statistischen Randzone ergibt sogar eine Steigerung von 0.46 auf 0.85. Qualitativ wird in beiden Fällen die Streuung der einzelnen Punkte deutlich reduziert.

Wird ein Zusammenhang zwischen der Breite der Randzone Δh und der Einmischgeschwindigkeit w_e

$$\frac{\Delta h}{L} \propto \left(\frac{w_e}{V}\right)^{\alpha} \qquad [101]$$

untersucht, kann der komplette Datensatz zwischen 8 UTC und 18 UTC verwendet werden. Tests der verschiedenen Kombinationen von Längen- und Geschwindigkeitsskalen ergeben die höchsten Korrelationskoeffizienten zwischen statistischer Randzone und Einmischgeschwindigkeit bei der Verwendung der Aerosolschichthöhe als Längenskala (sowie als Basis für die Einmischgeschwindigkeit). Die beiden Geschwindigkeitsskalen w_* und $\sigma_{w,max}$ zeigen dabei keine signifikanten Unterschiede (0.61 bzw. 0.59, ohne COPS Daten). Für die Kombination (h, w_*) konnten die Parametrisierungen aus Deardorff et al. (1980) und Boers und Eloranta (1986) quantitativ bestätigt werden. Für die Übergangszone hingegen zeigen sich höhere Korrelationskoeffizienten bei Verwendung der integralen Längenskala. In diesem Fall scheint zudem das Konzept der Turbulenzhöhe dem der Aerosolschicht überlegen zu sein. Zwischen den Geschwindigkeitsskalen ergeben sich auch hier keine Unterschiede (0.55 bzw. 0.60, ohne COPS Daten). Die Obukhov Länge zeigt in allen Kombinationen geringere Korrelationskoeffizienten als die beiden anderen Skalen h und l. Unter Verwendung der Einheitsskalen $L_e = 1$ m und $V_e = 1$ m s^{-1} kann der absolut höchste Korrelationskoeffizient von 0.64 für eine Kombination aus statistischer Randzone und Aerosolschichthöhe erzielt werden.

In Bezug auf die Potenz α in Gleichung 101 führt eine Minimierung der Fehlerquadrate in allen Fällen auf Werte zwischen 0.2 bis 0.5, wie auch von Beyrich und Gryning (1998) und Deardorff (1983) vorgeschlagen wurde. Diese im Vergleich zum Ergebnis von Deardorff et al. (1980) und Boers und Eloranta (1986) niedrigere Potenz ist qualitativ besser, wenn kein endlicher Wert der Breite der Randzone für sehr hohe Stabilität, d.h. für den Fall $w_e \to 0$, angenommen wird. Bei Verwendung eines endlichen Grenzwertes für die Breite der Randzone ist

eine Potenz $\alpha = 1$ hingegen gut geeignet zur Beschreibung des Zusammenhangs.
Wird die Einmischgeschwindigkeit als eigene Geschwindigkeitsskala im Zusammenhang mit Richardsonzahl verwendet, werden die Ergebnisse aus Gryning und Batchvarova (1994) bestätigt. Dieser letzte untersuchte funktionale Zusammenhang vereinigt die Breite der Randzone, die Einmischgeschwindigkeit und die Stabilität in einer Gleichung. Dabei können die qualitativ besten Zusammenhänge beobachtet werden.
Es ist festzustellen, dass die Übergangszone ein Verhalten zeigt, das mehr Schwankungen und weniger klare Zusammenhänge im Vergleich zur statistischen Randzone aufweist. Mit dem Konzept der Aerosolschichthöhe konnten i. A. höhere Korrelationskoeffizienten bei den überprüften Zusammenhängen erzielt werden, als mit dem der Turbulenzhöhe. Daraus folgt, dass die Verwendung einer statistischen Randzone und der Aerosolschichthöhe die Modellvorstellungen am besten wiedergibt. Die Verwendung der turbulenten Skalen $(l, \sigma_{w,max})$ bewirkt eine Verbesserung der Korrelation zwischen der Breite der Randzone bzw. der Einmischgeschwindigkeit und Stabilitätsparametern im Vergleich zur Verwendung der Skalen $(h,\ w_*)$. Die identifizierten Einmischmechanismen sind zwar abhängig von der Stabilität, scheinen sich jedoch innerhalb des betrachteten Zeitraums von 10:30 UTC bis 13:30 UTC, bis auf eine Ausnahme, nicht auf die funktionalen Zusammenhänge auszuwirken. Wird ausschließlich der funktionale Zusammenhang zwischen Δh und w_e betrachtet, kann keine Erhöhung der Korrelation durch die Verwendung der turbulenten Skalen nachgewiesen werden. Die große Streuung der einzelnen Messpunkte deutet auf variierende Zusammenhänge im Tagesverlauf hin. Eine Systematik, wie in Nelson et al. (1989) vorgeschlagen, kann jedoch nicht beobachtet werden. Die dritte zentrale Frage dieser Arbeit bleibt somit nicht befriedigend beantwortet. Es zeigt sich vielmehr, dass auch mit fortschrittlicher Messtechnik und neuen methodischen Ansätzen, die Problematik des Einmischprozesses zu komplex scheint, um abschließend gelöst zu werden. Es ist möglich das Prozessverständnis selbst zu verbessern, eine zuverlässige Parametrisierung zur Beschreibung individueller Situationen steht weiterhin aus. Trotzdem sind neben numerischen Simulationen, die in der Lage sind gezielt einzelne Me-

chanismen zu betrachten, empirische Studien unter den realen Bedingungen in der Atmosphäre unersetzlich. Nur so kann kontinuierlich die notwendige Datenbasis für zukünftige Modellansätze gewonnen werden.
Aufbauend auf den Ergebnissen dieser Arbeit ergeben sich drei Anknüpfungspunkte für weitere Arbeiten: (i) eine Erhöhung der statistischen Sicherheit der gefundenen Ergebnisse, (ii) ein Vergleich mit numerischen Simulationen und (iii) eine Ausdehnung der Untersuchungen auf Grenzschichten in denen andere turbulenzerzeugende Mechanismen aktiv sind.
Die Datengrundlage für diese Arbeit war bedingt durch drei aufwändige Messkampagnen sehr umfangreich. Zur Untersuchung des Einmischprozesses in konvektiven, wolkenfreien Grenzschichten war jedoch eine starke Reduktion dieses Datenumfangs auf 12 Tage notwendig, um vergleichbare atmosphärische Bedingungen an den betrachteten Tagen zu erhalten. Aufbauend auf diesem stark reduzierten Datensatz konnten deutliche Hinweise auf Zusammenhänge der entscheidenden Kenngrößen des Einmischprozesses erarbeitet werden, die jedoch besserer statistischer Absicherung bedürfen. Sowohl das Doppler Lidar als auch die Bodenstationen sind operationell einsetzbar. Zusätzlich wurde in dieser Arbeit gezeigt, dass bereits die Verwendung operationeller Radiosonden aus dem weiteren Umfeld zum Messplatz ausreichend ist, um Aussagen bezüglich der Stabilität zu treffen. Die gleichen Verfahren, wie in dieser Arbeit könnten demnach auf einen, durch neue umfangreiche Messreihen gewonnenen, größeren Datensatz angewendet werden, wodurch die statistische Aussagekraft der Ergebnisse deutlich verstärkt würde. Der Einsatz zusätzlicher langsam aufsteigender Radiosonden in einem Abstand von einer Stunde würde die Studien über die Abhängigkeiten von der Breite der Randzone und der Einmischgeschwindigkeit von der Stabilität zudem verbessern.
Aktuelle Veröffentlichungen zu Ergebnissen mit Grobstruktursimulationen (z.B. Sullivan et al., 1998; Kim et al., 2003) zeigen das Potenzial dieser Methode. Der Nutzen im Zusammenhang mit der hier vorgestellten Studie ist somit wechselseitig - einerseits können die Ergebnisse der Simulation mit Hilfe der Messdaten evaluiert werden, andererseits wäre es möglich die Methoden und Annahmen bei der Verwendung des Doppler Lidars, z.B. Taylors Hypothese

der eingefrorenen Turbulenz, hinsichtlich ihrer Anwendbarkeit und ihres Fehlers zu überprüfen. Durch geeignete Ausgabe der Simulationsergebnisse kann das Messsignal in der Eulerschen Betrachtungsweise simuliert und damit insbesondere die mit dem Doppler Lidar beobachteten Einzelprozesse, die zum Einmischen beitragen, besser verstanden werden. In einem zweiten Schritt wäre mit Hilfe numerischer Simulation eine Überprüfung möglich, ob eine Veränderung der Parametrisierung durch die Verwendung von anderen Skalen, wie sie in dieser Arbeit vorgeschlagen wird, auch im Modell zu einer Verbesserung der Ergebnisse führt.

In der hier beschriebenen Studie wurden nur konvektive Grenzschichten ohne Bewölkung betrachtet. Eine Ausdehnung der Untersuchungen zum Einmischprozess ist davon ausgehend in zwei Richtungen möglich: Einerseits kann der Einfluss von Wolken untersucht werden, andererseits der der Scherung am Oberrand der Grenzschicht. Erste Ansätze zur Analyse des turbulenten Umfeldes von Wolken durch Auswertung von Doppler Lidar Messungen finden sich in Arnold (2009) und Lottman et al. (2001). Eine Gerätekombination zwischen einem Doppler Lidar und einem Wolkenradar bietet zudem neue Möglichkeiten (Träumner et al., 2010). Bezüglich des Einflusses von Scherung verweisen aktuelle Studien von Conzemius und Fedorovich (2006a) und Lothon et al. (2009) auf die große Bedeutung dieser Turbulenzquelle für das Einmischen. Mit Hilfe einer Gerätekombination mit einem zweiten Doppler Lidar, so wie sie derzeit mit dem KITCube am Karlsruher Institut für Technologie eingerichtet wird, lässt sich die Betrachtung auf Grenzschichten unter dem Einfluss von Scherung ausdehnen, da damit sowohl hochauflösende Vertikalmessungen von Aerosolgehalt und Geschwindigkeit möglich sind, als auch zusätzlich eine Abschätzung der Scherung im Bereich der Übergangszone.

Verwendete Symbole

Alle atmosphärischen Größen ξ werden im Rahmen der Turbulenzbehandlung in einen mittleren und einen turbulenten Anteil zerlegt:

$$\xi = \overline{\xi} + \xi' \qquad [102]$$

wobei gilt, dass

$$\overline{\xi'} = 0 \qquad [103]$$

sowie

$$\sigma_\xi^2 = \overline{\xi'^2} \qquad [104]$$

Dreidimensionale Vektoren werden mit $\overrightarrow{()}$ gekennzeichnet. Das Koordinatensystem ist so orientiert, dass die z-Achse senkrecht vom Erdboden weg zeigt.

Indizes

$_0$ auf Bodenniveau

$_h$ in Höhe des Übergangs zwischen turbulenter Grenzschicht und freier Atmosphäre

$_{aero}$ basierend auf der Aerosolschichthöhe

$_{turb}$ basierend auf der Turbulenzhöhe

Spezielle Symbole und Operatoren

∂ partielle Ableitung

d totale Ableitung

∇ Nabla Operator

Δ Differenz über den Bereich zwischen turbulenter Schicht und freier Atmosphäre (Änderung über die Randzone)

Soweit nicht explizit anders im Text definiert, gelten folgende Symbole. Explizite Definitionen im Text gelten ausschließlich für den entsprechenden Abschnitt.

Symbol	Name	Dimension	Definition bzw. Konstanten
$bias$	systematischer Fehler der Windmessung mit dem Doppler Lidar	m s^{-1}	
Δb	Auftriebsbeschleunigung	m s^{-2}	$\Delta b = g\frac{\Delta\rho}{\rho}$ bzw. $\Delta b = g\frac{\Delta\theta_V}{\theta_V}$
c_{pd}	spezifische Wärme für trockene Luft	J K^{-1}kg^{-1}	1004.67 J K^{-1}kg^{-1}
c	Lichtgeschwindigkeit	m s^{-1}	299792458 m s^{-1}
e	turbulente kinetische Energie pro Masseneinheit	m^2 s^{-2}	$e = \frac{1}{2}\left(u'^2 + v'^2 + w'^2\right)$
e_r	statistischer Fehler der Windmessung mit dem Doppler Lidar	m s^{-1}	
f	Frequenz	s^{-1}	
f_c	Coriolisparameter	s^{-1}	$f_c = 2\lvert\vec{\Omega}\rvert\sin(\phi)$, mit Breitengrad ϕ
Fr	Froudezahl	1	$Fr = \frac{V}{(Lg\Delta\rho/\rho_0)^{0.5}}$, wobei ρ_0 mittlere Dichte in der turbulenten Schicht
$\vec{g} = \begin{pmatrix}0\\0\\g\end{pmatrix}$	Schwerebeschleunigung	m s^{-2}	$\lvert\vec{g}\rvert = 9.81$
h	Höhe der atmosphärischen Grenzschicht	m über Grund	
h_0	Höhe der atmosphärischen Mischungsschicht, Unterkante der Randzone	m über Grund	

Fortsetzung auf nächster Seite

Symbol	Name	Dimension	Definition bzw. Konstanten
h_2	Höhe des Beginns der freien Atmosphäre, Oberkante der Randzone	m über Grund	
Δh	Breite der Randzone; in Abbildungen kennzeichnet Δh_{TZ} das Konzept der Übergangszone während $h_2 - h_0$ für das der statistischen Randzone steht	m	
Δh_{TZ}	Breite der Übergangszone als ein Konzept der Randzone	m	
I_b	abstands- und extinktionskorrigiertes Rückstreusignal des Lidars	nicht kalibriert	vgl. Abschnitt 3.1.3
J	Strahlungsdichte	W cm^{-2} sr^{-1} Hz^{-1}	
k	Wellenzahl	m^{-1}	$k = \frac{2\pi}{\lambda}$
κ	von Kármán Konstante	1	0.4 (0.35 ... 0.41)
L	allg. Längenskala	m	
l	integrale Längenskala	m	$l_x = \int_0^\infty \frac{R_x(r')}{R_x(0)} dr'$, mit Autokorrelationsfunktion R_x und $x = u, v, w$
l_T	Transformation der Zeit in eine Länge nach der Taylorschen Hypothese der eingefrorenen Turbulenz	m	$l_T = t\sqrt{U^2 + V^2}$
L_{MO}	Obukhov Länge	m	$L_{MO} = \frac{u_*^3 \overline{\theta}}{\kappa g \overline{w'\theta'}_0}$
m	gemessene Radialgeschwindigkeit mit dem Doppler Lidar	m s^{-1}	
N	Anzahl der Messpunkte im Messintervall		
N_{BV}	Brunt-Väisälä Frequenz	Hz	$N_{BV}^2 = \frac{g}{\theta_V} \frac{\partial \overline{\theta_V}}{\partial z}$

Fortsetzung auf nächster Seite

Symbol	Name	Dimension	Definition bzw. Konstanten
p	Druck	hPa	
q	Turbulenzgeschwindigkeit	$m\,s^{-1}$	$q^2 = u'^2 + v'^2 + w'^2$
R	Korrelationskoeffizient	1	
r_D	Mischungsverhältnis von Wasserdampf in Luft	g/g	
r_L	Mischungsverhältnis flüssigen Wassers in Luft	g/g	
r_{sat}	Sättigungsmischungsverhältnis	g/g	
R_x	Autokovarianzfunktion	$m^2\,s^{-2}$	$R_x(\tau) = \frac{1}{N}\sum_{k=1}^{N-\tau}(x_k - \overline{x})(x_{k+\tau} - \overline{x})$
Ri	Richardsonzahl	1	im Rahmen der Betrachtung von Grenzschichten zwischen stabil geschichteten Fluiden i.A. durch $$Ri = \Delta b \frac{L}{V^2}$$ definiert
Ri_*	konvektive Richardsonzahl	1	$Ri_* = \Delta b \frac{h}{w_*^2}$
$\tilde{R}i$	Stabilitätsparameter unter Verwendung des Temperaturgradienten in der freien Atmosphäre	1	$\tilde{R}i = \frac{g\gamma}{\theta}\frac{L^2}{V^2}$
Ri_{we}	Richardsonzahl unter Verwendung der Einmischgeschwindigkeit	1	$Ri_{we} = \Delta b \frac{L}{w_e^2}$
$\tilde{R}i_{we}$	Stabilitätsparameter unter Verwendung des Temperaturgradienten in der freien Atmosphäre und der Einmischgeschwindigkeit	1	$\tilde{R}i_{we} = \frac{g\gamma}{\theta}\frac{L^2}{w_e^2}$

Fortsetzung auf nächster Seite

Symbol	Name	Dimension	Definition bzw. Konstanten
$\mathscr{R}$	Gaskonstante trockene Luft	$J\,K^{-1}\,kg^{-1}$	$287.04\,J\,K^{-1}\,kg^{-1}$
S	Stabilitätsparameter unter Verwendung des Temperaturgradienten in der freien Atmosphäre	1	$S = \frac{\gamma L}{\theta}$
$\mathscr{S}$	spektrale Komponente der Windgeschwindigkeit	$m^2\,s^{-1}$	
t	Zeit, in Abbildungen erfolgt die Angabe in UTC	s	
Δt	Abstand zwischen zwei Messpunkten	s	Δt^{-1} entspricht der Messfrequenz
T	Temperatur	K oder °C	
ΔT_L	Pulsdauer Lidar	s	
u_*	Schubspannungsgeschwindigkeit	$m\,s^{-1}$	$u_{*,0} = \left[\overline{u'w'}_0^2 + \overline{v'w'}_0^2\right]^{\frac{1}{4}}$
$\vec{v} = \begin{pmatrix} u \\ v \\ w \end{pmatrix}$	Windgeschwindigkeitsvektor mit den 3 Komponenten u, v, w	$m\,s^{-1}$	es gilt jeweils $u = \overline{u} + u' = U + u'$
v_r	Radialgeschwindigkeit des Windes in Strahlrichtung	$m\,s^{-1}$	
v_p	p-tes Perzentil der Vertikalwindgeschwindigkeit	$m\,s^{-1}$	z.B. v_{95} entspricht dem 95ten Perzentil
V	allg. Geschwindigkeitskala (wird hier nicht im Sinne der mittleren Geschwindigkeit in y-Richtung verwendet!)	$m\,s^{-1}$	
w_{korr}	Geschwindigkeit abzüglich des Mittelwerts $\pm$ 30 min	$m\,s^{-1}$	$w_{korr}(t) = w(t) - \frac{1}{N}\sum_{t-30\,min}^{t+30\,min} w(t)$ wobei N die Anzahl der Werte zwischen $t - 30\,min$ und $t + 30\,min$ angibt. Es werden nur die Werte auf dem gleichen Höhenniveau verwendet.

Fortsetzung auf nächster Seite

Symbol	Name	Dimension	Definition bzw. Konstanten
w_e	Einmischgeschwindigkeit	m s^{-1}	$w_e = \frac{dh}{dt} - w_L$
w_L	großräumiges Heben oder Absinken der Atmosphäre	m s^{-1}	
w_*	konvektive Geschwindigkeit	m s^{-1}	$w_* = \left[\frac{gh\overline{w'\theta'}_0}{\overline{\theta}}\right]^{1/3}$
W_*	Top-Down Geschwindigkeit	m s^{-1}	$W_* = \left[\frac{gh\overline{w'\theta'}_h}{\overline{\theta}}\right]^{1/3}$ $-W_*^3 = Aw_*^3 + Bu_*^3$
$\overline{w'\theta'}$	vertikaler turbulenter Wärmefluss	K m s^{-1}	
ΔU, ΔV	Windscherung über Grenzfläche	m s^{-1}	
z	Höhe	m über Grund	
α	Extinktionskoeffizient	m^{-1}	
β	Rückstreukoeffizient	m^{-1} sr^{-1}	
β_T	thermischer Expansionskoeffizient	K^{-1}	in der Atmosphäre gilt $\beta_T = \frac{1}{\theta}$
γ	Temperaturgradient	K m^{-1}	$\gamma = \frac{d\theta}{dz}$
ε	Dissipationsrate	m^2 s^{-3}	
θ	potentielle Temperatur	K	$\theta = T\left(\frac{p_0}{p}\right)^{\mathscr{R}/c_{pd}}$ mit p_0=1000 hPa
θ_V	virtuelle potentielle Temperatur	K	für gesättigte Luft gilt $\theta_V = \theta(1 + 0.61 r_{sat} - r_L)$ für ungesättigte Luft $\theta_V = \theta(1 + 0.61 r_D)$
λ	Wellenlänge	m	
λ_L	Wellenlänge Lidar		

Fortsetzung auf nächster Seite

Symbol	Name	Dimension	Definition bzw. Konstanten
λ_{max}	Wellenlänge des Maximums des Turbulenzspektrums $k\mathscr{S}$	m	
μ	dynamische Viskosität	kg m^{-1} s^{-1}	in Standardatmosphäre auf Normalnull gilt μ=1.789 10^{-5} kg m^{-1} s^{-1}
ν	normierte Frequenz	1	$\nu = f\Delta t$
ν_k	kinematische Viskosität	m^2 s^{-1}	$\nu_k = \frac{\mu}{\rho}$ in Standardatmosphäre auf Normalnull gilt ν_k=1.461 10^{-5} m^2 s^{-1}
$\Delta\nu_D$	Frequenzverschiebung durch Doppler Effekt	s^{-1}	
$\Delta\nu_L$	Breite des Lidar Pulses	s^{-1}	
ρ	Dichte	kg m^{-3}	
$\sigma^2_{w,max}$	Maximum der Varianz der Vertikalwindgeschwindigkeit in der Grenzschicht	m^2 s^{-2}	
τ	Versatz zwischen zwei Messwerten	Abhängig vom Einsatz	
$\vec{\Omega}$	Winkelgeschwindigkeitsvektor der Erdrotation	s^{-1}	$\vec{\Omega} = 7.27\ 10^{-5}\ \mathrm{s}^{-1} \begin{pmatrix} 0 \\ cos(\phi) \\ sin(\phi) \end{pmatrix}$, mit der geographischen Breite ϕ

Literaturverzeichnis

Angevine, W., A. White und S. Avery (1994). Boundary-layer depth and entrainment zone characterization with a boundary-layer profiler. *Boundary-Layer Meteorol. 68*, 375–385.

Arnold, K. (2009). *Analyse konvektiver Strukturen in der atmosphärischen Grenzschicht mittels Doppler-Lidar.* Diplomarbeit, Universität Karlsruhe, Fakultät für Physik, Institut für Meteorologie und Klimaforschung, 100 S.

Artaz, M.-A. und J.-C. Andre (1980). Similarity studies of entrainment in convective mixed layers. *Boundary-Layer Meteorol. 19*, 51–66.

Asimakopoulos, D., C. Helmis und J. Michopoulos (2004). Evaluation of sodar methods for the determination of the atmospheric boundary layer mixing height. *Meteorol. Atmos. Phys. 85*, 85–92.

Baines, W. (1975). Entrainment by a plume or jet at a density interface. *J. Fluid Mech. 68*, 309–320.

Ball, F. (1960). Control of inversion height by surface heating. *Q. J. R. Meteorol. Soc. 86*, 483–494.

Banta, R., Y. Pichugina und W. Brewer (2006). Turbulent velocity-variance profiles in the stable boundary layer generated by a nocturnal low-level jet. *J. Atmos. Sci. 63*, 2700–2719.

Barthlott, C., N. Kalthoff und F. Fiedler (2003). Influence of high-frequency radiation on turbulence measurements on a 200 m tower. *Meteorol. Z. 12*, 67–71.

Batchelor, G. (1953). *The Theory of Homogeneous Turbulence.* Cambridge Monographs on Mechanics and Applied Mathematics. Cambridge University Press, Cambridge, 197 S.

Batchvarova, E., X. Cai, S.-E. Gryning und D. Steyn (1999). Modelling internal boundary-layer development in a region with a complex coastline. *Boundary-Layer Meteorol. 90*, 1–20.

Batchvarova, E. und S.-E. Gryning (1990). Applied model for the growth of the daytime mixed layer. *Boundary-Layer Meteorol. 56*, 261–274.

Batchvarova, E. und S.-E. Gryning (1994). An applied model for the height of the daytime mixed layer and the entrainment zone. *Boundary-Layer Meteorol. 71*, 311–323.

Bergmann, L. und Schäfer (1990). *Lehrbuch Experimentalphysik.* Walter de Gruyter Berlin New York, Berlin, 902 S., 10. Aufl.

Betts, A. (1973). Non-precipitating cumulus convection and its parameterization. *Q. J. R. Meteorol. Soc. 99*, 178–196.

Betts, A. (1974). Reply to comment on the paper 'non-precipitating cumulus convection and its parameterization'. *Q. J. R. Meteorol. Soc. 100*, 469–471.

Beyrich, F. (1994). *Bestimmung der Mischungsschichthöhe aus SODAR-Daten unter Verwendung numerischer Modellrechnungen.* Dissertation, Fraunhofer-Institut für Atmosphärische Umweltforschung, Garmisch-Partenkirchen, 161 S.

Beyrich, F. (1995). Mixing-height estimation in the convectice boundary layer using sodar. *Boundary-Layer Meteorol. 64*, 1–18.

Beyrich, F. und S.-E. Gryning (1998). Estimation of the entrainment zone depth in a shallow convective boundary layer from sodar data. *J. Appl. Meteor. 37*, 255–268.

Binder, H.-J. (1997). *Tageszeitliche und räumliche Entwicklung der konvektiven Grenzschicht über stark gegliedertem Gelände*. Dissertation, Universität Karlsruhe, Fakultät für Physik, Karlsruhe, 309 S.

Boers, R. (1989). A parameterization of the depth of the entraiment zone. *J. Appl. Meteor. 28*, 107–111.

Boers, R. und E. Eloranta (1986). Lidar measurements of the atmospheric entrainment zone and the potential temperature jump across the top of the mixed layer. *Boundary-Layer Meteorol. 34*, 357–375.

Boers, R., E. Eloranta und R. Coulter (1984). Lidar observations of mixed layer dynamics: Tests of parameterized entrainment models. *J. Clim. Appl. Meteorol. 23*, 247–266.

Bozier, K., G. Pearson, F. Davies und C. Collier (2004). Evaluating the precision of a transverse excitation atmospheric based co_2 doppler lidar system with in situ sensors. *J. Opt. A: Pure Appl. Opt. 6*, 608–616.

Bronstein, I., K. Semendjajew, G. Musiol und H. Muehlig (2001). *Taschenbuch der Mathematik*. Verlag Harri Deutsch, Frankfurt am Main, 1196 S., fünfte Aufl.

Brooks, I. (2003). Finding boundary layer top: Application of a wavelet covariance transform to lidar backscatter profiles. *J. Atmos. Oceanic Technol. 20*, 1092–1105.

Browning, K., A. Blyth, P. Clark, U. Corsmeier, C. Morcrette, J. Agnew, S. Ballard, D. Bamber, C. Barthlott, L. Bennett, K. Beswick, M. Bitter, K. Bozier, B. Brooks, C. Collier, F. Davies, B. Deny, M. Dixon, T. Feuerle, R. Forbes, C. Gaffard, M. Gray, R. Hankers, T. Hewison, N. Kalthoff, S. Khodayar, M. Kohler, C. Kottmeier, S. Kraut, M. Kunz, D. Ladd, H. Lean, J. Lenfant, Z. Li, J. Marsham, J. McGregor, S. Mobbs, J. Nicol, E. Norton, D. Parker, F. Perry, M. Ramatschi, H. Ricketts, N. Roberts, A. Russell, H. Schulz, E. Slack, G. Vaughan, J. Waight, R. Watson, A. Webb, D. Wareing und A. Wieser (2007). The convective storm initiation project. *Bull. Amer. Meteor. Soc. 88*, 1939–1955.

Browning, K. und R. Wexler (1968). The determination of kinematic properties of a wind field using doppler radar. *J. Appl. Meteor. 7*, 105–113.

Buckingham, E. (1914). On physically similar systems; illustrations of the use of dimensional equations. *Phys. Rev. 4*, 345–376.

Calhoun, R., A. Wieser, M. Princevac und C. Kottmeier (2005). Comparison of lidar data with tower, profiler, radiosonde, and tethersonde data. *European Geosciences Union General Assembly 2005, Vienna Astria 24.-29.04.2005.*

Carruthers, D. und J. Hunt (1986). Velocity fluctuations near an interface between a turbulent region and a stably stratified layer. *J. Fluid Mech. 165*, 475–501.

Carruthers, D. und C.-H. Moeng (1987). Waves in the overlying inversion of the convective boundary layer. *J. Atmos. Sci. 44*, 1801–1808.

Carswell, A., A. Fong, S. Pal und I. Pribluda (1995). Lidar-derived distribution of cloud vertical location and extent. *J. Appl. Meteor.* , 107–120.

Caughey, S. und S. Palmer (1979). Some aspects of turbulence structure through the depth of the convective boundary layer. *Q. J. R. Meteorol. Soc.* , 811–827.

Cohn, S. und W. Angevine (2000). Boundary layer height and entrainment zone thickness measured by lidars and wind-profiling radras. *J. Appl. Meteor. 39*, 1233–1247.

Conzemius, R. und E. Fedorovich (2006a). Dynamics of sheared convective boundary layer entrainment. part i: methodological background and large-eddy simulations. *J. Atmos. Sci. 63*, 1151–1178.

Conzemius, R. und E. Fedorovich (2006b). Dynamics of sheared convective boundary layer entrainment. part ii: evaluation of bulk model predictions of entrainment flux. *J. Atmos. Sci. 63*, 1179–1199.

Crapper, P. und P. Linden (1974). The structure of turbulent density interfaces. *J. Fluid Mech. 65*, 45–63.

Crum, T. D., R. B. Stull und E. Eloranta (1987). Coincident lidar and aircraft observations of entrainment into thermals and mixed layers. *J. Clim. Appl. Meteorol. 26*, 774–788.

Davis, K., N. Gamage, C. Hagelberg, C. Kiemle, D. Lenschow und P. Sullivan (2000). An objective method for deriving atmospheric structure from airborne lidar observations. *J. Atmos. Oceanic Technol. 17*, 1455–1468.

Davis, K., D. Lenschow, S. Oncley, C. Kiemle, G. Ehret, A. Giez und J. Mann (1997). Role of entrainment in surface-atmosphere interactions over the boreal forest. *J. Geophys. Res. 102*, 29,219–29,230.

Deardorff, J. (1970). Convective velocity and temperature scales for the unstable planetary boundary layer and for rayleigh convection. *J. Atmos. Sci.* , 1211–1213.

Deardorff, J. (1976). On the entrainment rate of a stratocumulus-topped mixed layer. *Q. J. R. Meteorol. Soc.* , 563–582.

Deardorff, J. (1979). Prediction of convective mixed-layer entrainment for realistic capping-inversion structure. *J. Atmos. Sci. 36*, 424–436.

Deardorff, J. (1983). A multi-limit mixed-layer entrainment formulation. *J. Phys. Oceanogr. 13*, 988–1002.

Deardorff, J., G. Willis und B. Stockton (1980). Laboratory studies of the entrainment zone of a convectively mixed layer. *J. Fluid Mech. 100*, 41–64.

Demtröder, W. (2000). *Experimentalphysik 3, Atome, Moleküle und Festkörper.* Springer-Verlag, Berlin, 617 S.

Dohan, K. und B. Sutherland (2003). Internal waves generated from a turbulent mixed region. *Phys. Fluids 15*, 488–498.

Driedonks, A. (1982). Models and observations of the growth of the atmospheric boundary layer. *Boundary-Layer Meteorol. 23*, 283–306.

Driedonks, A. und H. Tennekes (1984). Entrainment effects in the well-mixed atmospheric boundary layer. *Boundary-Layer Meteorol. 30*, 75–105.

Eberhard, W., R. Cupp und K. Healy (1989). Doppler lidar measurements of profiles of turbulence and momentum flux. *J. Atmos. Oceanic Technol. 6*, 809–819.

Fedorovich, E., R. Conzemius und D. Mironov (2004). Convective entrainment into a shear-free, linearly stratified atmosphere: bulk models reevaluated through large eddy simulations. *J. Atmos. Sci. 61*, 281–295.

Fedorovich, E. und D. Mironov (1995). A model for a shear-free convective boundary layer with parameterized capping inversion structure. *J. Atmos. Sci. 52*, 83–95.

Fernando, H. (1991). Turbulent mixing in stratified fluids. *Annu. Rev. Fluid Mech. 23*, 455–493.

Fernando, H. und J. Hunt (1996). Some aspects of turbulence and mixing in stably stratified layers. *Dyn. Atmos. Oceans 23*, 35–62.

Fernando, H. und J. Hunt (1997). Turbulence, waves and mixing at shear-free density interfaces. part 1: A theoretical model. *J. Fluid Mech. 347*, 197–234.

Flamant, C., J. Pelon, P. Flamant und P. Durand (1997). Lidar determination of the entrainment zone thickness at the top of the unstable marine atmospheric boundary layer. *Boundary-Layer Meteorol. 83*, 247–284.

Fochesatto, G., P. Drobinski, C. Flamant, D. Guedalia, C. Sarrat, P. Flamant und J. Pelon (2001). Evidence of dynamical coupling between the residual layer and the developing convective boundar layer. *Boundary-Layer Meteorol. 99*, 451–464.

Frehlich, R. (1997). Effects of wind turbulence on coherent doppler lidar performance. *J. Atmos. Oceanic Technol. 14*, 54–75.

Frehlich, R. (2001). Estimation of velocity error for doppler lidar measurements. *J. Atmos. Oceanic Technol. 18*, 1628–1639.

Frehlich, R., S. M. Hannon und S. Henderson (1994). Performance of a 2-μm coherent doppler lidar for wind measurements. *J. Atmos. Oceanic Technol. 11*, 1517–1528.

Frehlich, R., S. M. Hannon und S. Henderson (1998). Coherent doppler lidar measurements of wind field statistics. *Boundary-Layer Meteorol. 86*, 233–256.

Garratt, J. (1994). *The Atmospheric Boundary Layer.* Cambridge University Press, Cambridge, 316 S., erste Aufl.

Gerstengarbe, F.-W. und P. Werner (2005). Katalog der großwetterlagen europas (1881–2004) nach paul hess und helmut brezowsky, 6. verbesserte und ergänzte auflage. Techn. Ber., PIK Report 100, Potsdam Institute for Climate Impact Research.

Giez, A. (1996). *Einsatz eines Wasserdampf-DIALs und eines Heterodyn-Wind-Lidars zur Messung des Vertikalflusses von Wasserdamp in einer konvektiven Grenzschicht.* Dissertation, Deutsche Forschungsanstalt für Luft- und Raumfahrt, Köln, 102 S.

Grund, C., R. Banta, J. George, J. Howell, M. Post, R. Richter und A. Weickmann (2001). High-resolution doppler lidar for boundary layer and cloud research. *J. Atmos. Oceanic Technol. 18*, 376–393.

Gryning, S.-E. und E. Batchvarova (1994). Parametrization of the depth of the entrainment zone above the daytime boundary layer. *Q. J. R. Meteorol. Soc. 120*, 47–58.

Haegeli, P., D. Steyn und K. Strawbridge (2000). Spatial and temporal variablility of mixed-layer depth and entrainmentzone thickness. *Boundary-Layer Meteorol. 97*, 47–71.

Hannoun, I. und E. J. List (1988). Turbulent mixing at a shear-free density interface. *J. Fluid Mech. 189*, 211–234.

Hasel, M. (2006). *Strukturmerkmale und Modelldarstellung der Konvektion über Mittelgebirgen.* Dissertation, Universität Karlsruhe, Fakultät für Physik, Karlsruhe, 170 S.

Hasel, M., C. Kottmeier, U. Corsmeier und A. Wieser (2005). Airborne measurements of turbulent trace gas fluxes and analysis of eddy structure in the convective boundary layer over complex terrain. *Atmos. Res. 74*, 381–402.

Hennemuth, B. und H.-J. Kirtzel (2008). Towards operational determination of boundary layer height using sodar/rass soundings and surface heat flux data. *Meteorol. Z. 17*, 283–296.

Hennemuth, B. und A. Lammert (2006). Determination of the atmospheric boundary layer height from radiosonde and lidar backscatter. *Boundary-Layer Meteorol. 120*, 181–200.

Hunt, J. (1998). *Eddy Dynamics and Kinematics of Convective Turbulence*, Bd. Bouyant Convection in Geophysical Flows. Kluwer Academic Publishers, 41–82.

Kaimal, J., J. Wyngaard, D. Haugen, O. Cote und Y. Izumi (1976). Turbulence structure in the convective boundary layer. *J. Atmos. Sci. 33*, 2152–2169.

Kalthoff, N., B. Adler, C. Barthlott, U. Corsmeier, S. Mobbs, S. Crewell, K. Träumner, C. Kottmeier, A. Wieser, V. Smith und P. D. Girolamo (2009). The impact of convergence zones on the initiation of deep convection: A case study from cops. *Atmos. Res. 93*, 680–694.

Kalthoff, N., H.-J. Binder, M. Kossmann, R. Vögtlin, U. Corsmeier, F. Fiedler und H. Schlager (1998). Temporal evolution and spatial variation of the boundary layer over complex terrain. *Atmos. Environ. 32*, 1179–1194.

Kalthoff, N., M. Fiebig-Wittmaack, C. Meixner, M. Kohler, M. Uriarte, I. Bischoff-Gaux und E. Gonzales (2006). The energy balance, evapo-transpiration and nocturnal dew depositipn of an arid valley in the andes. *J. Arid Environments 65*, 420–443.

Kim, S.-W., S.-U. Park und C.-H. Moeng (2003). Entrainment processes in the convective boundary layer with varying wind shear. *Boundary-Layer Meteorol. 108*, 221–245.

Klett, J. (1981). Stable analytical inversion solution for processing lidar returns. *Appl. Opt. 20*, 211–220.

Kossmann, M., R. Vögtlin, U. Corsmeier, B. Vogel, F. Fiedler, H.-J. Binder, N. Kalthoff und F. Beyrich (1998). Aspects of the convective boundary layer structure over complex terrain. *Atmos. Environ. 32*, 1323–1348.

Kottmeier, C., N. Kalthoff, C. Barthlott, U. Corsmeier, J. van Baelen, A. Behrendt, R. Behrendt, A. Blyth, R. Coulter, S. Crewell, P. di Girolamo, M. Dorninger, C. Flamant, T. Foken, M. Hagen, C. Hauck, H. Höller, H. Konow, M. Kunz, H. Mahlke, S. Mobbs, E. Richard, R. Steinacker, T. Weckwerth, A. Wieser und V. Wulfmeyer (2008). Mechanisms initiating deep convection over complex terrain during cops. *Meteorol. Z. 17*, 931–948.

Kottmeier, C., P. Wachs und K. Sannemann (1993). *Coastal antartic PBL flows under varying external influences*, Bd. Waves and Turbulence in Stably Stratified Flows. Clarendon Press, Oxford, 61–89.

Kristensen, L., D. Lenschow, P. Kirkegaard und M. Courtney (1989). The spectral velocity tensor for homogenous boundary-layer turbulence. *Boundary-Layer Meteorol. 47*, 149–193.

Kunkel, K., F. Eloranta und S. Shipley (1977). Lidar observation of the convective boundary layer. *J. Appl. Meteor. 16*, 1306–1311.

Lammert, A. und J. Bösenberg (2006). Determination of the convective boundary-layer height with laser remote sensing. *Boundary-Layer Meteorol. 119*, 159–170.

Lenschow, D., M. Lothon und S. Mayor (2006). Doppler lidar measurements of vertical velocity spectra, length scales, and coherence in the convective planetary boundary layer. *17th Symposium on Boundary Layers and Turbulence, 21.-25.05.2006, San Diego, CA* .

Lenschow, D., J. Mann und L. Kristensen (1994). How long is long enough when measuring fluxes and other turbulence statistics? *J. Atmos. Oceanic Technol. 11*, 661–673.

Lenschow, D. und B. Stankov (1986). Length scales in the convective boundary layer. *J. Atmos. Sci. 43*, 1198–1209.

Lenschow, D. und P. Stephens (1980). The role of thermals in the convective boundary layer. *Boundary-Layer Meteorol. 19*, 509–532.

Lenschow, D., V. Wulfmeyer und C. Senff (2000). Measuring second- through fourth-order moments in noisy data. *J. Atmos. Oceanic Technol. 17*, 1330–1347.

Lenschow, D., J. Wyngaard und W. Pennell (1980). Mean field and second momentum budgets in a baroclinic convective boundary layer. *J. Atmos. Sci. 37*, 1313–1326.

Lilly, D. (1968). Models of cloud-topped mixed layers under a strong inversion. *Q. J. R. Meteorol. Soc. 94*, 292–309.

Lilly, D. (2002). Entrainment into mixed layers. part i: Sharp-edged and smoothed tops. *J. Atmos. Sci. 59*, 3340–3352.

Linden, P. (1973). The interaction of a vortex ring with a sharp density interface: a model for turbulent entrainment. *J. Fluid Mech. 60*, 467–480.

List, E. (1982). Turbulent jets and plumes. *Annu. Rev. Fluid Mech. 14*, 189–212.

Lothon, M., D. Lenschow und S. Mayor (2006). Coherence and scale of vertical velocity in the convective boundary layer from a doppler lidar. *Boundary-Layer Meteorol. 121*. 521-536.

Lothon, M., D. Lenschow und S. Mayor (2009). Doppler lidar measurements of vertical velocity spectra in the convective planetary boundary layer. *Boundary-Layer Meteorol. 132*, 205–226.

Lottman, B., R. Frehlich, S. Hannon und S. Henderson (2001). Evaluation of vertical winds near and inside a cloud deck using coherent doppler lidar. *J. Atmos. Oceanic Technol. 18*, 1377–1386.

Mayor, S., D. Lenschow, R. Schwiesow, J. Mann, C. Frush und M. Simon (1997). Validation of ncar 10.6-μm co_2 doppler lidar radial velocity measurements and comparison with a 915-mhz profiler. *J. Atmos. Oceanic Technol. 14*, 1110–1126.

McGrath, J., H. Fernando und J. Hunt (1997). Turbulence, waves and mixing at shear-free density interfaces. part 2. laboratory experiments. *J. Fluid Mech. 347*, 235–261.

Measures, R. (1984). *Laser Remote Sensing*. John Wiley & Sons, New York, 510 S.

Melfi, S., J. Spinhirne, S.-H. Chou und S. Palm (1985). Lidar observations of vertically organized convection in the planetary boundary layer over the ocean. *J. Clim. Appl. Meteorol. 24*, 806–821.

Middleton, W. und A. Spilhaus (1953). *Meteorological Instruments*. University of Toronto Press, Toronto, 286 S., dritte Aufl.

Moeng, C., P. Sullivan und B. Stevens (1999). Including radiative effects in an entrainment rate formula for buoyancy-driven pbls. *J. Atmos. Sci. 56*, 1031–1049.

Moeng, C.-H. und P. Sullivan (1994). A comparison of shear- and buoyancy-driven planetary boundary layer flows. *J. Atmos. Sci. 51*, 999–1022.

Mok, T. und C. Rudowicz (2004). A lidar study of the atmospheric entrainment zone and mixed layer over hong kong. *Atmos. Res. 69*, 147–163.

Monin, A. und A. Obukhov (1954). Basic laws of turbulent mixing in the atmosphere near the ground. *Tr. Akad. Nauk SSSR Geofiz. Inst 24*, 1963–1987.

Nelson, E., R. Stull und E. Eloranta (1989). A progostic relationsship for entrainment zone thickness. *J. Appl. Meteor. 28*, 885–903.

Newsom, R. und R. Banta (2004). Assimilating coherent doppler lidar measurements into a model of the atmsopheric boundary layer. part i: Algorithm developement and sensitivity to measurement error. *J. Atmos. Oceanic Technol. 21*, 1328–1345.

Newsom, R., D. Ligon, R. Calhoun, R. Heap, E. Cregan und M. Princevac (2005). Retrieval of microscale wind and temperature fields from single- and dual-doppler lidar data. *J. Appl. Meteor. 44*, 1324–1345.

Nielsen-Gammon, J., C.L.Powell, M. Mahoney, W. Angevine, C. Senff, A. White, C. Berkowitz, C. Doran und K. Knupp (2008). Multisensor estimation of mixing heights over a coastal city. *J. Appl. Meteor. Climatol. 47*, 27–43.

Pearson, G. und C. Collier (1999). A pulsed coherent co_2 lidar for boundary-layer meteorology. *Q. J. R. Meteorol. Soc. 125*, 2703–2721.

Prandtl, L., K. Oswatitsch und K. Wieghardt (1993). *Führer durch die Strömungslehre*. Vieweg, Braunschweig, 648 S., 9. Aufl.

Price, J., C. Mooers und J. van Leer (1978). Observation and simulation of storm-induced mixed-layer deepening. *J. Phys. Oceanogr. 8*, 582–599.

Rye, B. und R. Hardesty (1993). Discrete spectral paek estimation in incoherent backscatter heterodyne lidar. i: Spectral accumulation and the cramer-roa lower bound. *IEEE Transactions on Geoscience and Remote Sensing 31*, 16–27.

Schlittgen, R. und B. Streitberg (1994). *Zeitreihenanalyse*. R. Oldenbourg Verlag, München, 571 S., fünfte Aufl.

Schwiesow, R. (1986). *Lidar Measurement of Boundary-Layer Variables*, Bd. Probing the Atmospheric Boundary Layer. American Meteorological Society, Boston, 269 S.

Schwiesow, R. und M. Spowart (1997). The ncar airborne infrared lidar system: Status and application. *J. Atmos. Oceanic Technol. 13*, 4–15.

Screenivas, K. und A. Prasad (2000). Vortex-dynamics model for entrainment in jets and plumes. *Phys. Fluids 12*, 2101–2107.

Seibert, P., F. Beyrich, S.-E. Gryning, S. Joffre, A. Rasmussen und P. Tercier (2000). Review and intercomparison of operational methods for the determination of the mixing height. *Atmos. Environ. 34*, 1001–1027.

Senff, C., J. Bösenberg und G. Peters (1994). Measurement of water vapor flux profiles in the convective boundary layer with lidar and radar-rass. *J. Atmos. Oceanic Technol. 11*, 85–93.

Smalikho, I., F. Köpp und S. Rahm (2005). Measurement of atmospheric turbulence by 2-μm doppler lidar. *J. Atmos. Oceanic Technol. 22*, 1733–1747.

Steyn, D., M. Baldi und R. Hoff (1999). The detection of mixed layer depth and entrainment zone thickness from lidar backscatter profiles. *J. Atmos. Oceanic Technol. 16*, 953–959.

Strang, E. und H. Fernando (2001). Entrainment and mixing in stratified shear flows. *J. Atmos. Sci. 428*, 349–386.

Stull, R. (1973). Inversion rise model based on penetrative convection. *J. Atmos. Sci. 30*, 1092–1099.

Stull, R. (1976). The energetics of entrainment across a density interface. *J. Atmos. Sci. 33*, 1260–1267.

Stull, R. (1988). *An Introduction to Boundary Layer Meteorology*. Kluwer Academic Publishers, Dordrecht, 666 S.

Sullivan, P., C. Moeng, B. Stevens, D. Lenschow und S. Mayor (1998). Structure of the entrainment zone capping the convective atmospheric boundary layer. *J. Atmos. Sci. 55*, 3042–3064.

Sun, J., W. Jiang, Z. Chen und R. Yuan (2005). Parametrisation for the depth of the entrainment zone above the convectively mixed layer. *Adv. Atmos. Sci. 22*, 114–121.

Sun, J. und Y. Wang (2008). Effect of the entrainment flux ratio on the relationship between entrainment rate and convective richardson number. *Boundary-Layer Meteorol. 126*, 237–247.

Taylor, G. (1938). The spectrum of turbulence. *Proc. R. Soc. A 164*, 476–490.

Tennekes, H. (1973). A model for the dynamics of the inversion above a convective boundary layer. *J. Atmos. Sci. 30*, 558–567.

Tennekes, H. und A. Driedonks (1981). Basic entrainment equations for the atmospheric boundary layer. *Boundary-Layer Meteorol. 20*, 515–531.

Thompson, S. und J. Turner (1975). Mixing across an interface due to turbulence generated by an oszillating grid. *J. Fluid Mech. 67*, 349–368.

Träumner, K., J. Handwerker, A. Wieser und J. Grenzhäuser (2010). A synergy approach for estimating raindrop size-distributions using doppler lidar and cloud radar. *J. Atmos. Oceanic Technol. 27*, 1095–1100.

Tucker, S., W. A. Brewer, R. Banta, C. Senff, S. Sandberg, D. Law, A. Weickmann und R. Hardesty (2009). Doppler lidar estimation of mixing height using turbulence, shear, and aerosol profiles. *J. Atmos. Oceanic Technol. 26*, 673–688.

Turner, J. (1986). Turbulent entrainment: the development of the entrainment assumption, and its application to gepphysical flows. *J. Fluid Mech. 173*, 431–471.

van der Hoven, I. (1957). Power spectrum of the horizontal wind speed in the frequency range from 0.0007 to 900 cycles per hour. *J. Meteorol. 14*, 160–164.

Van Zanten, M., P. Duynkerke und J. Cuijpers (1999). Entrainment parameterization in convective boundary layers. *J. Atmos. Sci. 56*, 813–828.

von Kármán, T. (1948). Progress in the statistical theory of turbulence. *Proceedings of the National Academy of Sciences 34*, 530–539.

Wandinger, U. (2005). *Introduction to Lidar*, Bd. Lidar: Range-Resolved Optical Remote Sensing of the Atmosphere, Kap. 1. Springer Science+Business Media Inc., New York, 455 S.

Wekker, S. D., D. Steyn und S. Nyeki (2004). A comparison of aerosol-layer and convective boundary-layer structure over a mountain range during staaarte 97. *Boundary-Layer Meteorol. 113*, 249–271.

Werner, C. (2005). *Doppler Wind Lidar*, Bd. Lidar: Range-Resolved Optical Remote Sensing of the Atmosphere, Kap. 12. Springer Science+Business Media Inc., New York, 455 S.

Williams, A. und J. Hacker (1992). The composite shape and structure of coherent eddies in the convective boundary layer. *Boundary-Layer Meteorol. 61*, 213–245.

Wulfmeyer, V., A. Behrendt, H. Bauer, C. Kottmeier, U. Corsmeier, A. Blyth, G. Craig, U. Schumann, M. Hagen, S. Crewell, P. D. Girolamo, C. Flamant, M. Miller, A. Montani, S. Mobbs, E. Richard, M. Rotach, M. Arpagaus, H. Russchenberg, P. Schlüssel, M. König, V. Gärtner, R. Steinacker, M. Dorninger, D. Turner, T. Weckwerth, A. Hense und C. Simmer (2008). Research campaign: The convective and orographically induced precipitation study. *Bull. Amer. Meteor. Soc. 89*, 1477–1486.

Wyngaard, J. (1986). *Measurement Physics.* American Meteorological Society.

Yi, C., K. Davis, B. Berger und P. Bakwin (2001). Long-term observations of the dynamics of the continental planetary boundary layer. *J. Atmos. Sci. 58*, 1288–1299.

Young, G. (1988). Turbulence structure of the convective boundary layer. part i: Variability of normalized turbulence statistics. *J. Atmos. Sci. 45*, 719–726.

Zeman, O. und H. Tennekes (1977). Parametrization of the turbulent energy budget at the top of the daytime atmospheric boundary layer. *J. Atmos. Sci. 34*, 111–123.

Zilitinkevich, S. (1975). Comments on 'a model for the dynamics of the inversion above a convective boundary layer'. *J. Atmos. Sci. 32*, 991–992.

A. Mathematische Methoden

A.1. Kovarianz und Korrelation

Die Kovarianz zwischen zwei Merkmalen X,Y wird definiert durch

$$\sigma_{XY}^2 = \langle (X - \langle X \rangle)(Y - \langle Y \rangle) \rangle \qquad [105]$$

wobei $\langle \rangle$ den Erwartungswert des Ensembles beschreibt. Die empirische Kovarianz wird darauf basierend entsprechend zu

$$\sigma_{xy}^2 = \frac{1}{N} \sum_N (x_i - \bar{x})(y_i - \bar{y}) \qquad [106]$$

mit $\bar{x} = \frac{1}{N} \sum_N x_i$ und N Anzahl der Messpunkte bestimmt. Im Fall $x \equiv y$ ergibt sich das statistische Maß der Varianz σ_x^2. Mit Hilfe der Kovarianz kann ein Korrelationskoeffizient R definiert werden:

$$R = \frac{\sigma_{xy}^2}{\sigma_x \sigma_y}. \qquad [107]$$

Für $|R| = 1$ liegen alle Punkte (x,y) mit einer Wahrscheinlichkeit 1 auf einer Geraden. Folgen x und y jeweils einer Normalverteilung, so gilt, dass für $|R| = 0$ beide voneinander unabhängig sind (Bronstein et al., 2001). Eine Prüfung der Hypothese der Unabhängigkeit beider Merkmale auf Basis des gefundenen Korrelationskoeffizienten kann mit dem t-Test erfolgen: Mit der Irrtumswahrscheinlichkeit α% und dem Quantil der t-Verteilung $t_{\alpha,N-2}$ (z.B. Bronstein et al., 2001), gilt, dass für

$$t = \left| \frac{R\sqrt{N-2}}{\sqrt{1-R^2}} \right| > t_{\alpha,N-2} \qquad [108]$$

die Hypothese verworfen werden kann. Eine Irrtumswahrscheinlichkeit von beispielsweise 2% bedeutet, dass in 2 von 100 Fällen mit einem Wert $t < t_{\alpha,N-2}$ die beiden Merkmalswerte doch statistisch abhängig waren. Abb. 63 gibt die Korrelationskoeffizienten wieder, für die bei der gegeben Anzahl der statistisch

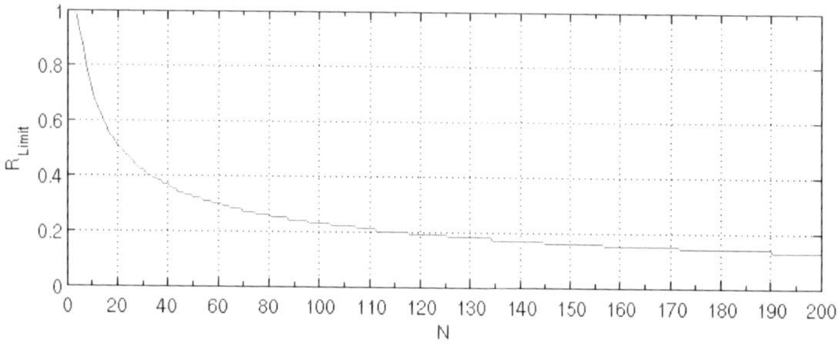

Abb. 63.: Grenze des Korrelationskoeffizienten R bis zu der gilt, dass die Hypothese einer Unabhängigkeit der betrachteten Merkmale mit einer Irrtumswahrscheinlichkeit von 2% richtig ist.

unabhängigen Punkte die Hypothese der Unabhängigkeit verworfen werden kann. Folgen die Merkmale (x,y) einem nichtlinearen Zusammenhang, so lässt sich dieser nicht aus dem empirischen Korrelationskoeffizienten herauslesen.

Sind die beiden Merkmal X,Y linear voneinander abhängig, kann mit Hilfe der linearen Regression ein funktionaler Zusammenhang bestimmt werden. Mit der Methode der Minimierung der Fehlerquadrate

$$\sum_{i=1}^{n}[y_i - (ax_i + b)]^2 = min \qquad [109]$$

ergeben sich Schätzwerte von

$$\tilde{a} = \frac{\sum_{i=1}^{n}(x_i - \bar{x})(y_i - \bar{y})}{\sum_{i=1}^{n}(x_i - \bar{x})^2} \qquad [110]$$

$$\tilde{b} = \bar{y} - \tilde{a}\bar{x}. \qquad [111]$$

Ein Fehler der Schätzwerte kann durch das 95% Konfidenzintervall angegeben werden. Der wahre Wert liegt dann mit einer Irrtumswahrscheinlichkeit von 5% im angegebenen Intervall $[\tilde{a} - t_{0.05,n-2}se_a, \tilde{a} + t_{0.05,n-2}se_a]$ mit

$$se_a = \sqrt{\frac{\frac{\sum_{i=1}^{n} e_i^2}{n-2}}{\sum_{i=1}^{n}(x_i - \bar{x})^2}} \qquad [112]$$

wobei $e_i = y_i - (\tilde{a}x + \tilde{b})$ das Residuum und $t_{0.05,n}$ wieder das Quantil der t-Verteilung angibt. Analog gilt für b das Intervall $[\tilde{b} - t_{0.05,n-2}se_b,\ \tilde{b} + t_{0.05,n-2}se_b]$ mit

$$se_b = \sqrt{\frac{\sum_{i=1}^{n} e_i^2}{n-2}} \sqrt{\frac{1}{n} + \frac{\bar{x}^2}{\sum_{i=1}^{n}(x_i - \bar{x})^2}}. \qquad [113]$$

Um Daten an andere Modelle anzupassen wird ebenfalls die Methode der kleinsten Fehlerquadrate verwendet. Abweichungen geben auch hier das 95% Konfidenzintervall an.

Zusätzlich kann die Güte der Anpassung bestimmt werden:

$$R^2 = 1 - \frac{\sum_N (y_i^{fit} - y_i)^2}{\sum_N (y_i - \bar{y})^2} \qquad [114]$$

wobei die Werte y^{fit} des Fits in Beziehung zu den gemessenen Werten y_i gesetzt werden.

A.2. Autokovarianz und Periodogramm

Die Autokovarianz einer Größe ϕ bestimmt sich durch

$$R_\phi(\tau) = \langle \phi(x)\phi(x+\tau) \rangle \qquad [115]$$

wobei τ den räumlichen oder zeitlichen Versatz, auch als Lag bezeichnet, angibt. Hier soll die empirische Formulierung nach Schlittgen und Streitberg (1994), S. 5 verwendet werden:

$$R_x(\tau) = \frac{1}{N} \sum_{k=1}^{N-\tau} (x_k - \bar{x})(x_{k+\tau} - \bar{x}) \qquad [116]$$

mit dem Versatz $\tau = 0, 1, 2, ..., N-1$. Die Division durch N hat statistische Vorteile, es wird manchmal auch ein an die betrachtete Messreihen angepasster Quotient $N - \tau$ verwendet. Für den Versatz $\tau = 0$ ergibt sich die Streuung $R_x(0) = \sigma_x^2$. Das Verhältnis $\frac{R_\phi(\tau)}{R_\phi(0)}$ bzw. $\frac{R_x(\tau)}{R_x(0)}$ wird als Autokorrelationsfunktion bezeichnet.

Mit Hilfe eines Periodogramms erfolgt eine Zerlegung der Messreihe in periodische Schwingungen mit der normierten Frequenz $\nu \in [0\ 1]$ (hier nach Schlittgen und Streitberg, 1994):

$$x_t - \bar{x} = \beta_1 * cos(2\pi\nu t) + \beta_2 * sin(2\pi\nu t) \qquad [117]$$

wobei $t = 1,2,....N$; N entspricht der Anzahl der Messpunkte. Das Problem kann über die Methode der kleinsten Fehlerquadrate gelöst werden zu

$$\beta_1 = \frac{c_{22}NC(\nu) - c_{12}NS(\nu)}{c_{11}c_{22} - c_{12}c_{21}} \quad [118]$$

$$\beta_2 = \frac{c_{21}NC(\nu) - c_{11}NS(\nu)}{c_{12}c_{21} - c_{11}c_{22}} \quad [119]$$

[120]

mit

$$c_{ij} = \sum_t m_i(t)m_j(t) \quad [121]$$

$$m_1(t) = cos(2\pi\nu t) \quad [122]$$

$$m_2(t) = sin(2\pi\nu t) \quad [123]$$

$$C(\nu) = \frac{1}{N}\sum_t (x_t - \bar{x})cos(2\pi\nu t) \quad [124]$$

$$S(\nu) = \frac{1}{N}\sum_t (x_t - \bar{x})sin(2\pi\nu t). \quad [125]$$

[126]

Für die so genannten Fourierfrequenzen $\nu = \frac{k}{N}$ mit $k \in Z$ nehmen die Koeffizienten mit $\beta_1 = 2C(\nu)$ und $\beta_2 = 2S(\nu)$ eine besonders einfache Form an. Das Periodogramm einer Zeitreihe wird darauf basierend definiert durch

$$I(\nu) = N[C(\nu)^2 + S(\nu)^2] \quad [127]$$

Da I symmetrisch um Null und periodisch mit der Periode Eins ist, genügt es $\nu \in$ [0 0.5] zu kennen. Das Spektrum wird in der Literatur i.A. nicht über ν sondern über der Frequenz $f = \frac{\nu}{\Delta t}$ (Δt^{-1} ist die Samplingfrequenz), über der Frequenzzahl $n = \nu \cdot N$, oder über der Wellenzahl $k = 2\pi\frac{f}{u}$ unter Verwendung der horizontalen Windgeschwindigkeit u aufgetragen.

Liegen keine Lücken in der Datenreihe vor, kann die Frequenzzerlegung auch mit Hilfe der diskreten Fouriertransformation durchgeführt werden:

$$A(k) = \sum_{n=0}^{N-1} F_A(n)e^{i2\pi kn/N} \quad [128]$$

$$F_A(n) = \frac{1}{N}\sum_{k=0}^{N-1} A(k)e^{-i2\pi kn/N} \quad [129]$$

Für die Fourierfrequenzen des Periodogramms gilt $I(n) = |F_A(n)|^2$.

Es kann gezeigt werden, dass die Autokorrelationsfunktion und das Periodogramm ein Fourierpaar sind (Schlittgen und Streitberg, 1994), womit insbesondere gilt:

$$\sigma_x^2 = R_x(0) = \int_{\nu=-0.5}^{0.5} I(\nu)d\nu = \int_{\nu=0}^{0.5} 2 * I(\nu)d\nu \qquad [130]$$

Die Varianz entspricht folglich der Fläche unter der Kurve $\mathscr{S}(\nu) = 2I(\nu)$, einer Größe, die nach Stull (1988), auch als spektrale Energie bezeichnet wird.

A.3. Glättung

Insbesondere für die Betrachtung von Tagesgängen kann es sinnvoll sein, Daten und Ergebnisse zu glätten. Es bieten sich drei klassische Verfahren an: (i) eine Glättung mit Hilfe eines gleitenden Mittels, (ii) die Verwendung eines Tiefpassfilters oder (iii) eine Glättung mit Hilfe von glättenden kubischen Splines. Im ersten Fall wird jeder Punkt x_k der Messreihe durch einen Mittelwert approximiert:

$$x_k \longmapsto \overline{x_k} = \sum_{j=k-p}^{k+p} x_j \qquad [131]$$

wobei p ein beliebiges Intervall darstellt. Für Verfahren nach (ii) erfolgt eine Frequenzzerlegung analog Abschnitt A.2. Die Komponenten im Spektrum mit Frequenzen oberhalb einer Abschneidefrequenz werden bei der anschließenden Rücktransformation vernachlässigt. Im Verfahren (iii) wird das Polynom

$$p \sum_{j=1}^{n} |y_j - f(x_j)|^2 + (1-p) \int |D^2 f(t)|^2 dt \qquad [132]$$

genutzt, um die Messreihe zu glätten, wobei kubische Splines f verwendet werden. Der Parameter p gibt den Grad der Anpassung wieder: für $p = 0$ liefert die Funktion einen linearen Fit, für $p = 1$ die natürlichen kubischen Splines. Variationen des Parameters p haben gezeigt, dass $p = 0.85$ zu einem für diese Arbeit guten Ergebnis führt, Abb. 64 stellt den Effekt des Parameters dar. Wie in Abschnitt 3.3 beschrieben, werden alle Werte mit einem Zeitschritt von 10 min auf einer Basis von 60 min bestimmt. Die Werte können aus diesem Grund nicht als statistisch unabhängig gewertet werden, haben jedoch den

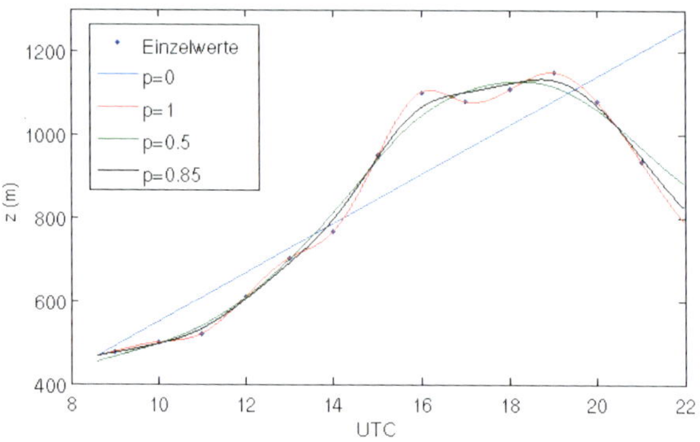

Abb. 64.: Variation des Parameters p bei der Glättung mittels kubischen Splines. In der Abbildung erfolgt eine Anpassung an Stützstellen mit einem Zeitschritt von 60 min, für die Auswertung werden Daten mit einer höheren Auflösung verwendet.

Vorteil, dass mehr Stützstellen zur Verfügung stehen, um den glättenden kubischen Spline anzupassen. Eine Verwendung jedes sechsten Wertes kann die statistische Unabhängigkeit gewährleisten. Eine alternative Strategie bestünde darin, für die Glättung nur die statistisch unabhängigen Werte mit einem Zeitschritt von 60 min zu verwenden. Es gilt dabei jedoch zu bedenken, dass auch benachbarte Punkte des geglätteten Verlaufs, bedingt durch das Glättungsverfahren selbst, nicht als unabhängig betrachtet werden dürfen. Abb. 65 stellt die resultierenden Unterschiede beider Ansätze dar. Das verwendete Verfahren zeigt in allen Fällen einen geringeren Abstand zum wahren Mittelwert. Für die Berechnung der Korrelationskoeffizienten werden jeweils alle Werte verwendet, nicht nur die statistisch unabhängigen. Dies hat den Vorteil, dass der berechnet Wert nicht mehr von der Wahl der statistisch unabhängigen Werte abhängt, sondern vielmehr einen Mittelwert aller hier sechs möglichen Kombinationen darstellt.

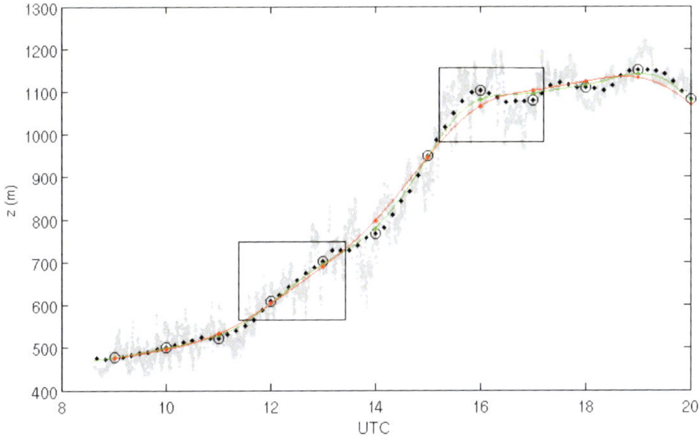

Abb. 65.: Gegenüberstellung der beiden Ansätze zur Glättung über glättende kubische Splines am Beispiel der Aerosolschichthöhe: hellgraue Punkte - gemessene Einzelwerte, schwarze Punkte - Mittelwerte ±30 min, schwarze Kreise - statistisch unabhängige Mittelwerte, grüne Linie - geglätteter Verlauf unter Verwendung aller Mittelwerte mit Zeitschritt 10 min, rote Linie - geglätteter Verlauf unter Verwendung der statistisch unabhängigen Mittelwerte.

A.4. Raum-Zeit-Transformationen nach der Taylorschen Hypothese der eingefrorenen Turbulenz

Die Hypothese der eingefrorenen Turbulenz wurde 1938 erstmals von G.I. Taylor im Zusammenhang mit Studien im Windkanal aufgestellt (Taylor, 1938). Deshalb wird sie auch als Taylorsche Hypothese der eingefrorenen Turbulenz bezeichnet. Sie besagt, dass unter bestimmten Bedingungen Turbulenz, bzw. die bestimmenden Wirbelstrukturen, als eingefroren betrachtet werden können, während sie mit der mittleren Strömung ($\overline{U}$) über das Messinstrument ziehen, bzw. während die Messsonde an ihnen vorbei geführt wird. Es gilt dann

$$\frac{\partial}{\partial t} = -\overline{U}\frac{\partial}{\partial x}. \qquad [133]$$

Die Taylorsche Hypothese kann somit zur Transformation einer zeitlichen in eine räumliche Änderung verwendet werden, Analoges gilt auch für entsprechende Skalen - eine zeitliche Skala kann in eine räumliche Skala transformiert werden und umgekehrt. Voraussetzung für die Anwendung der Transformationsmethode ist, dass die Schwankungen klein gegenüber der mittleren Strömungsgeschwindigkeit sind. Die Transformation wird oft auch für einen Übergang zwischen der Wellenzahl k und der Frequenz f in Turbulenzspektren verwendet. Es gilt dann

$$k = \frac{2\pi f}{\overline{U}}. \qquad [134]$$

B. Übersicht über die Messtage

Im Folgenden erfolgt eine Übersicht über die Tagesgänge

- der Grenzschichthöhe (Abb. 66 bis 71),
- der Breite der Randzone (Abb. 72),
- der Einmischgeschwindigkeit (Abb. 74),
- der neben der Grenzschichthöhe verwendeten Längenskalen l und L_{MO} (Abb. 76 und 78) und
- der verwendeten Geschwindigkeitsskalen v_{95}, $\sigma_{w,max}$, w_* und $u_{*,0}$ (Abb. 80 bis 85)

jeweils für den Zeitraum von 6 UTC bis 20 UTC. Ergänzend werden zusätzlich die Verläufe der Temperatur und des turbulenten Wärmeflusses am Boden (Abb. 86) sowie des horizontalen Windes (Abb. 87 und 88) dargestellt.

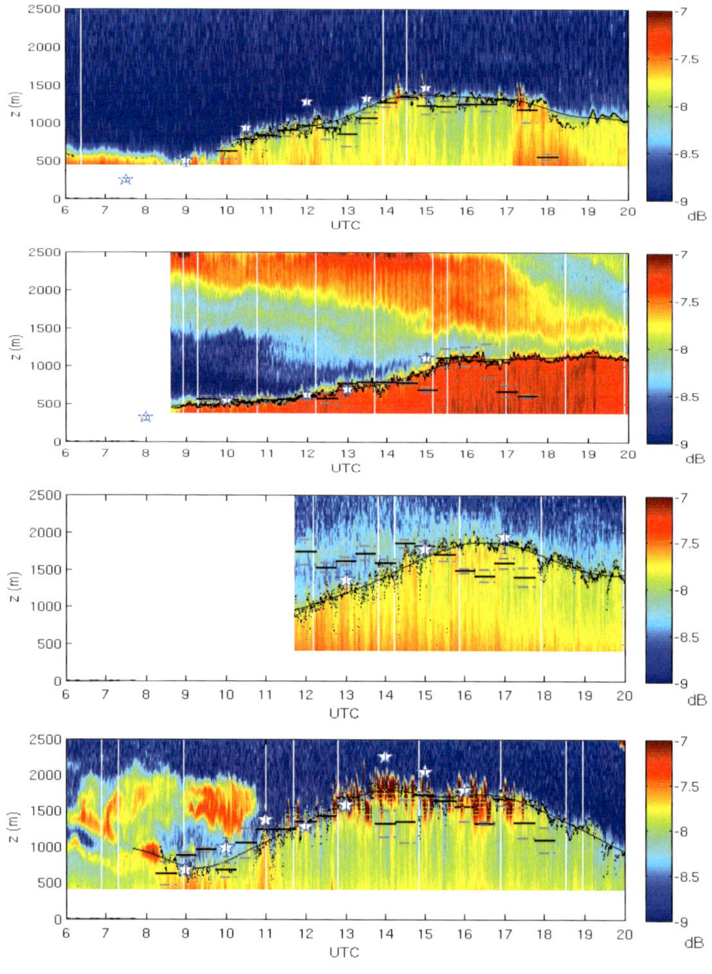

Abb. 66.: Messung des Aerosolrückstreuverhältnisses mit dem Doppler Lidar während der CSIP Messkampagne. Von oben nach unten: 22.06.2005, 27.06.2005, 10.07.2005 und 11.07.2005. Warme Farben stehen für einen hohen Aerosolgehalt bzw. große Aerosolpartikel, kalte Farben für einen niedrigen Aerosolgehalt. Zusätzlich sind die hoch aufgelösten Aerosolschichthöhen als kleine schwarze Punkte, der geglättete Verlauf als durchgezogene dünne schwarze Linie sowie die Grenzschichthöhen aus der Turbulenz als horizontale schwarzen Linien (graue Linien geben die Schwankungsbreite an) dargestellt. Abschätzungen der Grenzschichthöhe aus dem vertikalen Profil der potentiellen Temperatur aus Radiosondenmessungen sind als Sterne dargestellt. Innerhalb der weißen Bereich liegen keine vertikalen Messungen vor.

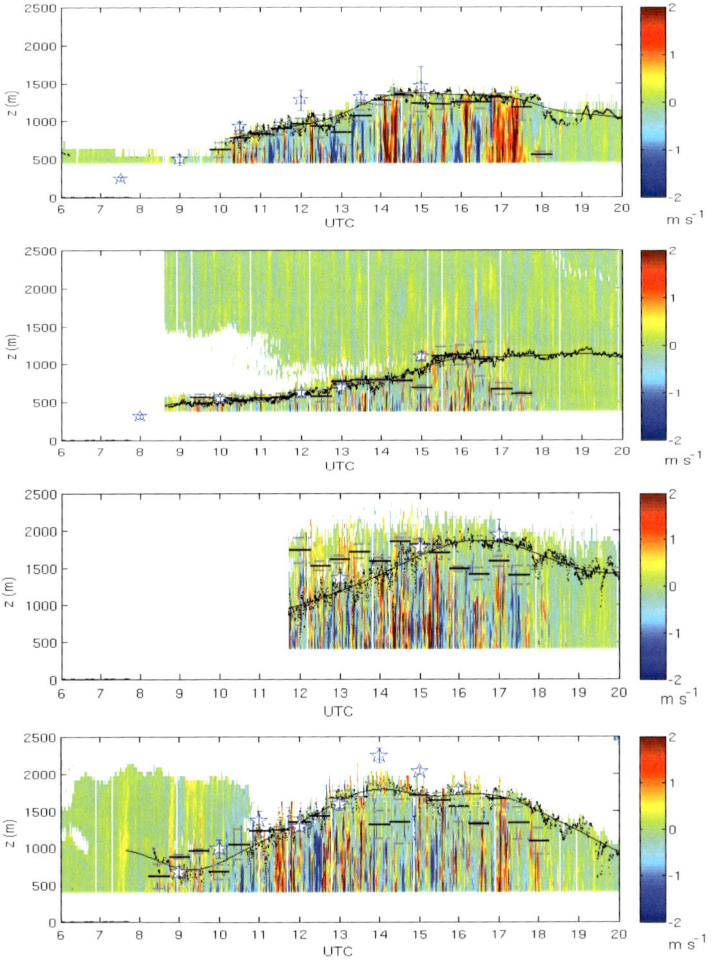

Abb. 67.: Messung der Vertikalwindgeschwindigkeit mit dem Doppler Lidar während der CSIP Messkampagne. Von oben nach unten: 22.06.2005, 27.06.2005, 10.07.2005 und 11.07.2005. Warme Farben stehen für einen Aufwind, kalte Farben für einen Abwind. Zusätzlich sind die hoch aufgelösten Aerosolschichthöhen als kleine schwarze Punkte, der geglättete Verlauf als durchgezogene dünne schwarze Linie sowie die Grenzschichthöhe aus der Turbulenz als horizontale schwarze Linien (graue Linien geben die Schwankungsbreite an) dargestellt. Abschätzungen der Grenzschichthöhe aus dem vertikalen Profil der potentiellen Temperatur aus Radiosondenmessungen sind als Sterne dargestellt. Innerhalb der weißen Bereiche ist das Signal-zu-Rauschen-Verhältnis kleiner als -10 dB, diese Messungen sind in Bezug auf die Vertikalwindgeschwindigkeit nicht mehr vertrauenswürdig.

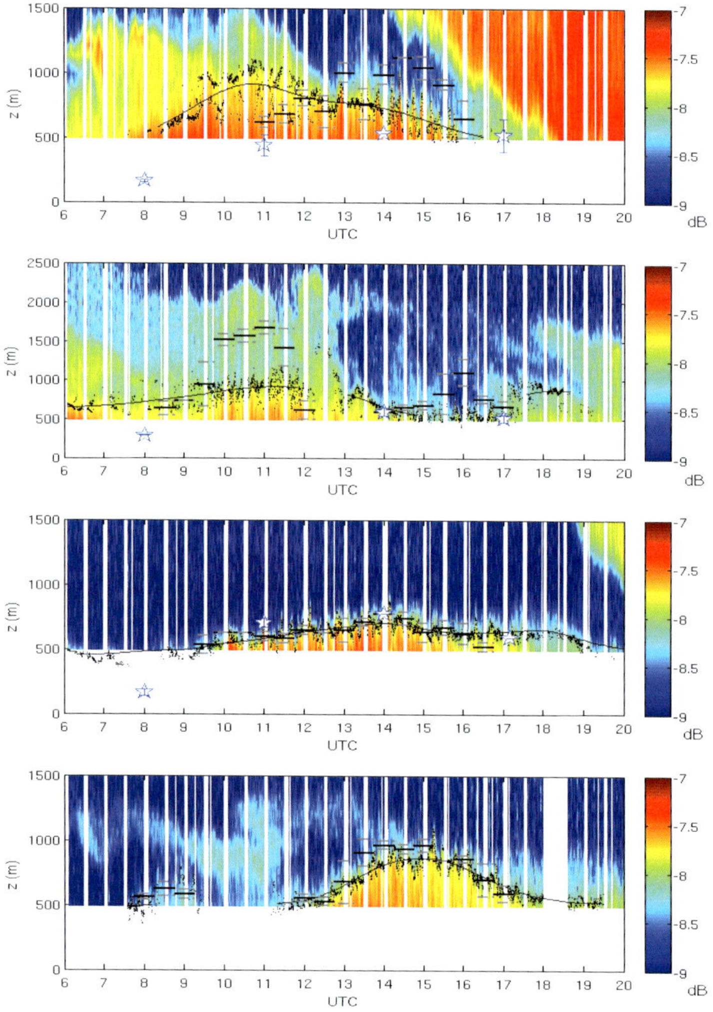

Abb. 68.: Messung des Aerosolrückstreuverhältnisses mit dem Doppler Lidar während der COPS Messkampagne. Von oben nach unten: 14.07.2007, 15.07.2007, 01.08.2007 und 05.08.2007. Die Darstellung erfolgte analog Abb. 66.

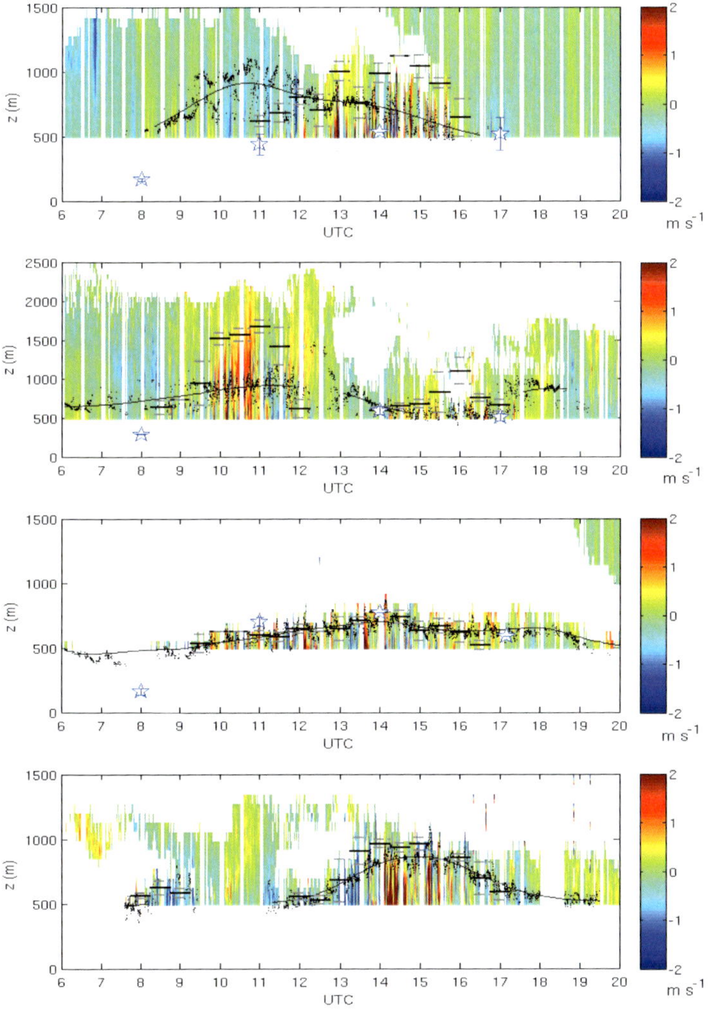

Abb. 69.: Messung der Vertikalwindgeschwindigkeit mit dem Doppler Lidar während der COPS Messkampagne. Von oben nach unten: 14.07.2007, 15.07.2007, 01.08.2007 und 05.08.2007. Die Darstellung erfolgte analog Abb. 67.

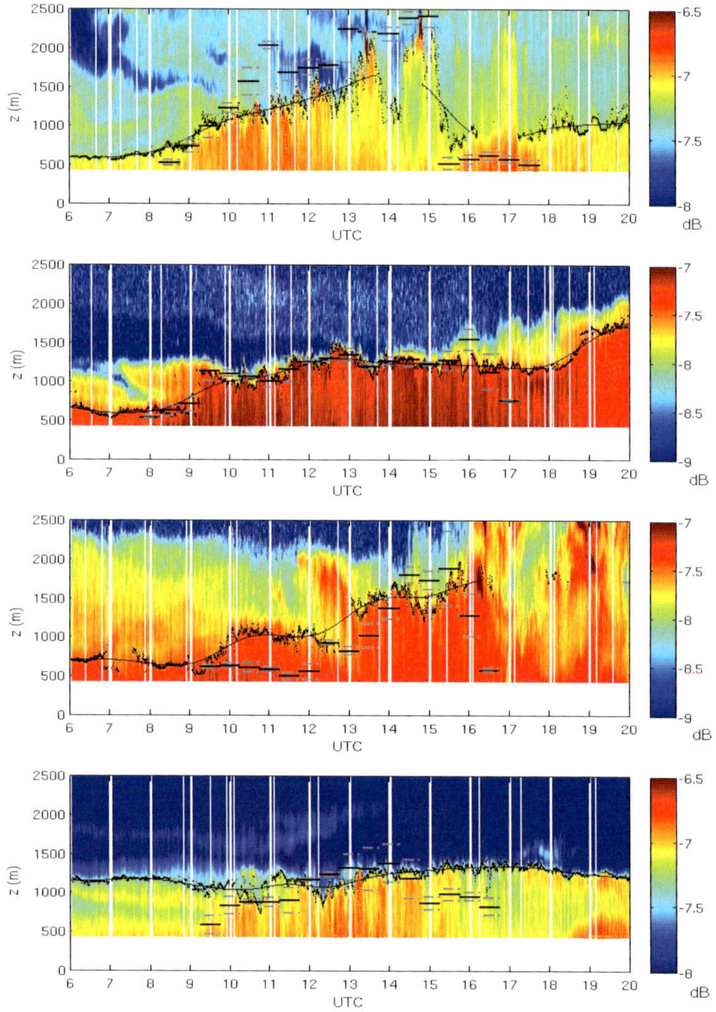

Abb. 70.: Messung des Aerosolrückstreuverhältnisses mit dem Doppler Lidar während der CoBoLd Messkampagne. Von oben nach unten: 31.07.2008, 06.08.2008, 17.08.2008 und 27.08.2008. Die Darstellung erfolgte analog Abb. 66.

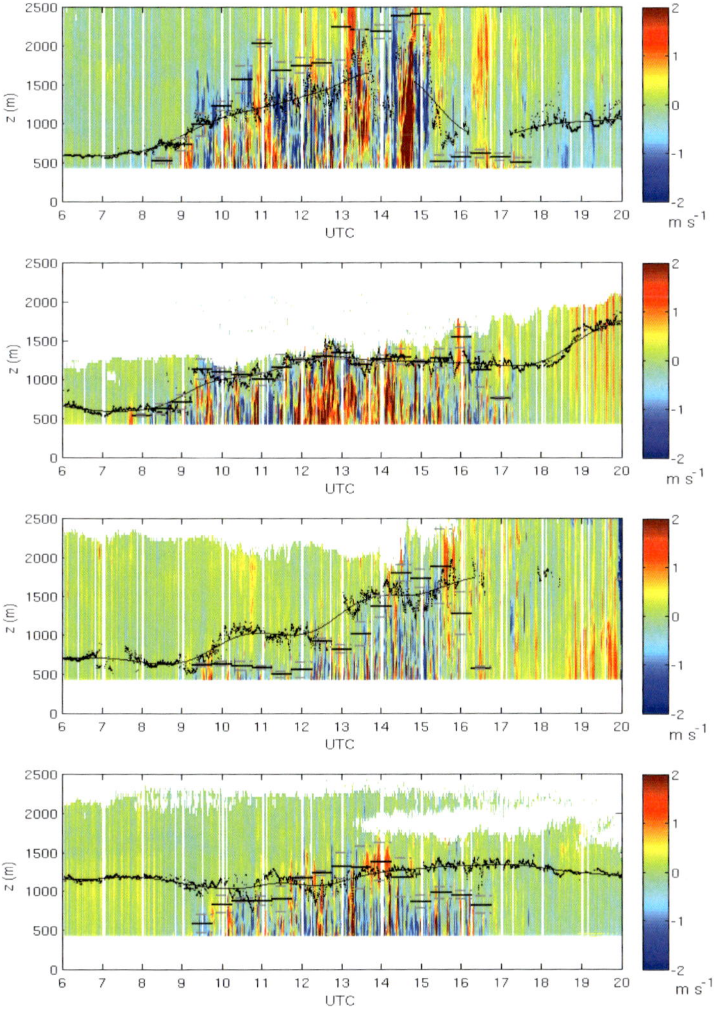

Abb. 71.: Messung der Vertikalwindgeschwindigkeit mit dem Doppler Lidar während der CoBoLd Messkampagne. Von oben nach unten: 31.07.2008, 06.08.2008, 17.08.2008 und 27.08.2008. Die Darstellung erfolgte analog Abb. 67.

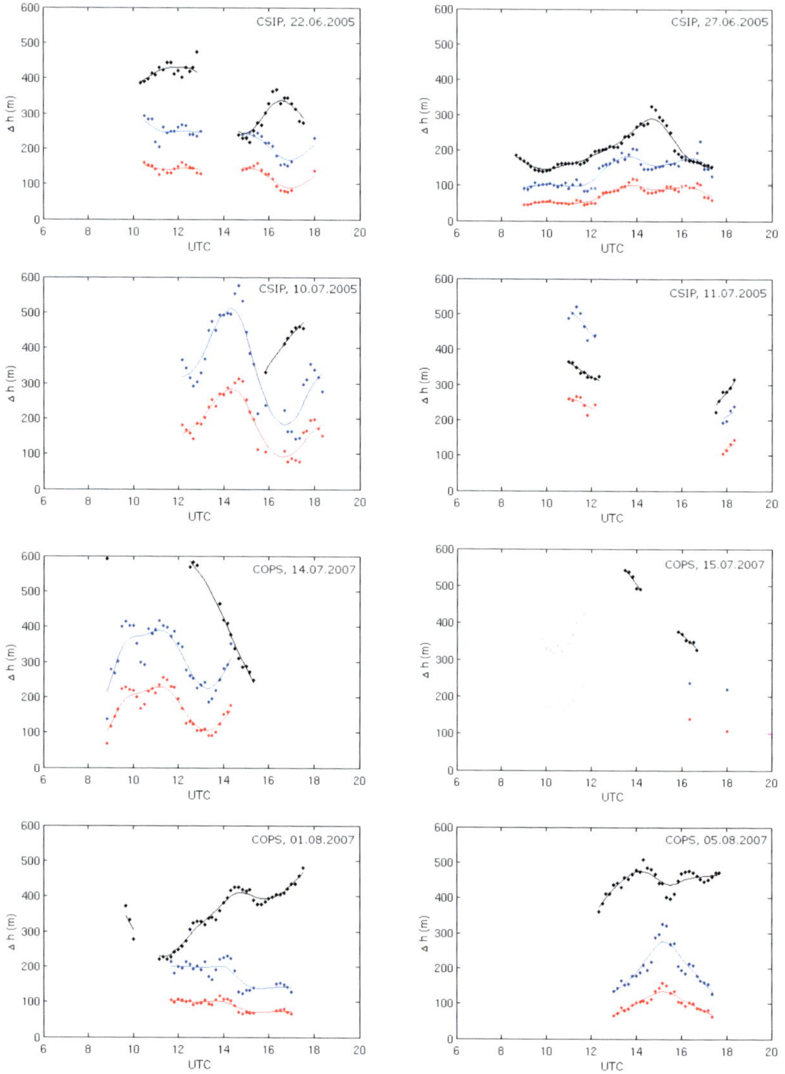

Abb. 72.: Tagesgang der Breite der Randzone Δh für die statistischen Konzepte Standardabweichung σ_h (rot) und Differenz zwischen dem vierten und 95ten Perzentil $h_2 - h_0$ (blau) sowie für das Konzept der Übergangszone Δh_{TZ} (schwarz). Während die Tagesgänge der statistischen Konzepte sehr parallel verlaufen, unterscheidet sich der Verlauf nach dem Konzept der Übergangszone zeitweise deutlich. In Abschnitten ohne Daten konnte die Aerosolschichthöhe nicht ausreichend gut bestimmt werden.

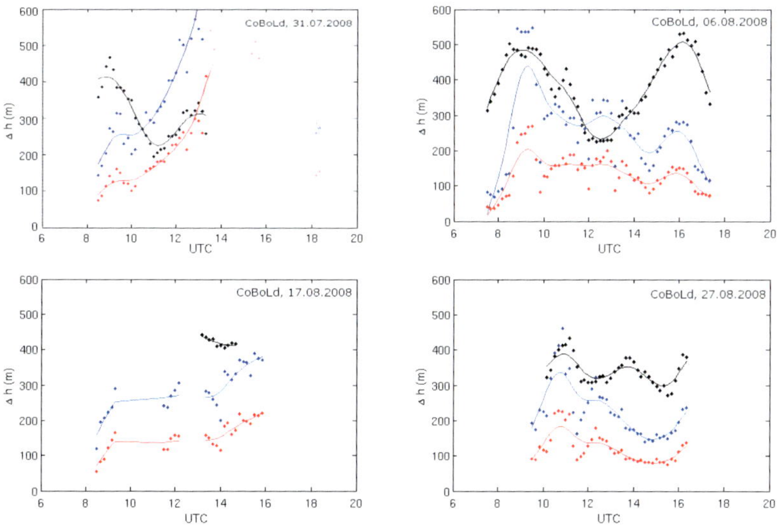

Abb. 73.: Tagesgang der Breite der Randzone Δh analog Abb. 72.

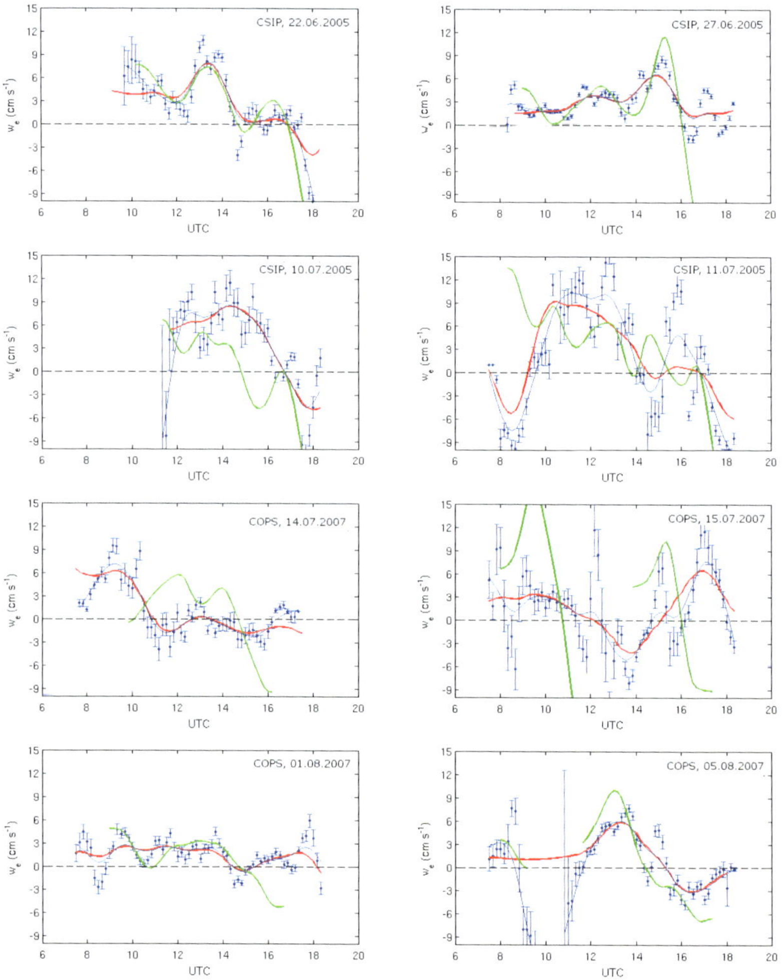

Abb. 74.: Tagesgänge der Einmischgeschwindigkeit w_e basierend auf der ungeglätteten Aerosolschichthöhe (blau), der geglätteten Aerosolschichthöhe (rot) sowie auf der Turbulenzhöhe (grün). Es werden auch negative Geschwindigkeiten auftragen, die aber im definierten Sinne keine Einmischgeschwindigkeiten darstellen.

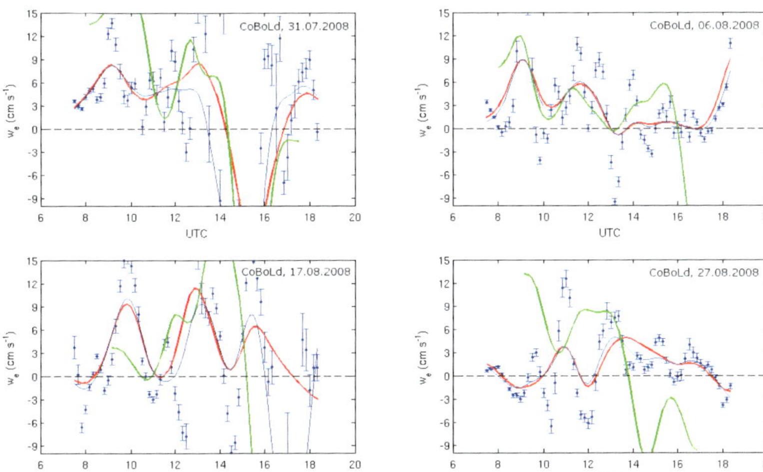

Abb. 75.: Tagesgänge der Einmischgeschwindigkeit w_e analog Abb. 74.

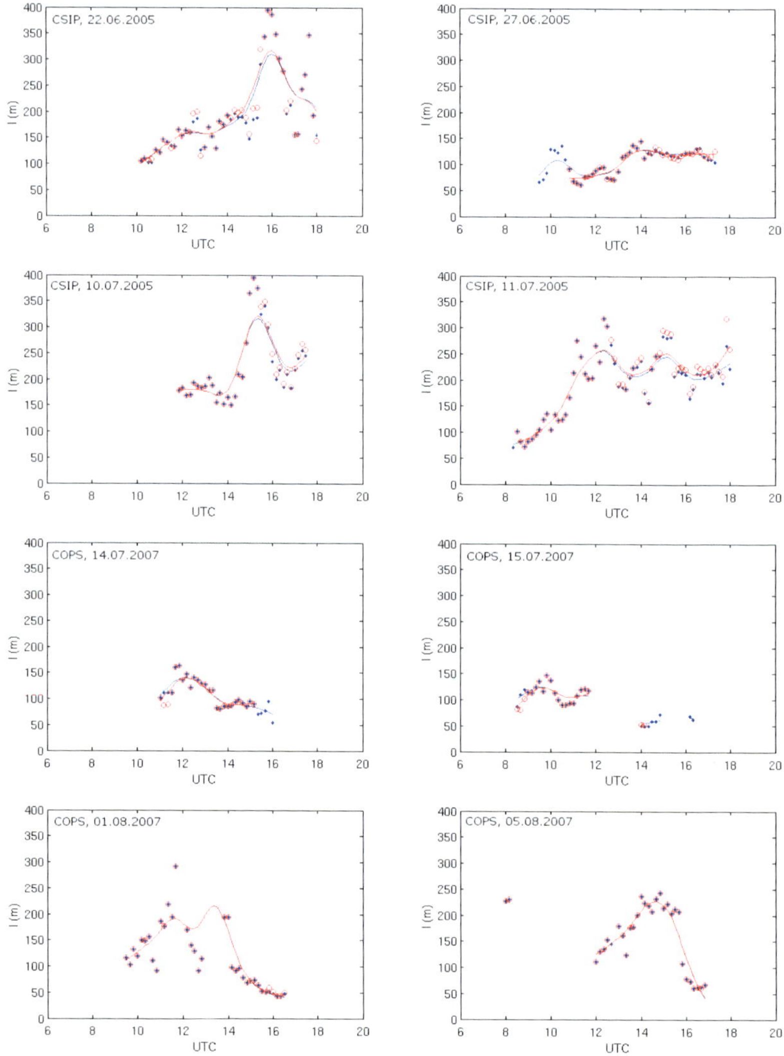

Abb. 76.: Tagesgänge der über die Aerosolschichthöhe (blau) bzw. die Turbulenzhöhe (rot) gemittelten integralen horizontalen Längenskala *l*.

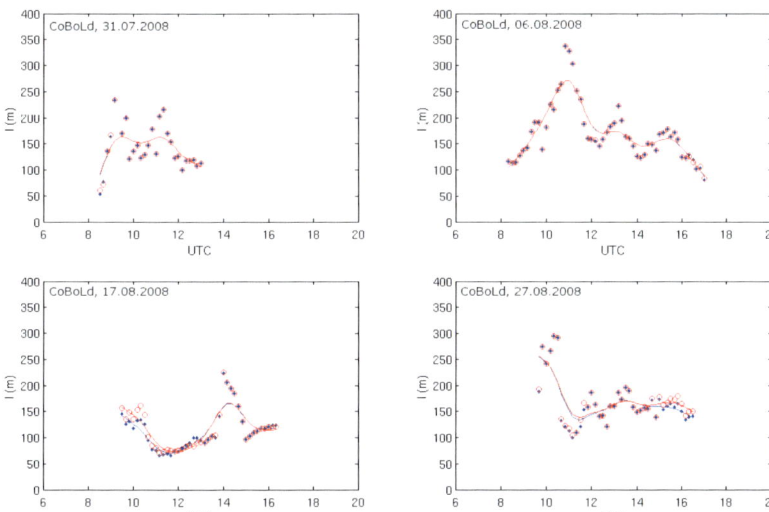

Abb. 77.: Tagesgänge der über die Aerosolschichthöhe (blau) bzw. die Turbulenzhöhe (rot) gemittelten integralen horizontalen Längenskala l.

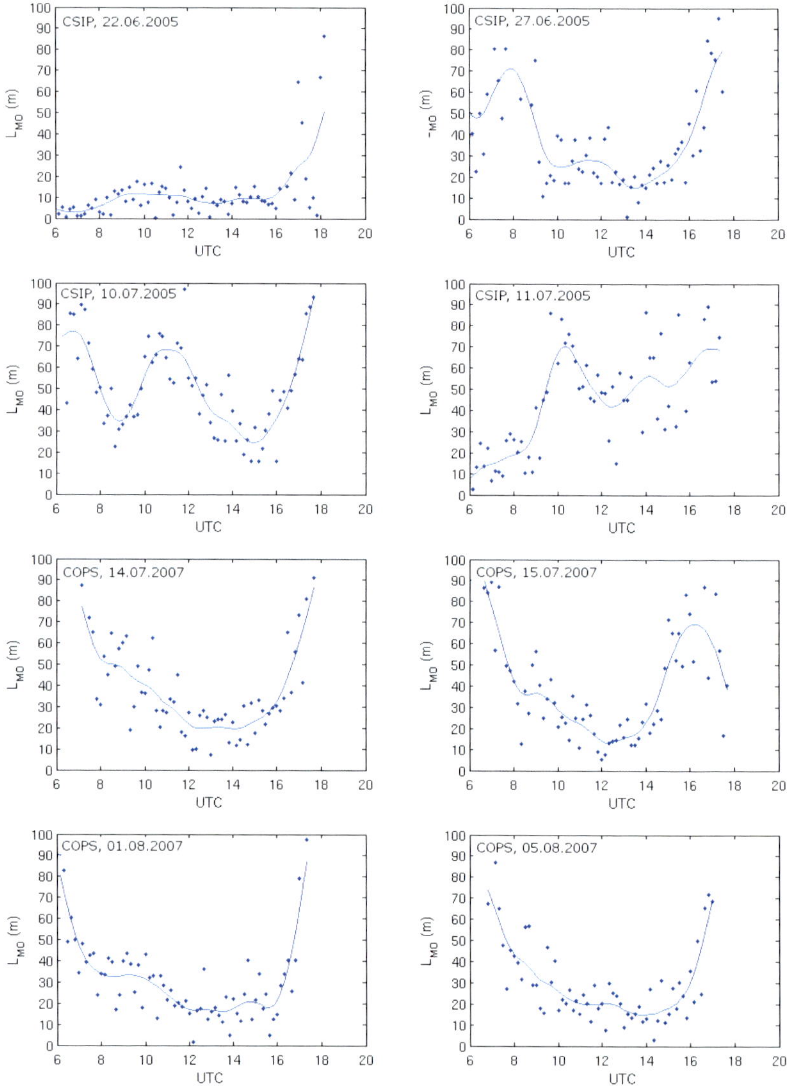

Abb. 78.: Tagesgänge der Obukhov Länge L_{MO}.

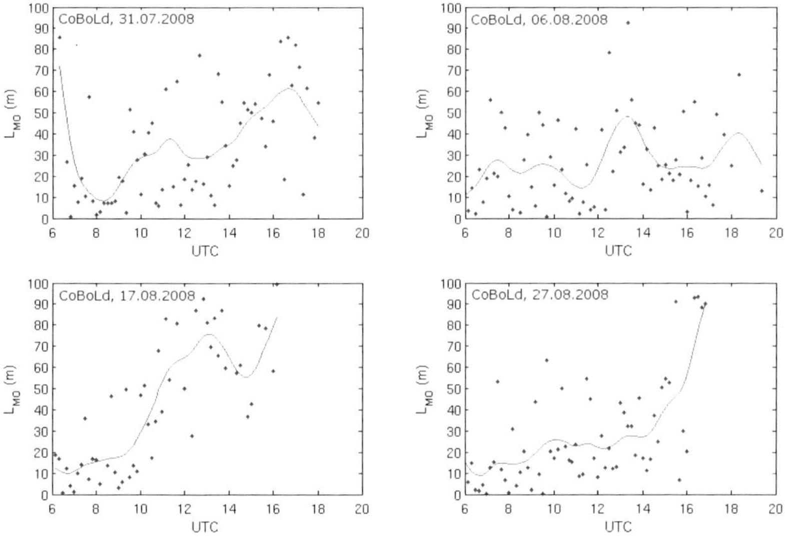

Abb. 79.: Tagesgänge der Obukhov Länge L_{MO}.

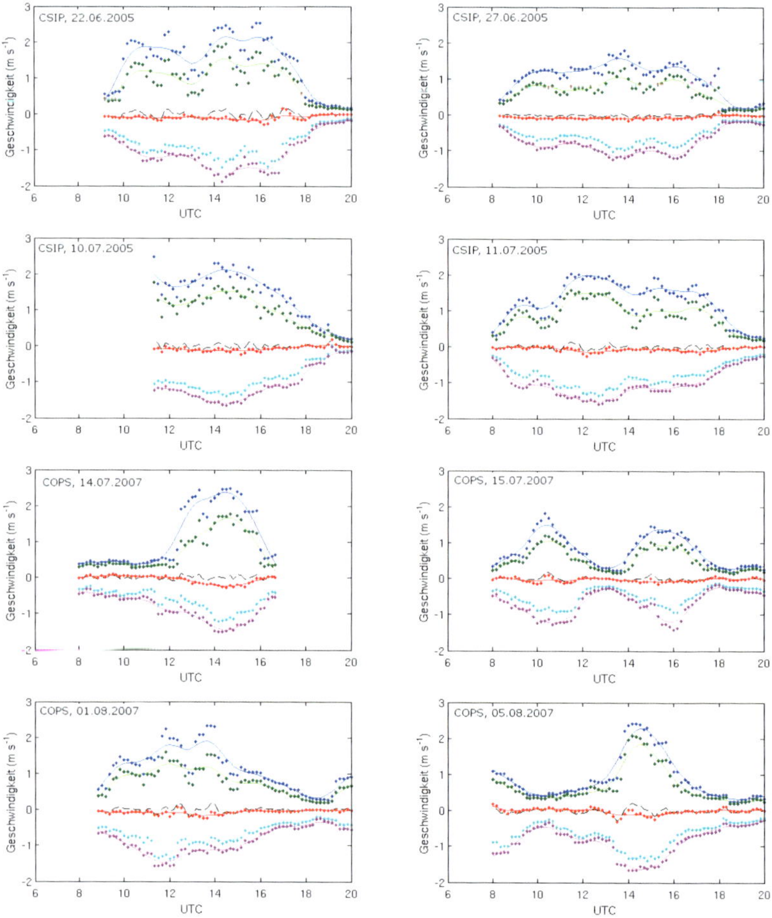

Abb. 80.: Tagesgänge des 95ten (blau), 90ten (grün), des 50ten (rot), des 10ten (türkis) und des 5ten (magenta) Perzentils der Vertikalwindgeschwindigkeit. Zusätzlich ist der Mittelwert des entsprechenden Intervalls als gestrichelte schwarze Linie gekennzeichnet.

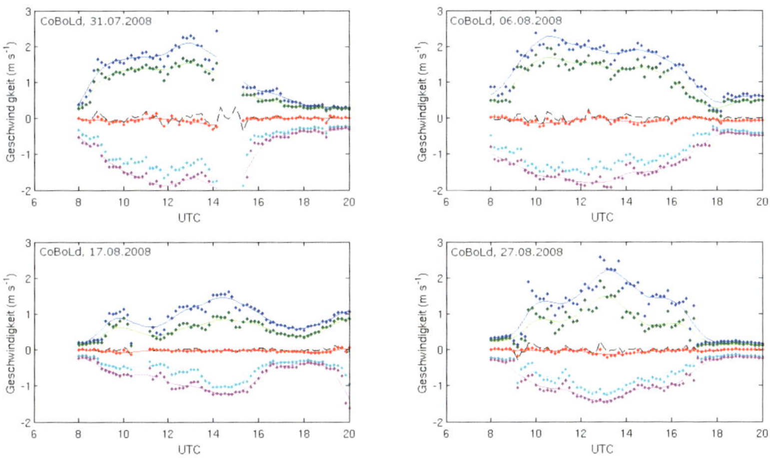

Abb. 81.: Tagesgänge des 95ten (blau), 90ten (grün), des 50ten (rot), des 10ten (türkis) und des 5ten (magenta) Perzentils der Vertikalwindgeschwindigkeit. Zusätzlich ist der Mittelwert des entsprechenden Intervalls als gestrichelte schwarze Linie gekennzeichnet.

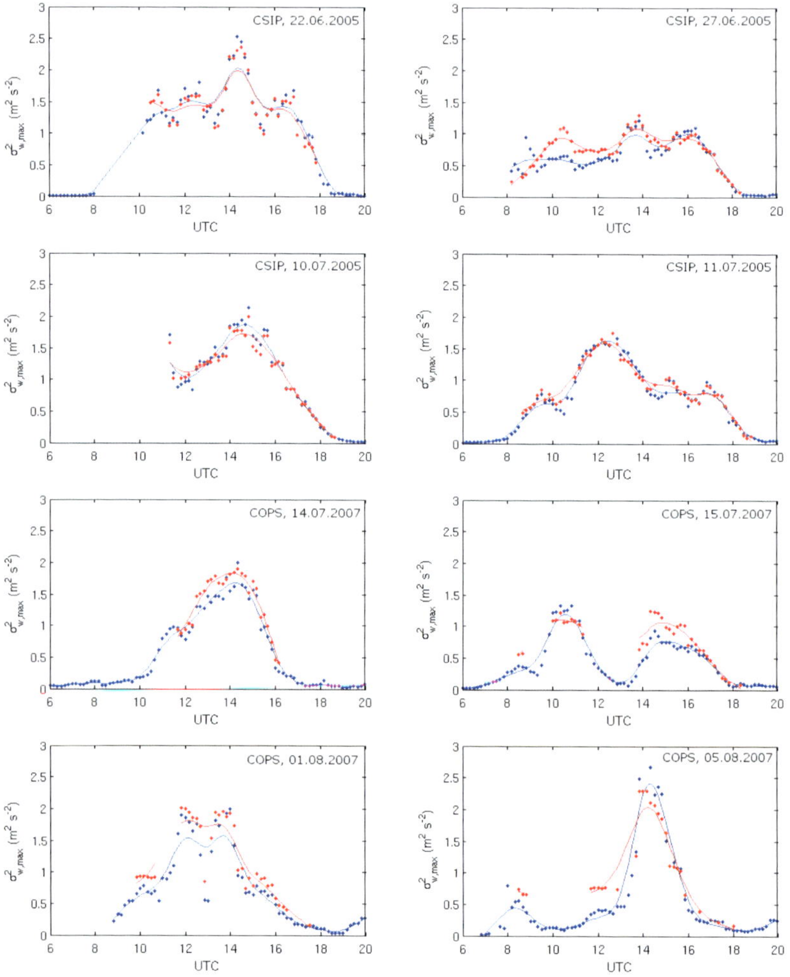

Abb. 82.: Tagesgänge des Maximums der Varianz der Vertikalwindgeschwindigkeit $\sigma^2_{w,max}$ in der Aerosolschicht. Es sind die Ergebnisse aus zwei Verfahren dargestellt: Ermittelung des absoluten Maximums (blau) und Werte des Maximums eines idealisierten Profils, das an das gemessene Profil angepasst wurde (rot).

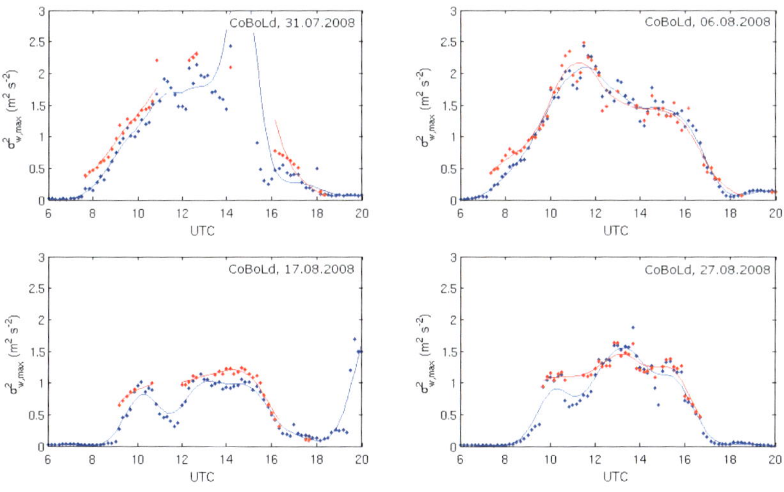

Abb. 83.: Tagesgänge des Maximums der Varianz der Vertikalwindgeschwindigkeit $\sigma^2_{w,max}$ in der Aerosolschicht analog Abb. 82.

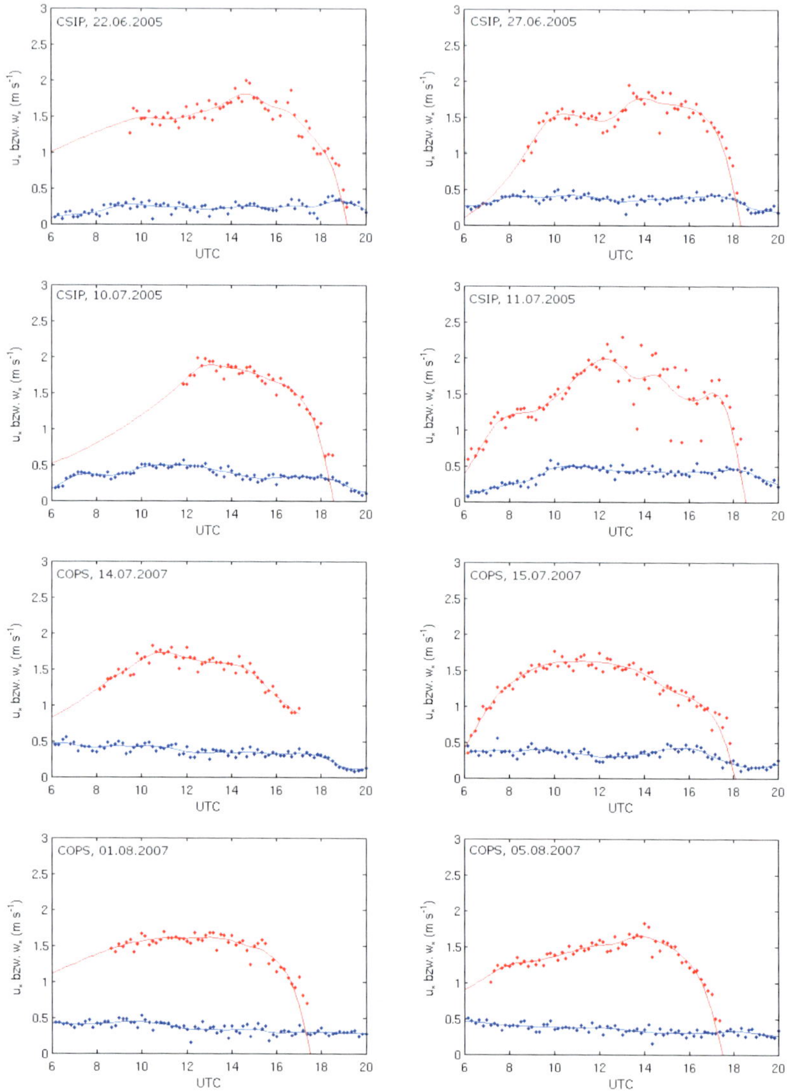

Abb. 84.: Tagesgänge der Schubspannungsgeschwindigkeit u_* (blau) und der konvektiven Geschwindigkeit w_* (rot).

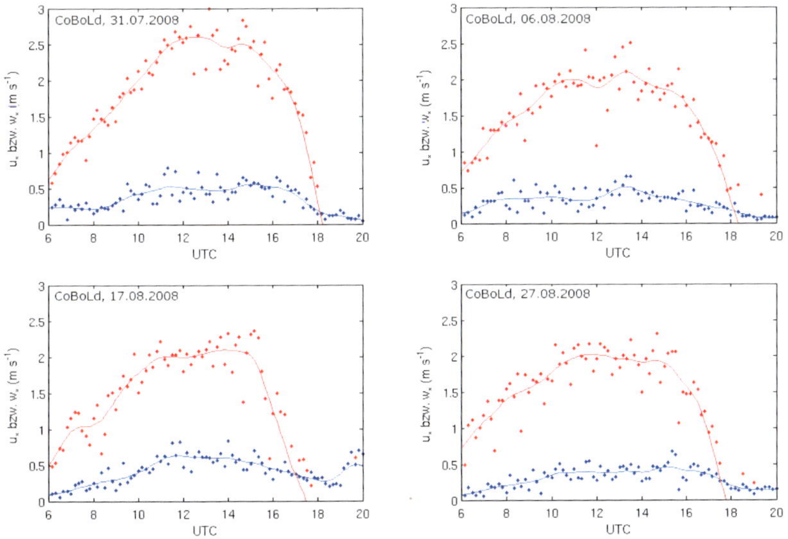

Abb. 85.: Tagesgänge der Schubspannungsgeschwindigkeit u_* (blau) und der konvektiven Geschwindigkeit w_* (rot).

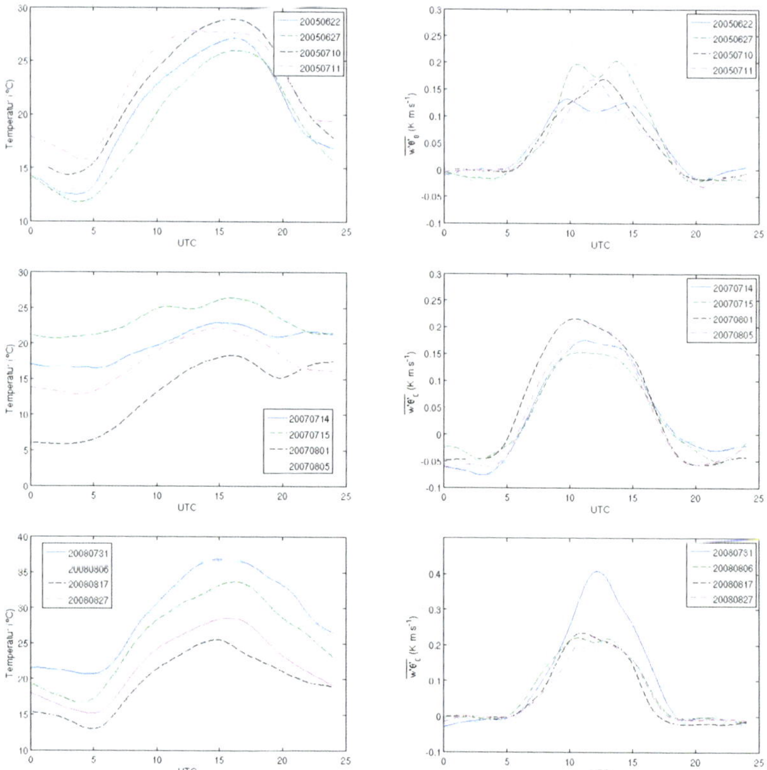

Abb. 86.: Tagesgänge der Temperatur (links) und des turbulenten Wärmeflusses in 3.3 m über Grund für CSIP (oben) und COPS (mitte), bzw. in 40 m über Grund für CoBoLd (unten).

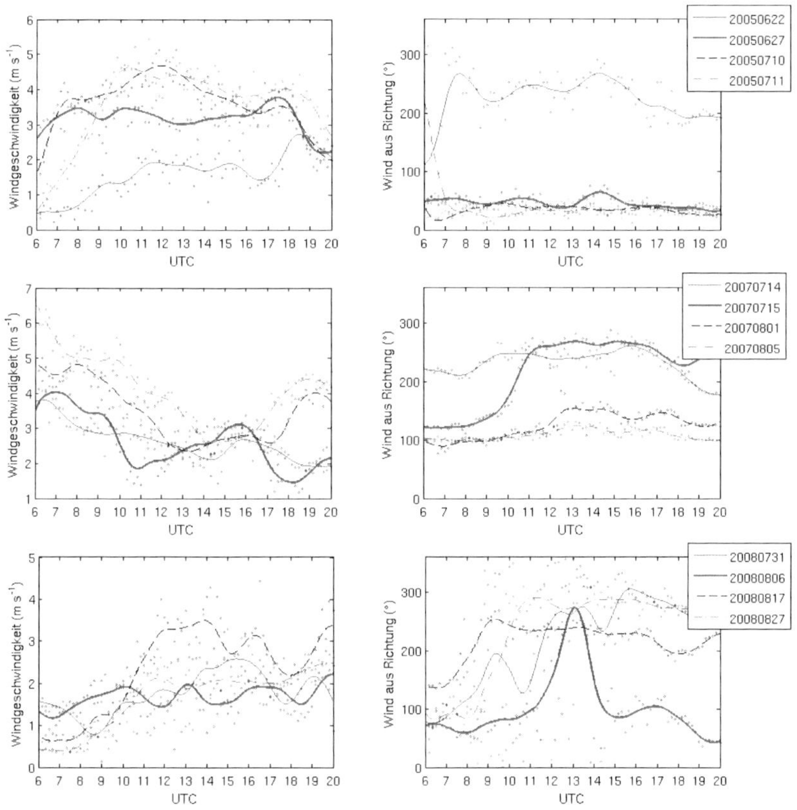

Abb. 87.: Tagesgänge des horizontalen Windes in 4 m über Grund während CSIP (oben) und COPS (mitte) bzw. in 40 m über Grund während CoBoLd (unten).

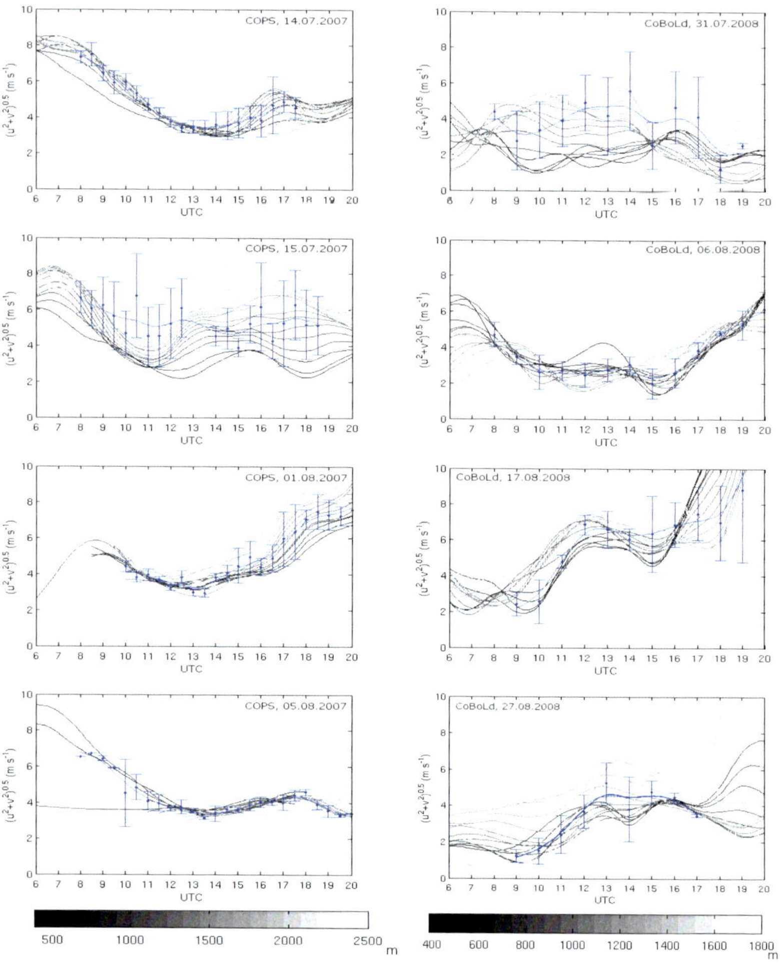

Abb. 88.: Verlauf der horizontalen Windgeschwindigkeit im Bereich der Aerosolschicht. Die Windgeschwindigkeiten wurden mit Hilfe des Geschwindigkeits-Azimut-Ausgabe-Algorithmus bestimmt (VAD-Algorithmus, Browning und Wexler, 1968). Links für die Tage aus COPS, während derer alle 30 min ein Scanmuster gefahren wurde, das die Anwendung des VAD-Algorithmus gestattet, rechts für die CoBoLd-Tage, während derer zu jeder vollen Stunde die notwendigen Messungen vorhanden waren. Die grauen bis schwarzen Linien geben den Verlauf der Windgeschwindigkeit in verschiedenen Höhenniveaus über Grund an (Legende jeweils unten). Die Punkte geben die Mittelwerte und die Standardabweichungen in der turbulenten Grenzschicht wieder, die blaue Linie den geglätteten Verlauf der gemittelten Windgeschwindigkeit.

Danksagung

Die vorliegende Arbeit wurde am Institut für Meteorologie und Klimaforschung des Forschungszentrums Karlsruhe, seit dem 01.10.2009 Karlsruher Institut für Technologie (KIT), Campus Nord, durchgeführt. Die notwendigen Finanz- und Sachmittel wurden vom Forschungszentrum Karlsruhe zur Verfügung gestellt.

Mein besonderer Dank gilt Herrn Prof. Dr. Ch. Kottmeier für die Chance an diesem Institut mit dem Lidar arbeiten zu dürfen, für die Chance einer weitestgehend freien Themenwahl und auch für die Chance meine Arbeit auf internationaler Ebene diskutieren zu können. Sein stetiges Interesse an meiner Arbeit und die vielen kleinen Hinweise und Bemerkungen haben sehr zum Gelingen beigetragen.

Ich danke Herrn Prof. Dr. J. Orphal für sein sofortiges Interesse an dieser Arbeit und eine damit verbundene Übernahme des Korreferats.

Besonderen Dank an Dr. U. Corsmeier für die geduldige Beantwortung meteorologischer Fragen, die wohl nur ein Physiker so stellen kann; für die geduldige Durchsicht und Verbesserung zahlreicher Texte und für die immer währende Unterstützung.
Ebenfalls einen besonderen Dank an Dr. A. Wieser, der mir beginnend von der ersten Organisation meines Schreibtischs, über die fortwährende Unterstützung im Zusammenhang mit den durchgeführten Lidarmessungen und den entsprechenden Datenauswertungen, bis zur Durchsicht des Manuskripts in allen Etappen der vergangen drei Jahre zur Seite stand. Ohne ihn wäre diese Arbeit so nicht möglich gewesen.
Für die Unterstützung im Zusammenhang mit den Messungen der Energiebilanzstation und am 200 m Mast möchte ich Dr. M. Kohler, J. Lenfant und St. Kraut danken.
Ich danke den Helfern hinter den Kulissen des Forschungszentrums: den Se-

kretärinnen Frau O. Birnmeier, Frau R. Glück und Frau Y. Gerber für die Hilfe bei organisatorischen Fragen, Frau D. Stern für die Beschaffung sämtlicher angefragter Veröffentlichungen und Frau M. Schröder für die schnellen Korrekturen der englischen Sprache.
Für die Durchsicht des Manuskripts auf ein ordentliches Deutsch danke ich Tina Kisza.
All den anderen Doktoranden und Kollegen am Institut möchte ich für die freundliche und hilfsbereite Atmosphäre danken. Es ist sehr schön, von derart interessierten und interessanten Menschen umgeben zu sein.

Ein besonderer Dank geht an meine Eltern, Martina und Thomas Starke, die mich in jeglicher Hinsicht bei allen bisherigen Entscheidungen in meinem Leben voll und ganz unterstützt haben.
Und natürlich danke ich auch von ganzem Herzen meinem Mann Ralf Träumner und meinem kleinen Krümel Oskar, die mich immer wieder daran erinnern, dass es auch ein Leben außerhalb der Wissenschaft gibt. Und das ist auch gut so.

Wissenschaftliche Berichte des Instituts für Meteorologie und Klimaforschung des Karlsruher Instituts für Technologie (0179-5619)

Bisher erschienen:

Nr. 1: *Fiedler, F. / Prenosil, T.*
Das MESOKLIP-Experiment. (Mesoskaliges Klimaprogramm im Oberrheintal).
August 1980

Nr. 2: *Tangermann-Dlugi, G.*
Numerische Simulationen atmosphärischer Grenzschichtströmungen über langgestreckten mesoskaligen Hügelketten bei neutraler thermischer Schichtung.
August 1982

Nr. 3: *Witte, N.*
Ein numerisches Modell des Wärmehaushalts fließender Gewässer unter Berücksichtigung thermischer Eingriffe.
Dezember 1982

Nr. 4: *Fiedler, F. / Höschele, K. (Hrsg.)*
Prof. Dr. Max Diem zum 70. Geburtstag.
Februar 1983 (vergriffen)

Nr. 5: *Adrian, G.*
Ein Initialisierungsverfahren für numerische mesoskalige Strömungsmodelle.
Juli 1985

Nr. 6: *Dorwarth, G.*
Numerische Berechnung des Druckwiderstandes typischer Geländeformen.
Januar 1986

Nr. 7: *Vogel, B.; Adrian, G. / Fiedler, F.*
MESOKLIP-Analysen der meteorologischen Beobachtungen von mesoskaligen Phänomenen im Oberrheingraben.
November 1987

Nr. 8: *Hugelmann, C.-P.*
Differenzenverfahren zur Behandlung der Advektion.
Februar 1988

Nr. 9: *Hafner, T.*
Experimentelle Untersuchung zum Druckwiderstand der Alpen.
April 1988

Nr. 10: *Corsmeier, U.*
Analyse turbulenter Bewegungsvorgänge in der maritimen atmosphärischen Grenzschicht.
Mai 1988

Nr. 11: *Walk, O. / Wieringa, J.(eds)*
Tsumeb Studies of the Tropical Boundary-Layer Climate.
Juli 1988

Nr. 12: *Degrazia, G. A.*
Anwendung von Ähnlichkeitsverfahren auf die turbulente Diffusion in der konvektiven und stabilen Grenzschicht.
Januar 1989

Nr. 13: *Schädler, G.*
Numerische Simulationen zur Wechselwirkung zwischen Landoberflächen und atmophärischer Grenzschicht.
November 1990

Nr. 14: *Heldt, K.*
Untersuchungen zur Überströmung eines mikroskaligen Hindernisses in der Atmosphäre.
Juli 1991

Nr. 15: *Vogel, H.*
Verteilungen reaktiver Luftbeimengungen im Lee einer Stadt – Numerische Untersuchungen der relevanten Prozesse.
Juli 1991

Nr. 16: *Höschele, K.(ed.)*
Planning Applications of Urban and Building Climatology – Proceedings of the IFHP / CIB-Symposium Berlin, October 14-15, 1991.
März 1992

Nr. 17: *Frank, H. P.*
Grenzschichtstruktur in Fronten.
März 1992

Nr. 18: *Müller, A.*
Parallelisierung numerischer Verfahren zur Beschreibung von Ausbreitungs- und chemischen Umwandlungsprozessen in der atmosphärischen Grenzschicht.
Februar 1996

Nr. 19: *Lenz, C.-J.*
Energieumsetzungen an der Erdoberfläche in gegliedertem Gelände.
Juni 1996

Nr. 20: *Schwartz, A.*
Numerische Simulationen zur Massenbilanz chemisch reaktiver Substanzen im mesoskaligen Bereich.
November 1996

Nr. 21: *Beheng, K. D.*
Professor Dr. Franz Fiedler zum 60. Geburtstag.
Januar 1998

Nr. 22: *Niemann, V.*
Numerische Simulation turbulenter Scherströmungen mit einem Kaskadenmodell.
April 1998

Nr. 23: *Koßmann, M.*
Einfluß orographisch induzierter Transportprozesse auf die Struktur der atmosphärischen Grenzschicht und die Verteilung von Spurengasen.
April 1998

Nr. 24: *Baldauf, M.*
Die effektive Rauhigkeit über komplexem Gelände – Ein Störungstheoretischer Ansatz.
Juni 1998

Nr. 25: *Noppel, H.*
Untersuchung des vertikalen Wärmetransports durch die Hangwindzirkulation auf regionaler Skala.
Dezember 1999

Nr. 26: *Kuntze, K.*
Vertikaler Austausch und chemische Umwandlung von Spurenstoffen über topographisch gegliedertem Gelände.
Oktober 2001

Nr. 27: *Wilms-Grabe, W.*
Vierdimensionale Datenassimilation als Methode zur Kopplung zweier verschiedenskaliger meteorologischer Modellsysteme.
Oktober 2001

Nr. 28: *Grabe, F.*
Simulation der Wechselwirkung zwischen Atmosphäre, Vegetation und Erdoberfläche bei Verwendung unterschiedlicher Parametrisierungsansätze.
Januar 2002

Nr. 29: *Riemer, N.*
Numerische Simulationen zur Wirkung des Aerosols auf die troposphärische Chemie und die Sichtweite.
Mai 2002

Nr. 30: *Braun, F. J.*
Mesoskalige Modellierung der Bodenhydrologie.
Dezember 2002

Nr. 31: *Kunz, M.*
Simulation von Starkniederschlägen mit langer Andauer über Mittelgebirgen.
März 2003

Nr. 32: *Bäumer, D.*
Transport und chemische Umwandlung von Luftschadstoffen im Nahbereich von Autobahnen – numerische Simulationen.
Juni 2003

Nr. 33: *Barthlott, C.*
Kohärente Wirbelstrukturen in der atmosphärischen Grenzschicht.
Juni 2003

Nr. 34: *Wieser, A.*
Messung turbulenter Spurengasflüsse vom Flugzeug aus.
Januar 2005

Nr. 35: *Blahak, U.*
Analyse des Extinktionseffektes bei Niederschlagsmessungen mit einem C-Band Radar anhand von Simulation und Messung.
Februar 2005

Nr. 36: *Bertram, I.*
Bestimmung der Wasser- und Eismasse hochreichender konvektiver Wolken anhand von Radardaten, Modellergebnissen und konzeptioneller Betrachtungen.
Mai 2005

Nr. 37: *Schmoeckel, J.*
Orographischer Einfluss auf die Strömung abgeleitet aus Sturmschäden im Schwarzwald während des Orkans „Lothar".
Mai 2006

Nr. 38: *Schmitt, C.*
Interannual Variability in Antarctic Sea Ice Motion: Interannuelle Variabilität antarktischer Meereis-Drift.
Mai 2006

Nr. 39: *Hasel, M.*
Strukturmerkmale und Modelldarstellung der Konvektion über Mittelgebirgen.
Juli 2006

Ab Band 40 erscheinen die Wissenschaftlichen Berichte des Instituts für Meteorologie und Klimaforschung bei KIT Scientific Publishing (ISSN 0179-5619).

Die Bände sind unter www.ksp.kit.edu als PDF frei verfügbar oder als Druckausgabe bestellbar.

Nr. 40: *Lux, R.*
Modellsimulationen zur Strömungsverstärkung von orographischen Grundstrukturen bei Sturmsituationen. (2007)
ISBN 978-3-86644-140-8

Nr. 41: *Straub, W.*
Der Einfluss von Gebirgswellen auf die Initiierung und Entwicklung konvektiver Wolken. (2008)
ISBN 978-3-86644-226-9

Nr. 42: *Meißner, C.*
High-resolution sensitivity studies with the regional climate model COSMO-CLM. (2008)
ISBN 978-3-86644-228-3

Nr. 43: *Höpfner, M.*
Charakterisierung polarer stratosphärischer Wolken mittels hochauflösender Infrarotspektroskopie. (2008)
ISBN 978-3-86644-294-8

Nr. 44: *Rings, J.*
Monitoring the water content evolution of dikes. (2009)
ISBN 978-3-86644-321-1

Nr. 45: *Riemer, M.*
Außertropische Umwandlung tropischer Wirbelstürme: Einfluss auf das Strömungsmuster in den mittleren Breiten. (2012)
ISBN 978-3-86644-766-0

Nr. 46: *Anwender, D.*
Extratropical Transition in the Ensemble Prediction System of the ECMWF: Case Studies and Experiments. (2012)
ISBN 978-3-86644-767-7

Nr. 47: *Rinke, R.*
Parametrisierung des Auswaschens von Aerosolpartikeln durch Niederschlag. (2012)
ISBN 978-3-86644-768-4

Nr. 48: *Stanelle, T.*
Wechselwirkungen von Mineralstaubpartikeln mit thermodynamischen und dynamischen Prozessen in der Atmosphäre über Westafrika. (2012)
ISBN 978-3-86644-769-1

Nr. 49: *Peters, T.*
Ableitung einer Beziehung zwischen der Radarreflektivität, der Niederschlagsrate und weiteren aus Radardaten abgeleiteten Parametern unter Verwendung von Methoden der multivariaten Statistik. (2012)
ISBN 978-3-86644-323-5

Nr. 50: *Khodayar Pardo, S.*
High-resolution analysis of the initiation of deep convection forced by boundary-layer processes. (2012)
ISBN 978-3-86644-770-7

Nr. 51: *Träumner, K.*
Einmischprozesse am Oberrand der konvektiven atmosphärischen Grenzschicht. (2012)
ISBN 978-3-86644-771-4

FSC
www.fsc.org
MIX
Papier | Fördert
gute Waldnutzung
FSC® C083411

Kolibri 360 GmbH
Ferdinand-Jühlke-Straße 7
99095 Erfurt, Deutschland
produktsicherheit@kolibri360.de